高等职业教育公共基础课少学时系列教材

高等职业教育
新形态一体化教材

高等数学基础教程

（第二版）

● 主　编 ○ 梁树星　陈　忠　杨积凤 ●
● 副主编 ○ 张　进　许文翠　李　楠　刘瑞智　王　辉 ●
● 主　审 ○ 杨凤翔 ●

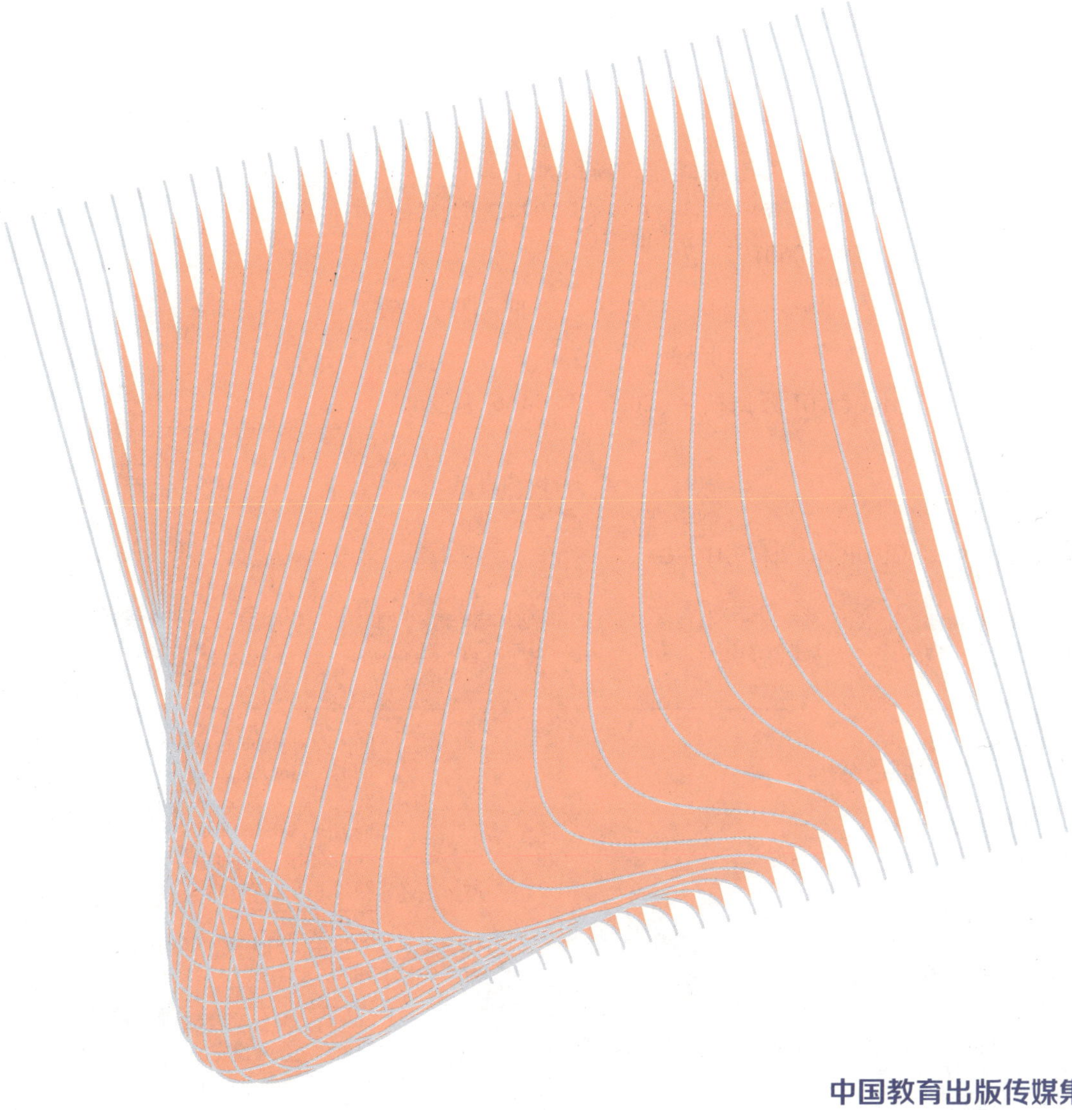

中国教育出版传媒集团
高等教育出版社·北京

内容提要

本教材是高等职业教育新形态一体化教材。本教材分为 5 个单元：第 1 单元，跟随变量的脚步，探究极限的梦幻（对应的知识内容为函数、极限、连续）；第 2 单元，走进导数的世界，探索变化率的奥秘（对应的知识内容为导数的概念及其计算以及微分）；第 3 单元，追寻天才的脚步，解密导数之用途（对应的知识内容为导数的应用）；第 4 单元，探寻微分的逆运算，踏上积分之大旅程（对应的知识内容为不定积分的概念及积分法）；第 5 单元，体会化曲为直的思想，探究定积分的应用（对应内容为定积分的概念、计算及应用）. 书后附录内容为初等数学常用公式、数学文化系列微课.

本教材将立德树人贯穿教材编写始终，注重与专业紧密结合，将知识性描述与视频讲解紧密结合，采取活页式装订，在设计中注重互动，设置了读一读、练一练、测一测、学习小贴士等栏目，有助于教师的教学设计和学习目标的达成.

本教材适合高等职业院校各专业使用，也适合五年制高等职业院校和对口招生院校和专业使用.

图书在版编目（CIP）数据

高等数学基础教程 / 梁树星，陈忠，杨积凤主编. --2 版. --北京：高等教育出版社，2023.7（2024.7重印）

ISBN 978-7-04-060107-7

Ⅰ. ①高… Ⅱ. ①梁… ②陈… ③杨… Ⅲ. ①高等数学-高等职业教育-教材 Ⅳ. ①O13

中国国家版本馆 CIP 数据核字（2023）第 046617 号

GAODENG SHUXUE JICHU JIAOCHENG

策划编辑 崔梅萍　责任编辑 崔梅萍　封面设计 张 楠　版式设计 徐艳妮
责任绘图 于 博　责任校对 张 薇　责任印制 赵义民

出版发行 高等教育出版社
社 址 北京市西城区德外大街 4 号
邮政编码 100120
印 刷 三河市春园印刷有限公司
开 本 787mm×1092mm 1/16
印 张 18
字 数 440 千字
购书热线 010-58581118
咨询电话 400-810-0598
网 址 http://www.hep.edu.cn
http://www.hep.com.cn
网上订购 http://www.hepmall.com.cn
http://www.hepmall.com
http://www.hepmall.cn
版 次 2019 年 6 月第 1 版
2023 年 7 月第 2 版
印 次 2024 年 7 月第 3 次印刷
定 价 46.00 元

物 料 号 60107-00

前 言

高等数学是高职院校各专业的必修基础课,对于培养学生的科学创新精神、严谨的思想品质和逻辑推理能力以及可持续发展能力等方面,起着非常重要的作用。随着高职院校人才培养模式的不断创新,高等数学课程教学内容和教学方法也在不断更新。为适应高等数学课程教学改革需要,使教材更加符合高职院校教学实际,本教材编写团队参阅了高等数学课程的教学标准,在进行大量课程教学情况调查、研究、论证的基础上,融入党的二十大精神形成了完整的教材体系,编写了这本活页式教材。

本教材分为五个单元,每个单元按照了解—学习—检测—应用—反馈的顺序设置内容,设有“读一读”“学习目标”“学一学”“评一评”“测一测”“用一用”等栏目,单元末附有教学反馈,以问卷的形式了解学生掌握的程度,便于教师采取相应的教学措施。教材整体设计体现了以下特色:

1. 课程思政贯穿于教材的每部分。本教材认真落实党的二十大精神,通过每单元的“读一读”栏目,对中外数学家的生平、成就进行简单介绍,挖掘出数学家宝贵的精神财富和精神品质,激励学生。书中也包含中国古代灿烂的数学文化和新时期的科技成就,有助于激发学生的民族自豪感,树立为祖国努力学习的伟大理想。

2. 教材和数字资源一体化设计。“学一学”栏目为知识点的讲解部分,在本部分,将知识点与视频(二维码)紧密结合,满足课堂教学和线上教学的双重需求,也为学生预习、复习和在职学习提供良好的学习资料。该部分配备一定量的课堂练习题,用来及时巩固知识内容,并且体现互动,通过标注“小贴士”等方式,使知识点生动起来。

3. 评价标准科学合理。每节中配备两套习题用以检测学生的学习情况,“评一评”属于作业单,用来巩固、复习本节的知识点;“测一测”为本节内容掌握程度的检验,配备一定量的提升测试题,供学有余力的学生检查学习水平使用。作业单等单独成页,活页设计,使用方便。

4. 教材与专业紧密结合。每个单元后“用一用”栏目编有 2~4 个本单元知识点在不同专业中的典型应用案例,使学生了解数学在不同专业的实际应用情况,促进学习数学的兴趣,达到学以致用的目的,对于专业课的学习起到潜移默化的影响。

本教材由黑龙江农业工程职业学院梁树星、陈忠、杨积凤担任主编,杨凤翔担任主审,张进(云南德宏师范高等专科学校)、许文翠、李楠、刘瑞智、王辉任副主编。具体的编写分工如下:梁树星、张进编写第 4 单元、第 5 单元和部分视频内容;陈忠编写第 2 单元、第 3 单元和部分视频内容;杨积凤编写第1单元和部分视频内容;许文翠完成了参考答案的编写和校对工作,并制作部分视频;李楠完成项目测试题的编写工作,并制作部分视频;刘瑞智编写了附录Ⅰ、附录Ⅱ;王辉完成了教材所有"读一读"栏目的编写工作;杨凤翔对教材的内容、政治方向、编排的规范性、课程标准,大纲等进行了审核。

由于作者水平有限,失误和不当之处在所难免,敬请读者和同行批评指正。向所有在教材编写过程中提供帮助的同仁致谢!

编　者

2023年3月

目录

第1单元——跟随变量的脚步 探究极限的梦幻

单元描述

唯物辩证法认为，世界上的万事万物都处于普遍联系之中，普遍联系引起事物的运动发展．联系和发展的观点是唯物辩证法的总观点．唯物辩证法所讲的联系，指的是一切事物、现象之间，以及事物内部诸要素之间的相互依存、相互制约、相互作用的关系．事物的联系是普遍的、客观的、多样的，如城门失火可以殃及池塘的鱼，巴西的蝴蝶扇动翅膀可能会引起美国得克萨斯州的龙卷风等．因此，一个量的变化势必会引起其他量的改变，这种量与量之间的制约、影响、依赖关系在数学中的表现就是函数之间的关系．在本单元，我们将一起探索函数的奥妙世界，领略函数的神奇魅力与魔力！

极限是对客观世界的运动过程的微观描述，是微积分学的基础理论，贯穿于整个微积分学．因此要学好微积分必须认识和理解极限理论，而把握极限理论的前提首先要理解极限思想，极限思想蕴含着丰富的辩证思想，是变与不变、过程与结果、有限与无限、近似与精确、量变与质变以及否定与肯定之间的对立统一．本单元将带领大家学习函数的知识以及极限的概念及计算，最后进入连续函数的学习．

名人名言

数学好玩．

——陈省身（1911—2004）

1.1 走进函数的世界

读一读

让人生尽享数学之美——陈省身

走进美丽的南开大学，在校园的一角，矗立着一座朴素淡雅的两层小楼——宁园。在这座小楼里，推门便见“几何之家”四个字，仿佛诉说着一位现代微分几何学大师和他的数学花园的故事。这位数学大师就是陈省身。

1911 年，陈省身生于浙江嘉兴，11 岁时全家迁往天津。他自幼聪慧过人，对数学极有天分。

1931 年，陈省身进入清华大学研究院学习。1936 年夏，陈省身得到了到法国跟随数学大师嘉当学习的机会。1937 年，抗日战争爆发前夕，他本着爱国之心，毅然回国，被母校清华大学聘为教授。1943 年，美国普林斯顿高级研究院邀请他做访问学者。普林斯顿高级研究院是当时的世界数学中心，已邀请到了爱因斯坦、外尔等一些赫赫有名的大师到来。在普林斯顿高级研究院仅仅两个月的时间，陈省身就完成了“高斯-博内”公式的证明。接着，他由此又引入以后被称为“陈类”的著名工作，这对数学和理论物理的发展都产生了极其深远的影响。

陈省身在整体微分几何上的卓越贡献，影响了整个数学的发展，他曾获美国数学学会的肖夫内奖，后又荣获国际数学界的最高奖——沃尔夫奖。杨振宁曾写诗赞美陈省身：“**天衣岂无缝，匠心剪接成。浑然归一体，广邃妙绝伦。造化爱几何，四力纤维能。千古存心事，欧高黎嘉陈。**”杨振宁把陈省身誉为继世界数学大师欧几里得、高斯、黎曼、嘉当之后又一位划时代的巨匠。

陈省身功成名就之后，更加怀念故国，报效中华的愿望也越加强烈。1972 年 9 月，他首次携夫人和女儿回国访问，当他踏上阔别了 24 载的故土的瞬间，禁不住两眼湿润。1977 年 9 月 26 日，当陈省身再次回国时，邓小平亲切地会见了他，这对陈省身而言是一个历史性的时刻。此时，国内科学开始了新的发展篇章，陈省身意识到，中国必将迎来数学的春天。陈省身一心想把他最后的心血贡献给中国数学事业的发展。1984 年，教育部聘请陈省身担任南开数学研究所所长。

1985 年 10 月，在南开数学研究所成立大会上，陈省身郑重表示，要为数学所乃至中国数学事业的发展鞠躬尽瘁，死而后已。陈省身把南开数学所当成自己的儿女一样呵护与培养。每年都会邀请一些有名的数学家前来讲学。

1998 年他捐出 100 万美元建立“陈省身基金”，2000 年，陈省身与夫人回天津定居，亲自为南开大学本科生讲课，指导研究生，招揽人才，推动南开大学数学学科的发展，为我国的数学事业作出了重大贡献。

2004 年 12 月 3 日，这位伟大的数学家在天津辞世。就在陈省身辞世前一个月，国际天文学联合会小天体命名委员会将一颗小行星命名为“陈省身星”。

阅读感悟：

学习目标

在本节中你将完成以下学习目标：

(1) 理解函数的定义及其对应关系，会求函数的定义域及函数值；

(2) 了解函数的简单性质，会判断函数的奇偶性、单调性、周期性和有界性；

(3) 了解反函数的概念；

(4) 理解基本初等函数、复合函数、初等函数、分段函数的概念；

(5) 熟悉基本初等函数的图像及性质；

(6) 掌握复合函数的复合过程，熟练进行复合函数的分解；

(7) 能够利用函数关系描述实际问题；

(8) 建立普遍联系的哲学思想，以辩证的思想看待问题.

重点：基本初等函数的图像、性质.

难点：复合函数的复合过程.

学一学

1.1.1 集合与区间

1. 集合

扫一扫

1.1.1 集合与区间

集合是指具有某种共同属性的一些对象的全体.组成集合的各个对象，称为这个集合的**元素**.

通常用英文大写字母 $A,B,C,\cdots$ 表示集合，用英文小写字母 $a,b,c,\cdots$ 表示集合中的元素.若 a 是集合 A 中的元素，则记作"$a\in A$"，读作"a 属于 A"；若 a 不是集合 A 中的元素，则记作"$a\notin A$"，读作"a 不属于 A".

由数组成的集合叫作**数集**.常见的数集有**自然数集**、**整数集**、**有理数集**和**实数集**，分别用字母 $\mathbf{N},\mathbf{Z},\mathbf{Q},\mathbf{R}$ 来表示.

2. 区间

设 a,b 为两个实数，且 $a<b$，规定如下.

(1) 有限区间：

① **开区间**，记作 (a,b)，即 $(a,b)=\{x\mid a<x<b\}$；

② **闭区间**，记作 $[a,b]$，即 $[a,b]=\{x\mid a\leqslant x\leqslant b\}$；

③ **半开区间**，记作 $(a,b]$（或 $[a,b)$），即 $(a,b]=\{x\mid a<x\leqslant b\}$（或 $[a,b)=\{x\mid a\leqslant x<b\}$）.

有限区间右端点 b 与左端点 a 的差 $b-a$ 叫作**区间的长度**.

(2) 无限区间：引入记号"$+\infty$"（读作"正无穷大"）和"$-\infty$"（读作"负无穷大"）.例如，

$$(a,+\infty)=\{x\mid x>a\},[a,+\infty)=\{x\mid x\geqslant a\};$$

$$(-\infty,b)=\{x\mid x<b\},(-\infty,b]=\{x\mid x\leqslant b\};$$

$$(-\infty,+\infty)=\{x\mid x\in\mathbf{R}\}=\mathbf{R}.$$

(3) 邻域：在数轴上以点 a 为中心，长度为 $2\delta(\delta>0)$ 的开区间，即 $(a-\delta, a+\delta)=\{x \mid |x-a|<\delta, \delta>0\}$ 叫作点 a 的 δ **邻域**，记作 $N(a,\delta)$，其中，a 称为邻域的**中心**，δ 称为邻域的**半径**.

a 的 δ 邻域去掉中心 a，即 $(a-\delta,a)\cup(a,a+\delta)=\{x \mid 0<|x-a|<\delta\}$，称为点 a 的**去心 δ 邻域**，记作 $N(\hat{a},\delta)$.

例如，邻域 $N(0,2)$ 表示区间 $(-2,2)$；去心邻域 $N(\hat{0},2)$ 表示 $(-2,0)\cup(0,2)$.

练一练

1. 邻域 $N(1,1)$ 表示的区间为____________.

2. 空心邻域 $N(\hat{2},1)$ 表示的区间为____________.

1.1.2 函数的概念

1. 函数的定义

定义 1.1.1 设有两个变量 x 和 y，D 是一个实数集合，如果对任一个 $x\in D$，按照某一确定的法则 f，都可以确定 y 的一个相应值，我们称 y 是定义在 D 上的变量 x 的**函数**，记为

$$y=f(x),\quad x\in D,$$

其中，x 称为**自变量**，y 称为**因变量**，D 称为**定义域**. 对于定义域 D 中每一个 x，都对应一个确定的函数值 y，所有函数值的全体叫作函数的**值域**，记为 W.

学习小贴士： 函数是研究现实世界变化规律的一个重要模型，可以帮助人们解决很多应用问题，如手机交费问题、个人纳税问题、优惠购物问题等，因此，学好函数意义重大.

扫一扫

1.1.2 函数的概念

2. 定义域的求法

求函数定义域的一般原则：

(1) 如果 $f(x)$ 为整式，其定义域为实数集 $\mathbf{R}$. 例如，函数 $y=2x+1$ 的定义域为 $\mathbf{R}$.

(2) 如果 $f(x)$ 为分式，其定义域为使分母不为零的实数集合. 例如，函数 $y=\dfrac{2}{x-3}$，分母不能为零，即 $x-3\neq 0$，解得 $x\neq 3$，即定义域为 $(-\infty,3)\cup(3,+\infty)$.

(3) 如果 $f(x)$ 是偶次根式，其定义域为使根号内的式子大于或等于零的实数集合. 例如，函数 $y=\sqrt{x-1}$，被开方数 $x-1\geqslant 0$，解得 $x\geqslant 1$，即定义域为 $[1,+\infty)$.

(4) 如果 $f(x)$ 是对数函数，其定义域为使真数部分大于零的实数集合. 例如，函数 $y=\ln(x-1)$，真数 $x-1>0$，解得 $x>1$，即定义域为 $(1,+\infty)$.

(5) 如果 $f(x)$ 是由以上几个部分的数学式子构成的，其定义域为使各个式子都有意义的实数的集合.

例 1.1.1 求函数 $y=\sqrt{x+1}+\dfrac{1}{2-x}$ 的定义域.

解 该函数的定义域应满足不等式组

$$\begin{cases}x+1\geqslant 0,\\2-x\neq 0,\end{cases}$$

解得 $x\geqslant -1$ 且 $x\neq 2$,即定义域为 $[-1,2)\cup(2,+\infty)$.

练一练

求下列函数的定义域:

(1) $y=2x^3-3x^2+1$; (2) $y=\dfrac{x+4}{2x-1}$;

(3) $y=\sqrt{x+3}$; (4) $y=2x-\dfrac{3}{x}+\sqrt{x+1}$.

3. 函数相等

定义域和对应法则是确定函数关系的**两个要素**.如果两个函数的定义域和对应法则完全一致,我们就称两个**函数相等**.

例 1.1.2 判断 $f(x)=x$ 与 $g(x)=\dfrac{x^2}{x}$ 是否表示相同的函数.

解 $f(x)=x$ 的定义域为 $(-\infty,+\infty)$,$g(x)=\dfrac{x^2}{x}$ 的定义域是 $(-\infty,0)\cup(0,+\infty)$,两个函数的定义域不同,因此不是同一函数.

练一练

判断下列各对函数是否表示相同的函数:

(1) $f(x)=\dfrac{x^2-1}{x-1}$,$g(x)=x+1$; (2) $f(x)=1$,$g(x)=\dfrac{x}{x}$.

1.1.3 函数的三种常用的表示法

1. 列表法

用表格来表示两个变量的函数关系的方法称为**列表法**.

例如,数学用表中的平方表、平方根表、三角函数表,以及银行里使用的利息表等都是用列表法来表示函数关系的.

2. 图像法

用函数的图像来表示两个变量的函数关系的方法称为**图像法**.

例如,气象台用自动记录器描绘温度随时间变化的曲线就是用图像法表示函数的.

3. 解析法

用一个等式来表示两个变量之间的对应关系的方法称为**解析法**.这个等式称为函数的解析表达式,简称解析式.

例如，

$$S=\pi r^2(r>0),$$
$$y=x+1,$$
$$y=x^2+x+1,$$
$$y=\sqrt{4-x^2}\ (-2\leqslant x\leqslant 2)$$

等都是用解析法来表示函数关系的.

我们通常遇到的函数都是用解析法表示的函数.

在许多实际问题的解决过程中，经常用到这样一类函数，在自变量的不同变化范围中，对应法则用不同的解析式表示，这类函数称为**分段函数**.分段函数是高等数学中常见的一种函数.

例如，函数

$$y=|x|=\begin{cases}x, & x\geqslant 0,\\ -x, & x<0\end{cases} \quad 和 \quad y=\begin{cases}x, & x>1,\\ x^2, & -1\leqslant x\leqslant 1,\\ -x, & x<-1\end{cases}$$

都是分段函数，它们的图形如图 1-1、图 1-2 所示.

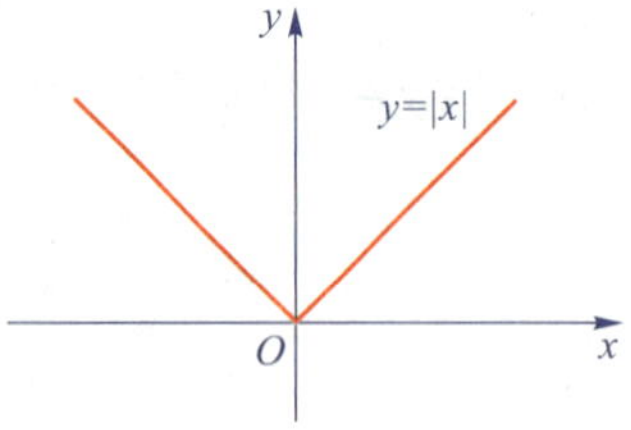

图 1-1

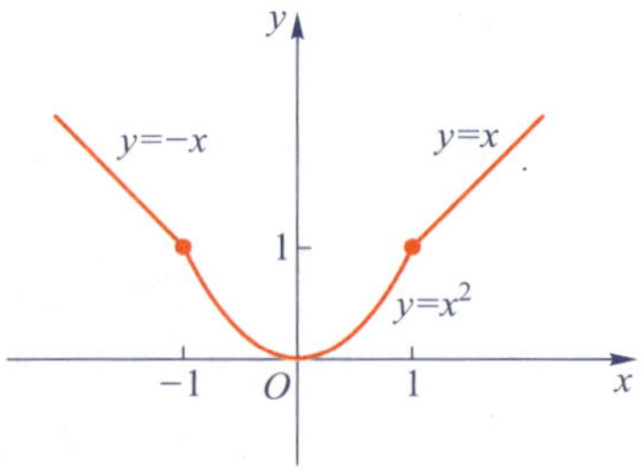

图 1-2

注：分段函数是用几个解析式合起来表示一个函数，而不是表示几个函数.

1.1.4 函数的四个简单性质

1. 奇偶性

扫一扫

1.1.3 函数的性质

定义 1.1.2 给定函数 $y=f(x)$，$x\in D$，D 关于原点对称：

(1) 若对任意 $x\in D$，有 $f(-x)=f(x)$，则称 $f(x)$ 为**偶函数**；

(2) 若对任意 $x\in D$，有 $f(-x)=-f(x)$，则称 $f(x)$ 为**奇函数**.

既不是奇函数也不是偶函数的函数称为**非奇非偶函数**.

注：偶函数的图形关于 y 轴对称，奇函数的图形关于原点对称.

例 1.1.3 判断函数 $y=\dfrac{1}{x}$ 的奇偶性.

解 因为 $y=\dfrac{1}{x}$ 的定义域为 $(-\infty,0)\cup(0,+\infty)$，关于原点对称，又因为

$$f(-x)=\frac{1}{-x}=-\frac{1}{x}=-f(x),$$

所以 $y=\dfrac{1}{x}$ 为奇函数(图 1-3).

例 1.1.4 判断函数 $y=x^2$ 的奇偶性.

解 因为 $y=x^2$ 的定义域为 $\mathbf{R}$,关于原点对称,又因为 $f(-x)=(-x)^2=x^2=f(x)$,所以 $y=x^2$ 为偶函数(图 1-4).

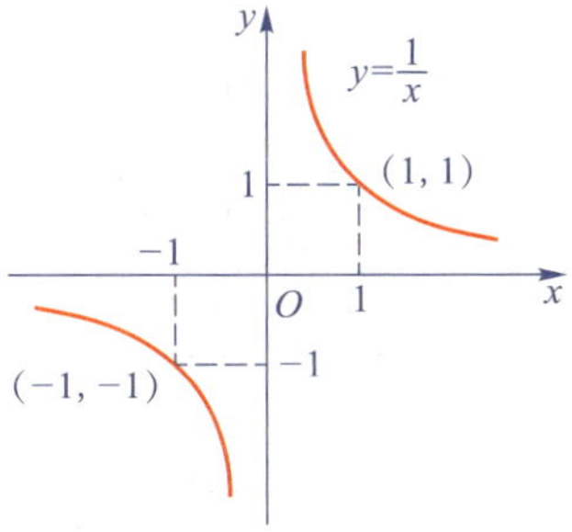

图 1-3

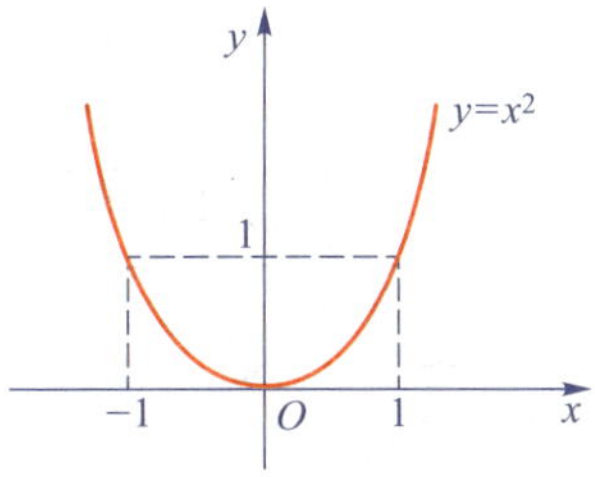

图 1-4

2. 单调性

定义 1.1.3 函数 $y=f(x)$ 对区间 (a,b) 内的任意两点 x_1 和 x_2,如果当 $x_1<x_2$ 时,有 $f(x_1)\leqslant f(x_2)$(或有 $f(x_1)\geqslant f(x_2)$),则称 $f(x)$ 在区间 (a,b) 内是**单调增加**(或**单调减少**)的.

单调增加函数的图像是沿 x 轴正向逐渐上升的(图 1-5),单调减少函数的图形是沿 x 轴的正向逐渐下降的(图 1-6).区间 (a,b) 称为函数 $y=f(x)$ 的单调增加(减少)区间,统称为单调区间.

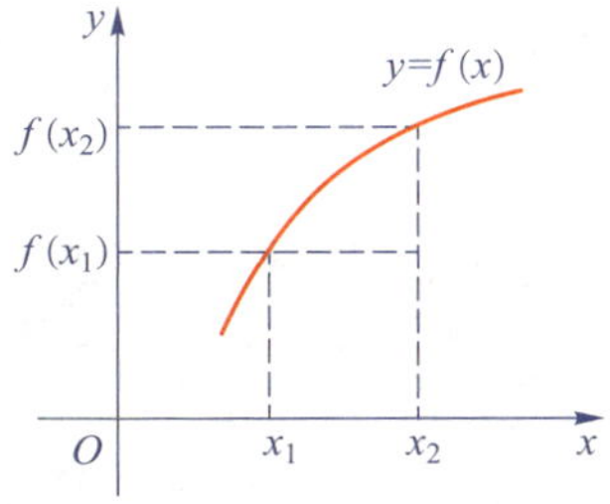

图 1-5

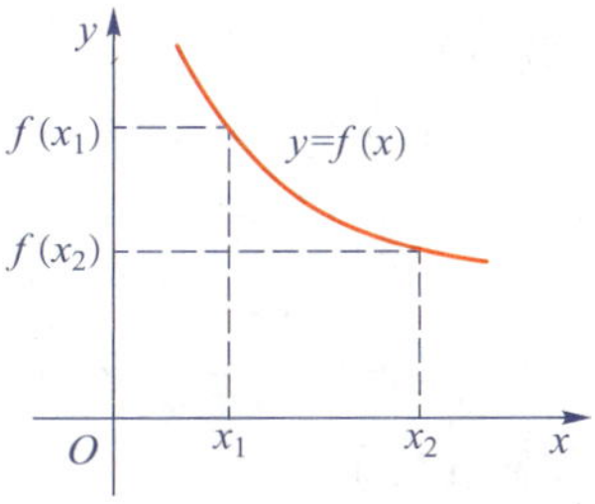

图 1-6

3. 周期性

定义 1.1.4 设函数 $y=f(x)$,若存在正数 T,使得 $f(x+T)=f(x)$ 恒成立,则称此函数为**周期函数**,T 称为函数的周期满足这个等式的最小正数 T 称为函数的最小正周期,简称**周期**.

注:我们说的周期函数的周期通常是指最小正周期.

例如,$y=\sin x$ 是周期为 2π 的周期函数(图 1-7).

4. 有界性

定义 1.1.5 设函数 $y=f(x)$ 在区间 (a,b) 内有定义,若存在一个正数 M,对任意的 $x\in(a,b)$,恒有 $|f(x)|\leqslant M$,则称函数 $f(x)$ 在区间 (a,b) 上**有界**,如果这样的正数 M 不存在,则称函数 $f(x)$ 在区间

> **学习小贴士:** 如果已知函数图像,则能够直接判断函数的相关性质;如果已知函数表达式,则可以通过函数性质和取点法,描绘函数的大致图像,再进一步分析函数的相关性质.

(a,b)上无界.

注:一个函数,如果在其整个定义域内有界,则称其为有界函数.

例如,$y=\sin x$在$(-\infty,+\infty)$内有界,因为对任何实数x,恒有$|\sin x|\leqslant 1$(如图1-7).函数$y=\dfrac{1}{x}$在$(0,2)$内是无界的,在$[1,+\infty)$内是有界的(如图1-3).

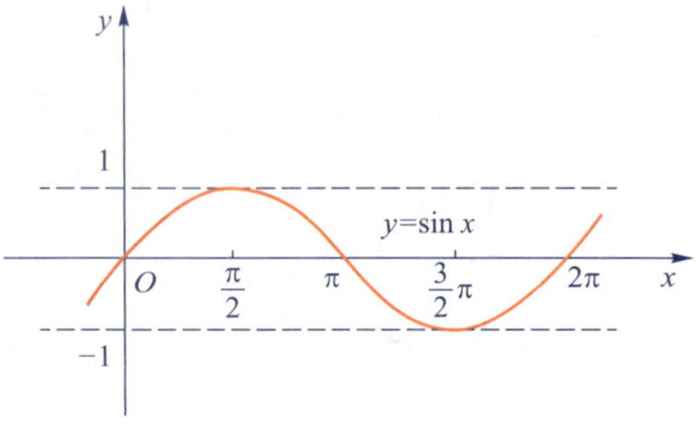

图1-7

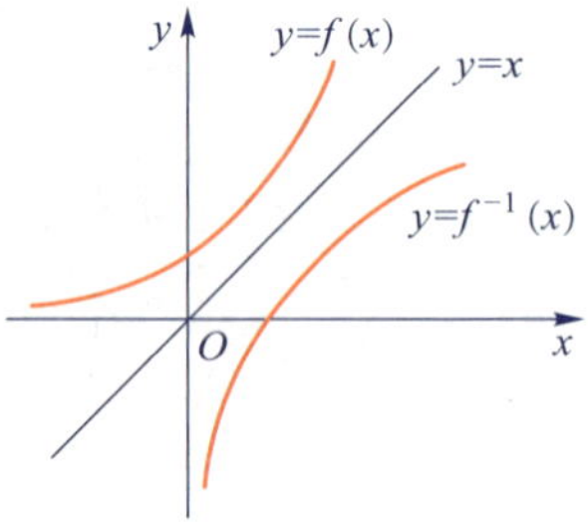

图1-8

1.1.5 反函数

定义1.1.6 设给定y是x的函数$y=f(x)$,定义域为D,值域为W.如果对每一数值$y\in W$,有确定的且满足$x=\varphi(y)$的数值$x\in D$与之对应,其对应法则记为f^{-1},则由关系式$y=f(x)$所确定的定义在W上的函数$x=\varphi(y)$称为函数$y=f(x)$的**反函数**,记作$x=f^{-1}(y)$,其定义域为W,值域为D.

扫一扫

1.1.4 反函数

习惯上总是用x表示自变量,而用y表示因变量,因此,我们将函数$y=f(x)$的反函数$x=f^{-1}(y)$用$y=f^{-1}(x)$表示.

学习小贴士: 注意定义域和值域的转换关系,不是所有的函数都有反函数.

注:$y=f(x)$与$y=f^{-1}(x)$的图像关于直线$y=x$对称(如图1-8).

例1.1.5 求$y=\dfrac{x-1}{x+2}$的反函数.

解 由$y=\dfrac{x-1}{x+2}$,解得$x=\dfrac{2y+1}{1-y}$.将x与y交换位置,得函数$y=\dfrac{x-1}{x+2}$的反函数为$y=\dfrac{2x+1}{1-x}$.

1.1.6 初等函数

1. 基本初等函数

基本初等函数有五种,分别是**幂函数**、**指数函数**、**对数函数**、**三角函数**和**反三角函数**.

扫一扫

1.1.5 初等函数

(1) **幂函数**:$y=x^{\alpha}$(α为常数).

表1-1给出了四个常用幂函数的图像及性质.

表 1-1

函数	定义域与值域	图像	性质
$y=x$	$x\in(-\infty,+\infty)$ $y\in(-\infty,+\infty)$	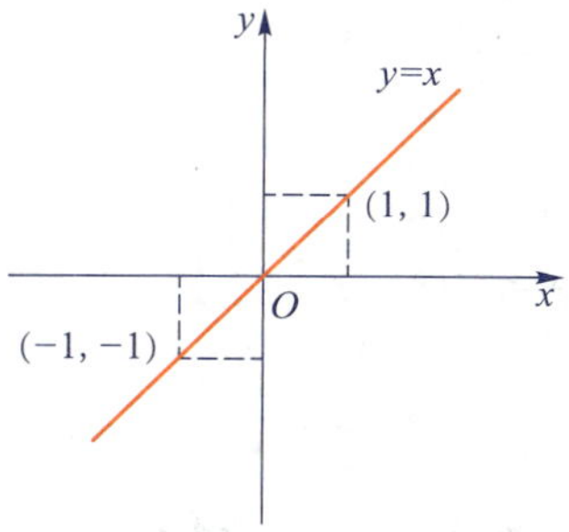	奇函数 单调增加
$y=x^2$	$x\in(-\infty,+\infty)$ $y\in[0,+\infty)$	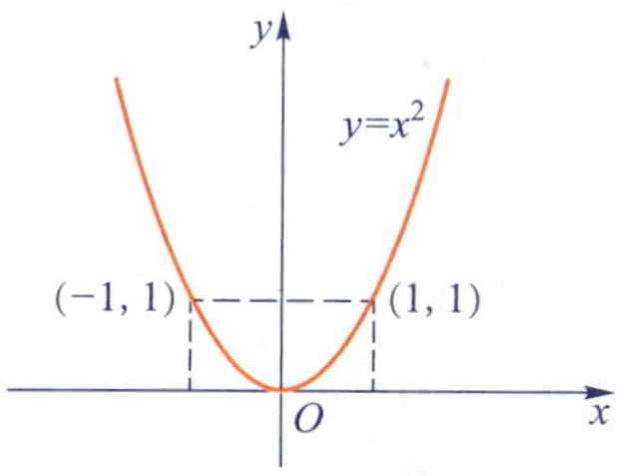	偶函数 在$(-\infty,0]$内单调减少 在$[0,+\infty)$内单调增加
$y=x^3$	$x\in(-\infty,+\infty)$ $y\in(-\infty,+\infty)$	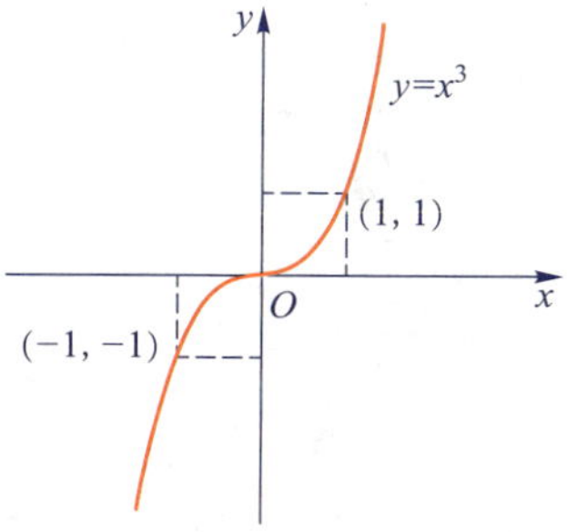	奇函数 单调增加
$y=\frac{1}{x}$	$x\in(-\infty,0)$ $\cup(0,+\infty)$ $y\in(-\infty,0)$ $\cup(0,+\infty)$	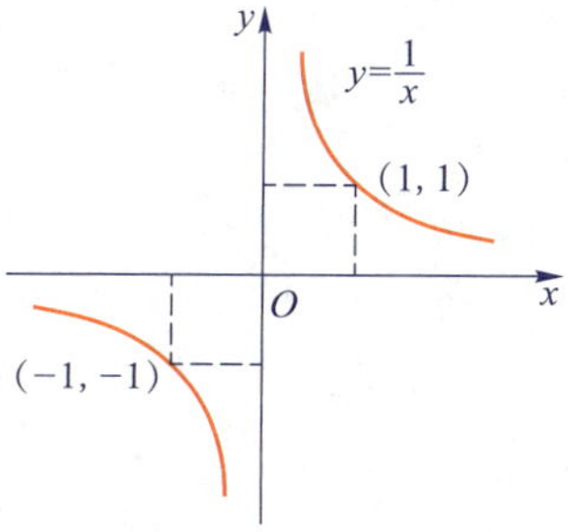	奇函数 在$(-\infty,0)$内单调减少 在$(0,+\infty)$内单调减少

（2）**指数函数**：$y=a^x$（$a>0$，$a\neq1$，a 为常数）.

表 1-2 给出了指数函数的图像及性质.

表 1-2

函数	定义域与值域	图像	性质
$y=a^x$ （$a>1$）	$x\in(-\infty,+\infty)$ $y\in(0,+\infty)$	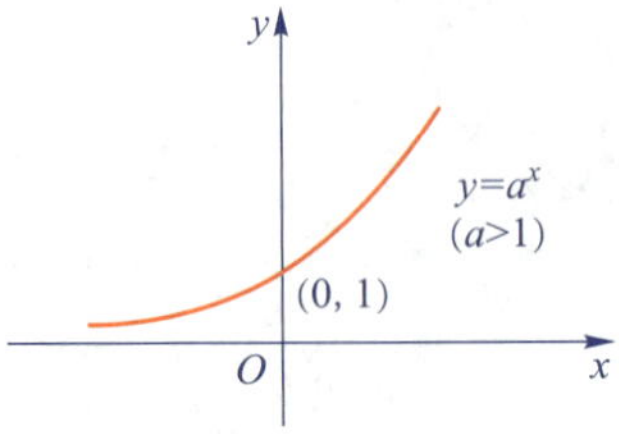	单调增加
$y=a^x$ （$0<a<1$）	$x\in(-\infty,+\infty)$ $y\in(0,+\infty)$	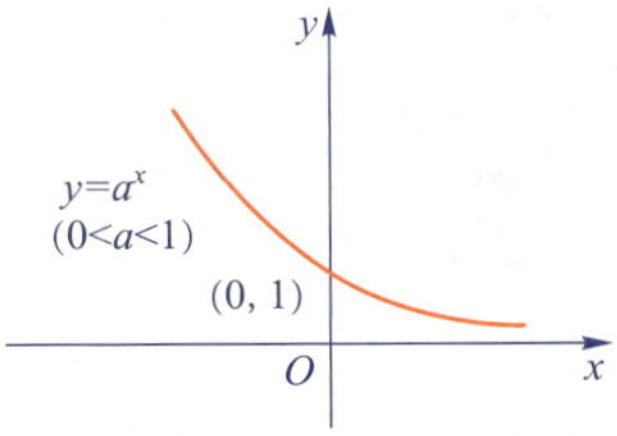	单调减少

（3）**对数函数**：$y=\log_a x$（$a>0$，$a\neq1$，a 常数）.

常用对数函数（以 10 为底）：$y=\lg x$；自然对数函数（以 e 为底）：$y=\ln x$.

注：对数函数（$y=\log_a x$）与指数函数（$y=a^x$）互为反函数.

表 1-3 给出了对数函数的图像及性质.

表 1-3

函数	定义域与值域	图像	性质
$y=\log_a x$ （$a>1$）	$x\in(0,+\infty)$ $y\in(-\infty,+\infty)$	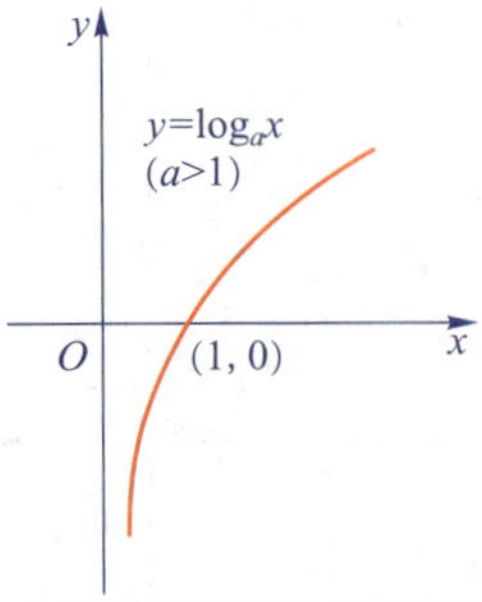	单调增加
$y=\log_a x$ （$0<a<1$）	$x\in(0,+\infty)$ $y\in(-\infty,+\infty)$	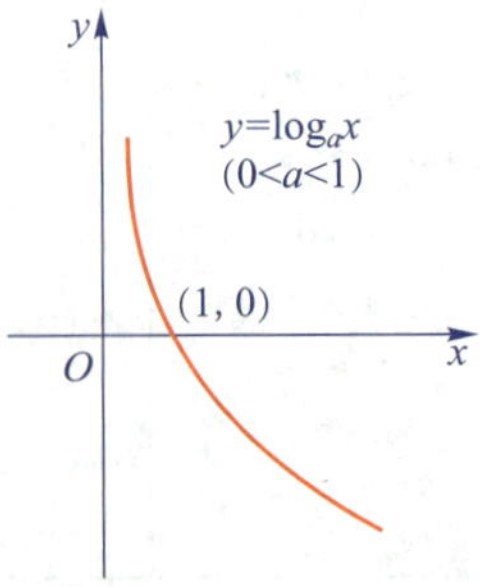	单调减少

对数函数的运算公式：

① $\log_a(MN)=\log_a M+\log_a N(M,N\in\mathbf{R}^+)$；

② $\log_a \dfrac{M}{N}=\log_a M-\log_a N(M,N\in\mathbf{R}^+)$；

③ $\log_a(N^n)=n\log_a N(N\in\mathbf{R}^+,n\in\mathbf{R})$.

(4) **三角函数.**

正弦函数：$y=\sin x$；余弦函数：$y=\cos x$；

正切函数：$y=\tan x=\dfrac{\sin x}{\cos x}$；余切函数：$y=\cot x=\dfrac{\cos x}{\sin x}$；

正割函数：$y=\sec x=\dfrac{1}{\cos x}$；余割函数：$y=\csc x=\dfrac{1}{\sin x}$.

表 1-4 给出了常用三角函数的图像及性质.

表 1-4

函数	定义域与值域	图像	性质
正弦函数 $y=\sin x$	$x\in(-\infty,+\infty)$ $y\in[-1,1]$	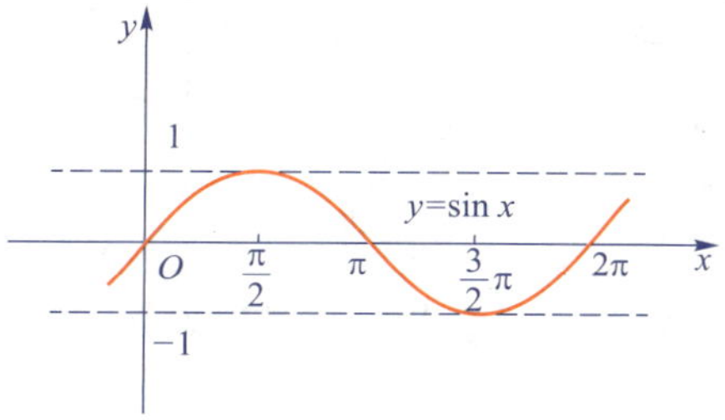	奇函数 周期为 2π 有界
余弦函数 $y=\cos x$	$x\in(-\infty,+\infty)$ $y\in[-1,1]$	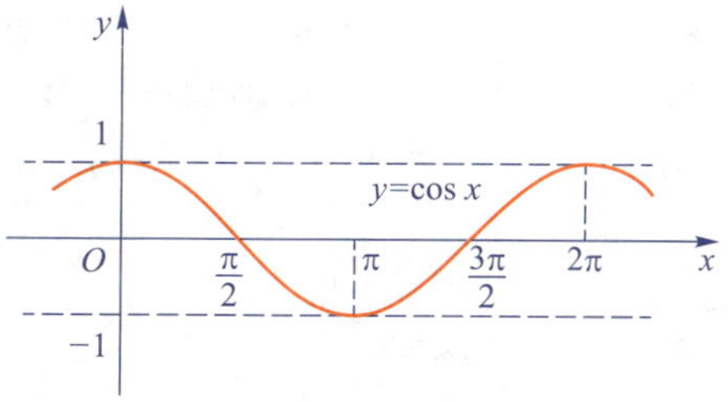	偶函数 周期为 2π 有界
正切函数 $y=\tan x=\dfrac{\sin x}{\cos x}$	$x\neq k\pi+\dfrac{\pi}{2}(k\in\mathbf{Z})$ $y\in(-\infty,+\infty)$	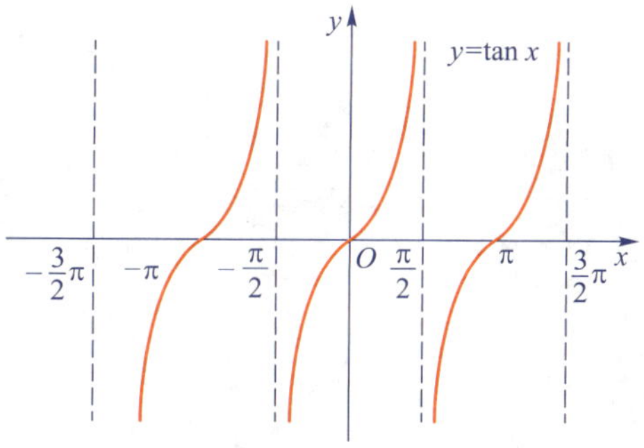	奇函数 周期为 π

续表

函数	定义域与值域	图像	性质
余切函数 $y=\cot x=\dfrac{\cos x}{\sin x}$	$x\neq k\pi(k\in \mathbf{Z})$ $y\in(-\infty,+\infty)$	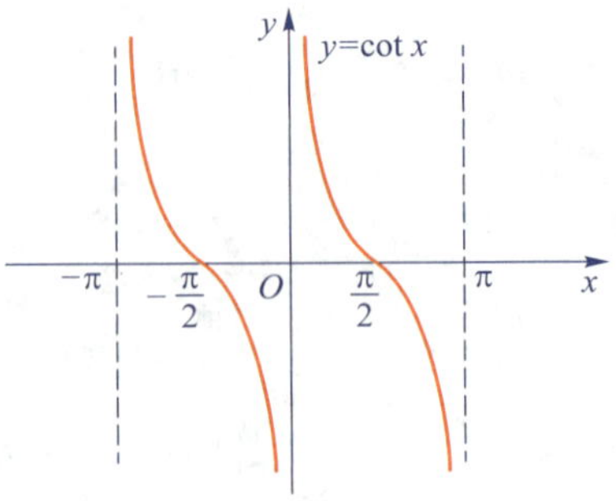	奇函数 周期为 π

常用三角函数公式表如表 1-5 所示.

表 1-5

倒数关系	商数关系	平方关系	二倍角公式
$\sin\alpha\cdot\csc\alpha=1$ $\cos\alpha\cdot\sec\alpha=1$ $\tan\alpha\cdot\cot\alpha=1$	$\tan\alpha=\dfrac{\sin\alpha}{\cos\alpha}$ $\cot\alpha=\dfrac{\cos\alpha}{\sin\alpha}$	$\sin^2\alpha+\cos^2\alpha=1$ $\sec^2\alpha-\tan^2\alpha=1$ $\csc^2\alpha-\cot^2\alpha=1$	$\sin 2\alpha=2\sin\alpha\cos\alpha$ $\cos 2\alpha=\cos^2\alpha-\sin^2\alpha$ $=2\cos^2\alpha-1$ $=1-2\sin^2\alpha$

(5) **反三角函数**.

反正弦函数:$y=\arcsin x$;反余弦函数:$y=\arccos x$;

反正切函数:$y=\arctan x$;反余切函数:$y=\text{arccot}\, x$.

表 1-6 给出了常用反三角函数的图像及性质.

表 1-6

函数	定义域与值域	图像	性质
反正弦函数 $y=\arcsin x$	$x\in[-1,1]$ $y\in\left[-\dfrac{\pi}{2},\dfrac{\pi}{2}\right]$	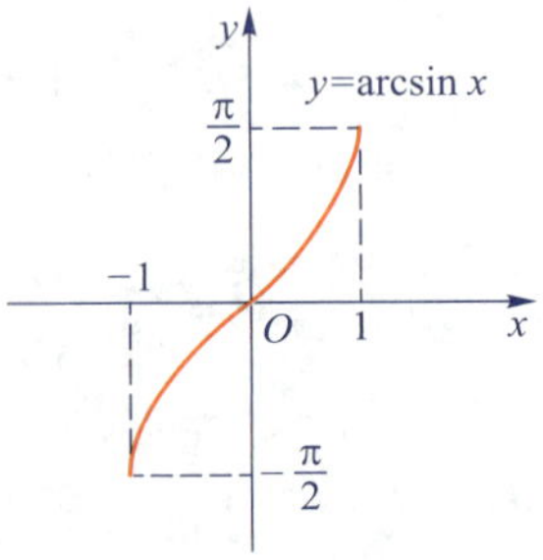	奇函数 单调增加 有界

续表

函数	定义域与值域	图像	性质
反余弦函数 $y=\arccos x$	$x\in[-1,1]$ $y\in[0,\pi]$	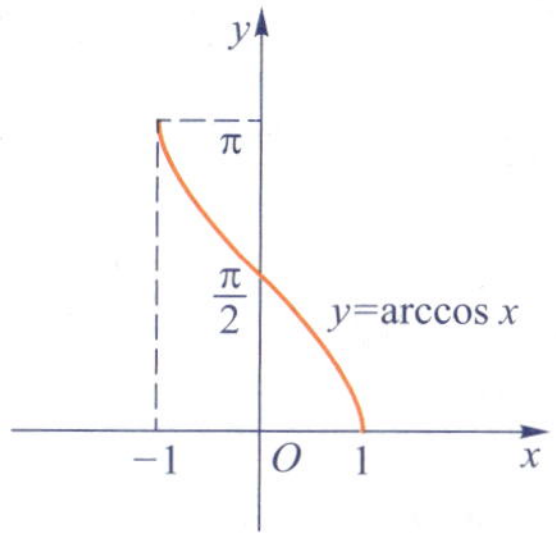	单调减少 有界
反正切函数 $y=\arctan x$	$x\in(-\infty,+\infty)$ $y\in\left(-\frac{\pi}{2},\frac{\pi}{2}\right)$	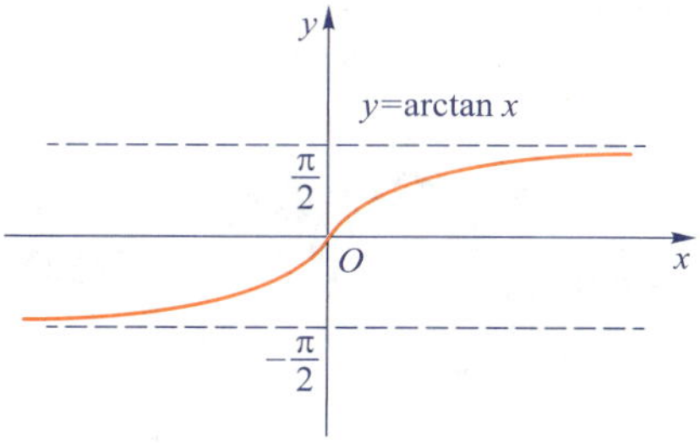	奇函数 单调增加 有界
反余切函数 $y=\operatorname{arccot} x$	$x\in(-\infty,+\infty)$ $y\in(0,\pi)$	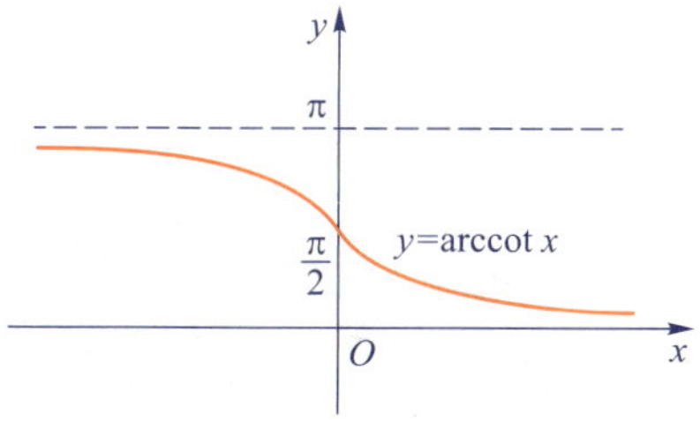	单调减少 有界

2. 复合函数

定义 1.1.7 若 y 是 u 的函数 $y=f(u)$，而 u 又是 x 的函数 $u=\varphi(x)$，且 $\varphi(x)$ 的函数值的全部或部分在 $f(u)$ 的定义域内，那么，y 通过 u 的联系也是 x 的函数，我们称此函数是由函数 $y=f(u)$ 及 $u=\varphi(x)$ 复合而成的函数，简称**复合函数**，记作 $y=f[\varphi(x)]$，其中 u 叫作**中间变量**.

学习小贴士： 充分掌握五种基本初等函数对应的 16 个函数表达式，以及函数图形的大体走向和性质.

注：(1) 并不是任意两个函数都能复合；

(2) 复合函数还可以由更多函数构成.

学习小贴士： 复合函数分解原则——由表及里逐层分解.

例 1.1.6 指出下列复合函数的复合过程：

（1）$y=(x+1)^3$；（2）$y=\ln(\sin e^x)$；（3）$y=e^{\sin\frac{1}{x}}$.

解 （1）复合函数 $y=(x+1)^3$ 是由函数 $y=u^3, u=x+1$ 复合而成的.

（2）复合函数 $y=\ln(\sin e^x)$ 是由函数 $y=\ln u, u=\sin v, v=e^x$ 复合而成的.

（3）复合函数 $y=e^{\sin\frac{1}{x}}$ 是由函数 $y=e^u, u=\sin v, v=\frac{1}{x}$ 复合而成的.

练一练

指出下列复合函数的复合过程：

（1）$y=\sin 3x$；（2）$y=\sqrt{1-x^3}$；

（3）$y=e^{2x^2}$；（4）$y=\cos^3(1-3x)$.

3. 初等函数

定义 1.1.8 由基本初等函数与常数经过有限次的加、减、乘、除运算及有限次的函数复合所产生并且能用一个解析式表示的函数称为**初等函数**.

例如，$y=3x^2-4x+1$，$y=2\cos\sqrt{x-1}$，$y=e^x\cos 2x-\frac{1}{x}$ 等都是初等函数，我们在本课程中所讨论的函数绝大部分都是初等函数.而一些特殊函数非初等函数，如分段函数.

学习小贴士： 理解构成初等函数定义的三个关键点，即构成、运算和表达.

评一评

姓名：__________ 班级：__________ 学号：__________ 得分：__________

1. 求下列函数的定义域：

（1）$y=2x^2-3x+\frac{1}{x}$；

（2）$y=\sqrt{x-1}+\frac{2}{x-3}$；

（3）$y=\lg(x-2)$；

（4）$y=\frac{1}{\sqrt{4-x^2}}$.

2. 指出下列复合函数的复合过程：

（1）$y=(5-8x)^{10}$；

（2）$y=2^{\cos x}$；

(3) $y=\sin^2 5x$;

(4) $y=\sin\sqrt{2x+1}$;

(5) $y=\ln(\sin \mathrm{e}^{x+1})$;

(6) $y=\arctan(3x-4)$.

评语：

测一测　　姓名:__________班级:__________学号:__________得分:__________

一、基础测试

1. $y=\ln(5-x)+\frac{1}{x}$的定义域为(　　).

A. $(-\infty,5)$　　B. $(-\infty,0)\cup(0,+\infty)$

C. $(5,+\infty)$　　D. $(-\infty,0)\cup(0,5)$

2. 邻域$N(2,5)$所表示的区间为(　　).

A. $(2,5)$　　B. $(-3,5)\cup(5,7)$

C. $(-3,7)$　　D. $(-\infty,2)\cup(5,+\infty)$

3. 给出下列命题:(1) 偶函数的图像关于y轴对称;(2) 奇函数的图像关于原点对称;(3) 非奇非偶函数没有对称轴;(4) 互为反函数的两个函数图像关于$y=x$对称.其中,正确命题的个数为(　　).

A. 1 个　　B. 2 个

C. 3 个　　D. 4 个

4. 下列函数中$f(x)$与$g(x)$表示相同函数的是(　　).

A. $f(x)=x,g(x)=\frac{x^2}{2}$　　B. $f(x)=x+1,g(x)=\frac{x^2-1}{x-1}$

C. $f(x)=2\ln x,g(x)=\ln x^2$　　D. $f(x)=\sqrt{x^2},g(x)=|x|$

5. 已知$f(x)=x^3+1$,则$f\left(\frac{1}{x}\right)=$________________.

6. 函数$y=(1-x)^{10}$的复合过程为________________.

二、提升测试

7. 函数$y=\sqrt{1-x^2}+\sqrt{x^2+1}$的定义域为(　　).

A. $\{-1,1\}$　　B. $(-1,1)$

C. $[-1,1]$　　D. $(-\infty,-1)\cup(1,+\infty)$

8. 设$f(x)=\ln x$,且函数$\varphi(x)$的反函数$\varphi^{-1}(x)=\frac{2(x+1)}{x-1}$,则$f[\varphi(x)]=$(　　).

A. $\ln\frac{x-2}{x+2}$　　B. $\ln\frac{x+2}{x-2}$

C. $\ln\frac{2-x}{x+2}$　　D. $\ln\frac{x+2}{2-x}$

学习反思:

用一用

案例 1.1.1【最值问题】 某金属工艺需要用矩形铁皮做一个无盖铁盒,已知一个长为 4、宽为 3 的矩形,如果长增加 x 而宽减少 $\frac{x}{2}$,那么当 x 取何值时,矩形的面积最大,最大面积为多少?

解 依题意,可得面积函数为

$$S=(4+x)\left(3-\frac{1}{2}x\right)=-\frac{1}{2}x^2+x+12.$$

此二次函数为开口向下的抛物线,自变量取 $x>0$ 的实数,其对称轴方程为

$$x=-\frac{1}{2\times\left(-\frac{1}{2}\right)}=1>0.$$

因此,当 $x=1$ 时,S 取得最大值,此时 $S_{max}=(4+1)\times\left(3-\frac{1}{2}\right)=\frac{25}{2}$.

案例 1.1.2【工资所得税问题】 依法纳税是每个公民应尽的义务.已知个人所得税(简称个税)的免征额是 5 000 元,超过 5 000 元的部分应按一定比例纳税,应纳税所得额与适用税率的关系(工资和薪金所得适用)如表 1-7 所示.

表 1-7

级数	全月应纳税所得额	税率/%	速算扣除数
1	不超过 3 000 元	3	0
2	超过 3 000 元至 12 000 元的部分	10	210
3	超过 12 000 元至 25 000 元的部分	20	1 410
4	超过 25 000 元至 35 000 元的部分	25	2 660
5	超过 35 000 元至 55 000 元的部分	30	4 410
6	超过 55 000 元至 80 000 元的部分	35	7 160
7	超过 80 000 元的部分	45	15 160

试列出个人应纳税额与个人月收入额之间的函数关系.

解 设个人月收入额为 x,个人应纳税额为 y.

$$y=\begin{cases}(x-5\ 000)\times0.03, & 0<x-5\ 000\leqslant3\ 000,\\(x-5\ 000)\times0.1-210, & 3\ 000<x-5\ 000\leqslant12\ 000,\\(x-5\ 000)\times0.2-1\ 410, & 12\ 000<x-5\ 000\leqslant25\ 000,\\(x-5\ 000)\times0.25-2\ 660, & 25\ 000<x-5\ 000\leqslant35\ 000,\\(x-5\ 000)\times0.3-4\ 410, & 35\ 000<x-5\ 000\leqslant55\ 000,\\(x-5\ 000)\times0.35-7\ 160, & 55\ 000<x-5\ 000\leqslant80\ 000,\\(x-5\ 000)\times0.45-15\ 160, & 80\ 000<x-5\ 000.\end{cases}$$

化简得

$$y=\begin{cases}0, & x\leqslant 5\ 000\\ 0.03x-150, & 5\ 000<x\leqslant 8\ 000\\ 0.1x-920, & 8\ 000<x\leqslant 17\ 000\\ 0.2x-3\ 820, & 17\ 000<x\leqslant 30\ 000\\ 0.25x-6\ 572, & 30\ 000<x\leqslant 40\ 000,\\ 0.3x-10\ 320, & 40\ 000<x\leqslant 60\ 000,\\ 0.35x-16\ 070, & 60\ 000<x\leqslant 85\ 000,\\ 0.45x-18\ 970, & x>85\ 000.\end{cases}$$

例如，若某人某月工资减去社保个人缴纳金额和住房公积金个人缴纳金额后为 9 500 元.则其应缴个税为

$$(9\ 500-5\ 000)\cdot 10\%-210=240(\text{元}).$$

工资个税的计算公式为

应纳税额=(工资薪金所得-“五险一金”-扣除数)×适用税率-速算扣除数.

案例 1.1.3【汽车租赁费用问题】 随着经济的繁荣，人们生活水平的提高，我国成为汽车保有量最大的国家，但因此造成的诸如拥堵问题、环境污染问题急待解决.就现阶段而言，以租代购，不失为一个绿色环保出行最好的选择，既能实现资源的共享，又能提高车辆的使用效率，减少社会能源的浪费.

哈尔滨冰雪节期间，来自上海的小张租用了哈尔滨某汽车租赁公司一辆越野车外出滑雪.汽车租赁公司与小张签订的租车合同中约定：下午 6 时前交车按一天计算，租车时间不到一天按一天计算，交车时验车.租车的收费标准为基本租金 200 元/(辆·天)，里程收费 4 元/km.小张到租车公司取车的同时交付了 1 000 元押金.第 3 天下午 5 时，他还车时交付了 2 160 元(含押金).小张在租车期间没有造成汽车损坏，问：小张驾车行驶了多少千米?

分析 设小张的租车费用为 y 元，行驶里程为 x km，则 y 与 x 之间的关系为

$$\begin{aligned}y&=200\times3+4x\\&=600+4x.\end{aligned}$$

将 $y=2\ 160$ 代入上式，得

$$2\ 160=600+4x,$$

解之，得

$$x=390(\text{km}).$$

所以小张驾车行驶了 390 km.

1.2 理解极限的思想

读一读

刻苦探求、人格高尚的数学家刘徽

刘徽(约 225—约 295),山东邹平县人,是当时世界上最杰出的数学家,他在公元 263 年撰写的著作《九章算术注》以及后来的《海岛算经》,是我国最宝贵的数学遗产,也因此奠定了他在中国数学史上的不朽地位.

《九章算术》约成书于东汉之初,共有 246 个问题及其解法.在许多方面,如解方程组、分数四则运算、正负数运算、几何图形的体积和面积计算等,都属于世界先进之列.但其解法比较原始,且缺乏必要的证明,因此刘徽对此做了补充证明.这些证明,充分显示了他在众多方面的创造性贡献.他是世界上最早提出十进小数概念的人,并用十进小数来表示无理数的立方根;在代数方面,他提出了正负数的概念及其加减运算的法则,改进了线性方程组的解法;在几何方面,他利用割圆术,求出了圆周率 $\pi \approx 3.141\ 6$ 的结果.他的方法是从直径为 2 尺(1 m = 3 尺)的圆内接正六边形开始割圆,依次得正 12 边形、正 24 边形……,割得越细,正多边形面积和圆面积之差越小,用他的原话说是"割之弥细,所失弥少,割之又割,以至于不可割,则与圆周合体而无所失矣."

刘徽的割圆术可视为中国古代极限观念的佳作.《海岛算经》一书中,刘徽精心选编了九个测量问题,这些题目的创造性、复杂性和代表性,都在当时为世界所瞩目.刘徽思维敏捷,方法灵活,既提倡推理又主张直观,他是我国最早明确主张用逻辑推理的方式来论证数学命题的人.刘徽的一生是为数学刻苦探求的一生,他给我们中华民族留下了宝贵的财富.

阅读感悟:

学习目标

在本节中你将完成以下学习目标：

(1) 理解极限的思想；

(2) 掌握极限的定义及性质；

(3) 能够利用函数图像求函数的极限；

(4) 理解无穷大与无穷小的定义；

(5) 掌握无穷大和无穷小的关系；

(6) 养成思维缜密、严谨务实的学习态度.

重点：函数极限是否存在的判断方法.

难点：会用函数图像求函数的极限值.

学一学

1.2.1 当 $x\to\infty$ 时 $f(x)$ 的极限

扫一扫

1.2.1 $x\to\infty$时函数的极限

定义 1.2.1 设函数 $y=f(x)$，如果当 $x\to+\infty$ 时，$f(x)$ 无限趋近于一个常数 A，那么就说 A 是当 x 趋向于正无穷大时函数 $f(x)$ 的**极限**，记作

$$\lim_{x\to+\infty} f(x)=A \quad 或 \quad f(x)\to A(x\to+\infty).$$

说明：当极限存在时，极限是唯一的.

定义 1.2.2 设函数 $y=f(x)$，如果当 $x\to-\infty$ 时，$f(x)$ 无限趋近于一个常数 A，那么就说 A 是当 x 趋向于负无穷大时函数 $f(x)$ 的**极限**，记作

$$\lim_{x\to-\infty} f(x)=A \quad 或 \quad f(x)\to A(x\to-\infty).$$

定义 1.2.3 设函数 $y=f(x)$，如果 $\lim\limits_{x\to+\infty} f(x)=\lim\limits_{x\to-\infty} f(x)=A$，那么就说常数 A 是当 x 趋向于无穷大时函数 $f(x)$ 的**极限**，记作

$$\lim_{x\to\infty} f(x)=A \quad 或 \quad f(x)\to A(x\to\infty).$$

定理 1.2.1 当 $x\to\infty$ 时，函数 $y=f(x)$ 极限存在的充要条件：

$$\lim_{x\to\infty} f(x)=A \Leftrightarrow \lim_{x\to+\infty} f(x)=\lim_{x\to-\infty} f(x)=A.$$

学习小贴士： 极限的思想——无限接近；结合函数图像确定函数极限.

例 1.2.1 根据函数图像求函数 $f(x)=\dfrac{1}{x}$ 当 $x\to\infty$ 时的极限.

解 如图 1-9，由函数极限的定义，可得

$$\lim_{x\to+\infty}\frac{1}{x}=0,\quad \lim_{x\to-\infty}\frac{1}{x}=0.$$

由 $\lim\limits_{x\to+\infty}\dfrac{1}{x}=\lim\limits_{x\to-\infty}\dfrac{1}{x}=0$，可得 $\lim\limits_{x\to\infty}\dfrac{1}{x}=0$.

例 1.2.2 判断 $\lim\limits_{x\to\infty}\arctan x$ 是否存在.

解 如图 1-10,可以看出

$$\lim_{x\to+\infty}\arctan x=\frac{\pi}{2},\quad \lim_{x\to-\infty}\arctan x=-\frac{\pi}{2}.$$

$\lim\limits_{x\to+\infty}\arctan x$ 和 $\lim\limits_{x\to-\infty}\arctan x$ 虽然都存在,但不相等,所以 $\lim\limits_{x\to\infty}\arctan x$ 不存在.

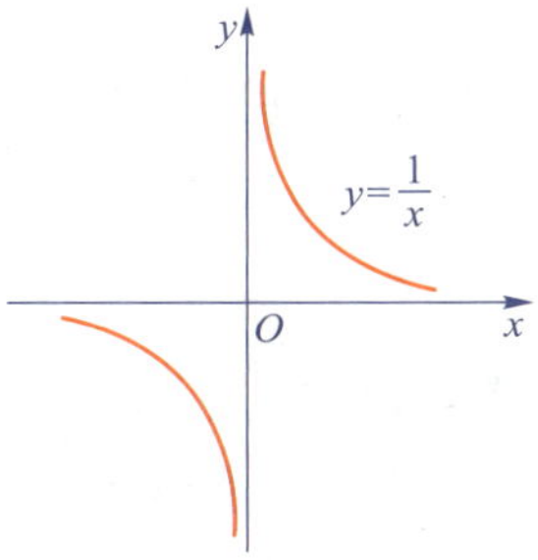

图 1-9

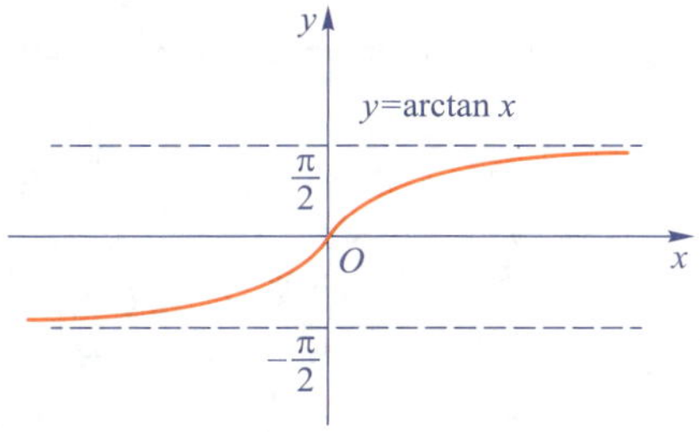

图 1-10

练一练

1. 判断 $\lim\limits_{x\to\infty}2^x$ 是否存在.
2. 判断 $\lim\limits_{x\to\infty}|x|$ 是否存在.

1.2.2 当 $x\to x_0$ 时 $f(x)$ 的极限

定义 1.2.4 设函数 $y=f(x)$ 在点 x_0 的某个去心邻域 $N(\hat{x_0},\delta)$ 内有定义,如果当 $x\to x_0$ 时,$f(x)$ 无限趋近于一个常数 A,那么就说 A 是当 x 趋向于 x_0 时函数 $f(x)$ 的**极限**,记作

$$\lim_{x\to x_0}f(x)=A \quad 或 \quad f(x)\to A(x\to x_0).$$

扫一扫

1.2.2 $x\to x_0$时函数的极限

例 1.2.3 求函数 $f(x)=\dfrac{x^2-1}{x-1}$ 当 $x\to1$ 时的极限.

解 因为当 $x\neq1$ 时,$\dfrac{x^2-1}{x-1}=x+1$,所以函数 $f(x)=\dfrac{x^2-1}{x-1}$ 的图像就是函数 $y=x+1(x\neq1)$ 的图像,如图 1-11 所示.

从图 1-11 中可以看出,当 $x\to1$ 时,$f(x)$ 无限趋近于 2,即

$$\lim_{x\to1}\frac{x^2-1}{x-1}=2.$$

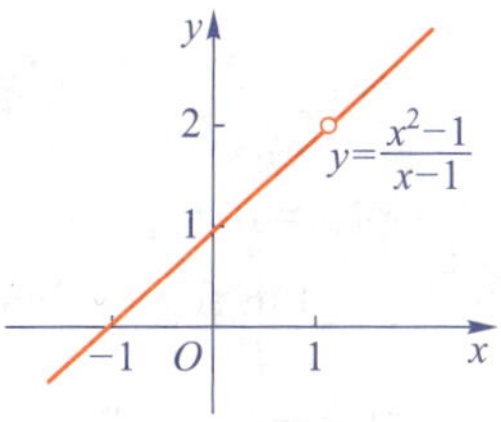

图 1-11

x 仅从 x_0 的左侧,即小于 x_0 的一侧无限趋近于 x_0,记作 $x\to x_0^-$;x 仅从 x_0 的右侧,即大于 x_0 的一侧无限趋近于 x_0,记作 $x\to x_0^+$.

定义 1.2.5 设函数 $y=f(x)$，如果当 $x\to x_0^-$ 时，$f(x)$ 无限趋近于一个常数 A，那么就说 A 是当 x 趋向于 x_0 时函数 $f(x)$ 的**左极限**，记作

$$\lim_{x\to x_0^-}f(x)=A \quad 或 \quad f(x)\to A(x\to x_0^-).$$

如果当 $x\to x_0^+$ 时，$f(x)$ 无限趋近于一个常数 A，那么就说 A 是当 x 趋向于 x_0 时函数 $f(x)$ 的**右极限**，记作

$$\lim_{x\to x_0^+}f(x)=A \quad 或 \quad f(x)\to A(x\to x_0^+).$$

同样考察函数 $f(x)=\dfrac{x^2-1}{x-1}$ 当 $x\to1^-$，$x\to1^+$ 时的极限，从图 1-11 可以看出，

$$\lim_{x\to1^-}\frac{x^2-1}{x-1}=2,\quad \lim_{x\to1^+}\frac{x^2-1}{x-1}=2.$$

定理 1.2.2 当 $x\to x_0$ 时函数 $y=f(x)$ 极限存在的充要条件：

$$\lim_{x\to x_0}f(x)=A\Leftrightarrow\lim_{x\to x_0^-}f(x)=\lim_{x\to x_0^+}f(x)=A.$$

例 1.2.4 设函数 $f(x)=\begin{cases}x+2, & x\geqslant1,\\ 3x, & x<1,\end{cases}$ 判断 $\lim\limits_{x\to1}f(x)$ 是否存在.

解 作出 $y=f(x)$ 的图像，如图 1-12 所示. 在 $x=1$ 左侧观察图像，有

$$\lim_{x\to1^-}f(x)=\lim_{x\to1^-}3x=3;$$

在 $x=1$ 右侧观察图像，有

$$\lim_{x\to1^+}f(x)=\lim_{x\to1^+}(x+2)=3.$$

所以左、右极限都存在并且相等，由极限存在的充要条件可知，

$$\lim_{x\to1}f(x)=3.$$

例 1.2.5 设函数 $f(x)=\begin{cases}x-1, & x<0,\\ 0, & x=0,\\ x+1, & x>0,\end{cases}$ 判断 $\lim\limits_{x\to0}f(x)$ 是否存在.

解 作出 $y=f(x)$ 的图像，如图 1-13 所示.

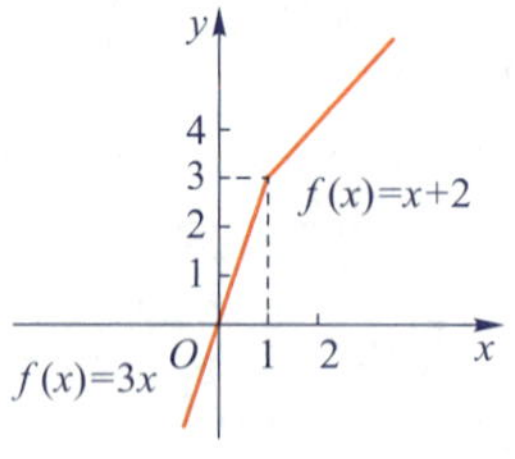

图 1-12

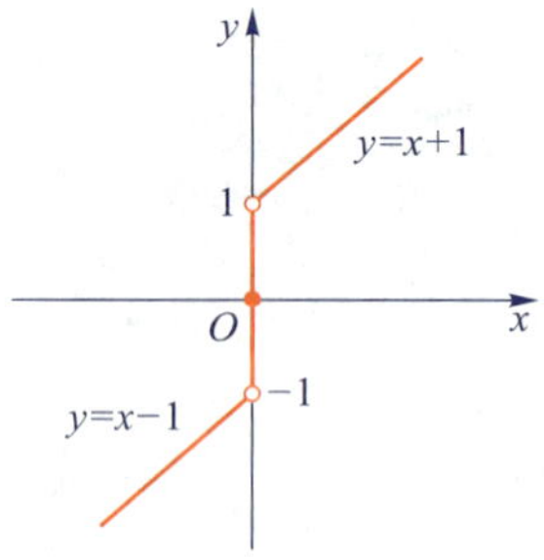

图 1-13

在 $x=0$ 左侧观察图像，有

$$\lim_{x\to0^-}f(x)=\lim_{x\to0^-}(x-1)=-1;$$

在 $x=0$ 右侧观察图像，有

$$\lim_{x\to0^+}f(x)=\lim_{x\to0^+}(x+1)=1.$$

学习小贴士： 函数在点 x_0 处是否存在极限与函数在点 x_0 处是否有定义**无关**.

所以左、右极限都存在但是不相等，由极限存在的充要条件可知，$\lim\limits_{x\to 0}f(x)$不存在.

表 1-8 给出了自变量在六种变化趋势下函数的极限的定义.

表 1-8

自变量变化趋势	函数变化	极限记号
当 $x\to+\infty$ 时	$f(x)\to A$	$\lim\limits_{x\to+\infty}f(x)=A$
当 $x\to-\infty$ 时	$f(x)\to A$	$\lim\limits_{x\to-\infty}f(x)=A$
当 $x\to\infty$ 时	$f(x)\to A$	$\lim\limits_{x\to\infty}f(x)=A$
当 $x\to x_0$ 时	$f(x)\to A$	$\lim\limits_{x\to x_0}f(x)=A$
当 $x\to x_0^+$ 时	$f(x)\to A$	$\lim\limits_{x\to x_0^+}f(x)=A$
当 $x\to x_0^-$ 时	$f(x)\to A$	$\lim\limits_{x\to x_0^-}f(x)=A$

学习小贴士：注意函数极限的书写形式，理清各项之间的关系.

练一练

求函数 $f(x)=\begin{cases}x^2, & x<1,\\ 2x-1, & x\geqslant 1\end{cases}$ 在点 $x=1$ 处的极限.

1.2.3 无穷小与无穷大

1. 无穷小的定义

扫一扫

1.2.3 无穷小与无穷大

定义 1.2.6 当在给定的 $x\to x_0$（或 $x\to\infty$）时，$f(x)$ 的极限是 0，则称 $f(x)$ 是 $x\to x_0$（或$x\to\infty$）时的**无穷小量**，简称**无穷小**，记作

$$\lim_{x\to x_0}f(x)=0\ (\text{或}\lim_{x\to\infty}f(x)=0).$$

例如，函数 $y=3x-6$ 是 $x\to 2$ 时的无穷小，而函数 $y=\dfrac{1}{2x}$是 $x\to\infty$ 时的无穷小.

注：(1) 无穷小是以零为极限的变量，不要把一个很小的数误认为是无穷小. 例如，10^{-100}虽然非常小，但它不是以 0 为极限的变量，所以不是无穷小. **零是唯一可作为无穷小的常数**.

(2) 不能只说某个函数是无穷小，必须指出它的极限过程.

(3) 当 $x\to x_0^+$，$x\to x_0^-$，$x\to+\infty$，$x\to-\infty$ 时都可得到相应的无穷小量.

2. 无穷大的定义

定义 1.2.7 如果 $x\to x_0$（或 $x\to\infty$）时，$|f(x)|$ 无限增大，则称 $f(x)$ 为当 $x\to x_0$（或 $x\to\infty$）时的**无穷大量**，简称**无穷大**，记作

$$\lim_{x\to x_0} f(x)=\infty\ (\text{或} \lim_{x\to\infty} f(x)=\infty).$$

特殊情形：如果

$$\lim_{\substack{x\to x_0\\(x\to\infty)}} f(x)=+\infty\quad \left(\text{或} \lim_{\substack{x\to x_0\\(x\to\infty)}} f(x)=-\infty\right),$$

则称 $f(x)$ 为当 $x\to x_0$（或 $x\to\infty$）时的正无穷大（负无穷大）.

例如，函数 $y=\tan x$ 是 $x\to\dfrac{\pi}{2}$ 时的无穷大，$y=x^2$ 是 $x\to\infty$ 时的无穷大.

注：(1) 无穷大是变化的量，一个数无论多大都不能作为无穷大.

(2) 函数在变化过程中其绝对值越来越大且可以无限增大时，才能作为无穷大.

(3) 当说某个函数是无穷大时，必须同时指出它的极限过程.

(4) 当 $x\to x_0^+$，$x\to x_0^-$，$x\to+\infty$，$x\to-\infty$ 时都可得到相应的无穷大量.

3. 无穷大与无穷小的关系

定理 1.2.3 在自变量的同一变化过程 $x\to x_0$（或 $x\to\infty$）中，如果 $f(x)$ 为无穷大，则 $\dfrac{1}{f(x)}$ 为无穷小；反之，如果 $f(x)$ 为无穷小，且 $f(x)\neq 0$，则 $\dfrac{1}{f(x)}$ 为无穷大.

例 1.2.6 分析自变量在怎样的变化过程中，下列函数为无穷大？

(1) $y=\dfrac{1}{x-1}$；　　(2) $y=\ln x$.

解 (1) 因为 $\lim\limits_{x\to 1}(x-1)=0$，即 $x\to 1$ 时，$x-1$ 为无穷小，所以 $x\to 1$ 时，$y=\dfrac{1}{x-1}$ 是无穷大.

(2) 因为当 $x\to+\infty$ 时，$\ln x\to+\infty$，即 $\lim\limits_{x\to+\infty}\ln x=+\infty$；当 $x\to 0^+$ 时，$\ln x\to-\infty$，即 $\lim\limits_{x\to 0^+}\ln x=-\infty$，所以当 $x\to+\infty$ 及 $x\to 0^+$ 时，$y=\ln x$ 都是无穷大.

学习小贴士： 会利用无穷大与无穷小的关系求函数的极限.

练一练

填空题：

(1) 当 $x\to$ ________ 时，函数 $y=2x-4$ 为无穷小；

(2) 当 $x\to$ ________ 时，函数 $y=\left(\dfrac{1}{4}\right)^x$ 为无穷小；

(3) 当 $x\to$ ________ 时，函数 $y=\dfrac{1}{x-3}$ 为无穷大.

评一评

姓名:__________班级:__________学号:__________得分:__________

1. 求下列极限:

(1) $\lim\limits_{x\to\infty}\dfrac{3}{x^2}$;

(2) $\lim\limits_{x\to+\infty}\arctan x$;

(3) $\lim\limits_{x\to1}(2x+1)$;

(4) $\lim\limits_{x\to1}\ln x$.

2. 设函数$f(x)=\begin{cases}2x+2, & x>0,\\ 3, & x=0,\\ x^2+2, & x<0.\end{cases}$

（1）作出这个函数的图形；

（2）求$\lim\limits_{x\to 0^+}f(x)$和$\lim\limits_{x\to 0^-}f(x)$，并讨论$\lim\limits_{x\to 0}f(x)$是否存在.

评语：

测一测

姓名：__________ 班级：__________ 学号：__________ 得分：__________

一、基础测试

1. $\lim\limits_{x\to x_0}f(x)=A$ 的充要条件是 $\lim\limits_{x\to x_0^-}f(x)=\lim\limits_{x\to x_0^+}f(x)=A$. (   )

2. 函数 $y=f(x)$ 在点 x_0 处有定义是它在该点处有极限的充分条件. (   )

3. 在相同的变化趋势下，无穷小的倒数是无穷大. (   )

4. 函数 $f(x)=\dfrac{x-3}{x^2-9}$ 当 $x\to3$ 时(   ).

A. 有定义　　B. 有极限

C. 没有极限　　D. 既无定义又无极限

5. 函数 $y=f(x)$ 在点 x_0 处有定义是它在 $x\to x_0$ 时有极限的(   ).

A. 必要条件　　B. 充分条件

C. 充要条件　　D. 无关条件

6. 当 $x\to0^+$ 时，下列变量中是无穷大的是(   ).

A. $y=x^{\frac{1}{2}}$　　B. $y=\log_5 x$

C. $y=\arctan x$　　D. $y=\operatorname{arccot} x$

7. 设函数 $f(x)=\begin{cases}2x, & 0\leqslant x<1,\\ 3-x, & 1<x\leqslant2,\end{cases}$ 求 $\lim\limits_{x\to1^+}f(x)$，$\lim\limits_{x\to1^-}f(x)$，$\lim\limits_{x\to1}f(x)$.

二、提升测试

8. 设 $f(x)=\begin{cases}-2, & x<0,\\ 0, & x=0,\\ 2, & x>0,\end{cases}$ 则 $\lim\limits_{x\to1}f(x)$ 的值为(   ).

A. -2　　B. 2

C. 0　　D. 不存在

9. 当 $x\to0$ 时，下列变量中，是无穷大的是(   ).

A. $y=2^x$　　B. $y=2^{-x}$

C. $y=\cot x$　　D. $y=\tan x$

10. 设函数 $f(x)=\begin{cases}2x-1, & x<0,\\ 0, & x=0,\\ x+2, & x>0,\end{cases}$ 求 $\lim\limits_{x\to0^+}f(x)$，$\lim\limits_{x\to0^-}f(x)$，$\lim\limits_{x\to0}f(x)$，$\lim\limits_{x\to1}f(x)$.

学习反思：

用一用

案例 1.2.1【夜间路灯下行人的影子问题】 夜间走在街道上，假如距离 30 m 远的正前方有一盏高 10 m 的路灯. 如图 1-14 所示，随着距离路灯越来越近，你会发现身后的影子越来越短，当走到路灯正下方时会发现影子不见了. 也就是说，随着你越来越接近路灯，你身后影子的长度越来越趋于 0.

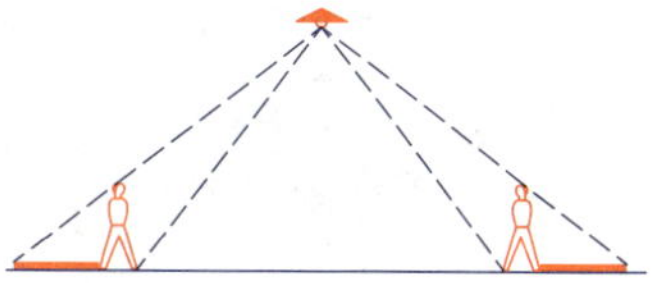

图 1-14

案例 1.2.2【单摆问题】 单摆离开铅直位置的偏度可以用角 θ 来度量，如图 1-15 所示. 这个角可规定当偏到一方（如右方）时为正，而偏到另一方（如左方）时为负. 如果让单摆自己摆，则角 θ 随着时间 t 会发生变化，它们之间的关系记为 $\theta(t)$，试分析，随着时间的推移，角 θ 会发生什么变化？

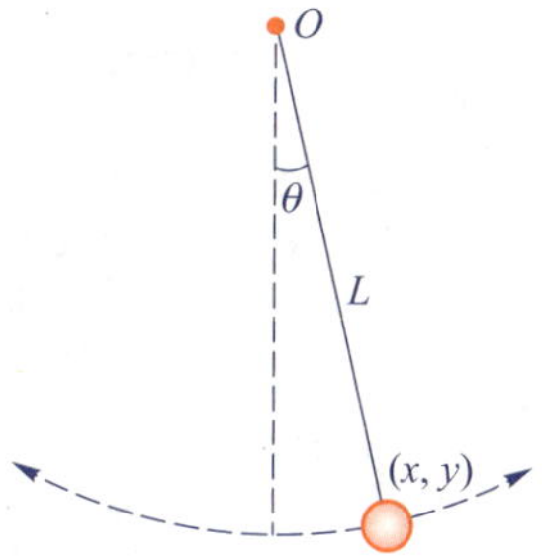

图 1-15

解 根据物理知识可知，由于机械摩擦力和空气阻力，随着时间的推移，振幅会不断地减小. 因此 $\lim\limits_{t \to +\infty} \theta(t) = 0$，即随着时间的推移，$\theta(t)$ 是无穷小量.

1.3 揭开极限的面纱

读一读

救亡图存、振兴科学、置身教育的苏步青

1902 年 9 月，苏步青出生在浙江省平阳县的一个山村里.

苏步青上初三时，他就读的浙江省六十中来了一位刚从东京留学归来的教数学课的杨老师. 第一堂课杨老师没有讲数学，而是讲故事. 他说："当今世界，弱肉强食，世界列强依仗船坚炮利，都想蚕食瓜分中国. 中华亡国灭种的危险迫在眉睫，振兴科学，发展实业，救亡图存，在此一举. '天下兴亡，匹夫有责'，在座的每一位同学都有责任." 他旁征博引，讲述了数学在现代科学技术发展中的巨大作用. 这堂课，杨老师最后一句话是："为了救亡图存，必须振兴科学. 数学是科学的开路先锋，为了发展科学，必须学好数学." 苏步青一生不知听过多少堂课，但这一堂课使他终生难忘.

1919 年，苏步青中学毕业后赴日本留学，1927 年，他从日本东北帝国大学数学系毕业，后进入该校研究生院，1931 年毕业获得理学博士学位，受聘于浙江大学与陈建功一起创立了"微分几何学派".

1952 年 10 月，因全国高校院系调整，他来到复旦大学数学系任教授、系主任，后任复旦大学教务长、副校长和校长等职. 2003 年 3 月 17 日，他在上海逝世，享年 101 岁.

作为我国近代数学的主要奠基人之一，苏步青教授专长微分几何，是国际公认的几何学权威，也是中国微分几何学派的创始人，被国际上誉为"东方国度灿烂的数学明星"与"东方第一几何学家". 苏步青不仅是一位卓越的数学家，他同时还是一位杰出的教育家. 培养了包括多位中国科学院、中国工程院院士在内的一大批优秀科学人才，桃李满天下. 苏步青多年来还始终关心着高等教育的基础——中等教育，在他 85 岁高龄的时候，还亲自为中学教师上课，帮助数学教师提高教学水平.

阅读感悟：

学习目标

在本节中你将完成以下学习目标：

（1）掌握极限的四则运算法则、两个重要极限；

（2）能够利用公式求相应类型的函数极限，掌握求极限的方法和步骤；

（3）用极限方法分析解决实际问题；

（4）培养学以致用，理论联系实践的学习态度.

重点：极限运算法则的使用.

难点：函数的变形技巧.

学一学

根据极限定义，我们很容易计算：

$$\lim C=C\,(C\text{ 为常数}),\ \lim_{x\to x_0} x=x_0.$$

1.3.1 极限的四则运算法则

扫一扫

1.3.1 极限的四则运算法则(一

定理 1.3.1 若 $\lim f(x)=A$，$\lim g(x)=B$，则

（1）$\lim[f(x)\pm g(x)]=\lim f(x)\pm\lim g(x)=A\pm B$；

（2）$\lim[f(x)\cdot g(x)]=\lim f(x)\cdot\lim g(x)=A\cdot B$；

（3）$\lim\dfrac{f(x)}{g(x)}=\dfrac{\lim f(x)}{\lim g(x)}=\dfrac{A}{B}\,(\lim g(x)\neq 0)$.

由定理 1.3.1 中的(2)可得如下推论：

推论 1 $\lim[C\cdot g(x)]=C\cdot\lim g(x)=C\cdot B$（$C$ 为常数）.

推论 2 $\lim[f(x)]^n=A^n$（n 为正整数）.

注：定理 1.3.1 中的(1)和(2)均可推广到有限多个函数的情形.

例 1.3.1 求 $\lim\limits_{x\to 1}(2x^3-3x+1)$.

解
$$\begin{aligned}\lim_{x\to 1}(2x^3-3x+1)&=\lim_{x\to 1}2x^3-\lim_{x\to 1}3x+\lim_{x\to 1}1\\&=2(\lim_{x\to 1}x)^3-3\lim_{x\to 1}x+\lim_{x\to 1}1\\&=2\times 1^3-3\times 1+1\\&=0.\end{aligned}$$

练一练

求下列极限：

（1）$\lim\limits_{x\to -1}(2x^2-x+4)$；　　（2）$\lim\limits_{x\to 2}(5x^2-2x+6)$.

例 1.3.2 求下列极限：

> **学习小贴士：** 掌握多项式函数求极限的方法、步骤.

(1) $\lim\limits_{x\to1}\dfrac{x}{x+1}$； (2) $\lim\limits_{x\to1}\dfrac{x-1}{x+1}$；

(3) $\lim\limits_{x\to1}\dfrac{x+1}{x-1}$； (4) $\lim\limits_{x\to1}\dfrac{x-1}{x^2+x-2}$.

解 (1) 分式中分子的极限为$\lim\limits_{x\to1}x=1$，分母的极限为$\lim\limits_{x\to1}(x+1)=\lim\limits_{x\to1}x+\lim\limits_{x\to1}1=1+1,=2\neq0$，于是直接运用法则，得

$$\lim_{x\to1}\frac{x}{x+1}=\frac{\lim\limits_{x\to1}x}{\lim\limits_{x\to1}(x+1)}=\frac{1}{2}.$$

(2) 分式中分子的极限为$\lim\limits_{x\to1}(x-1)=\lim\limits_{x\to1}x-\lim\limits_{x\to1}1=1-1=0$，分母的极限为$\lim\limits_{x\to1}(x+1)=2\neq0$，于是直接运用法则，得

$$\lim_{x\to1}\frac{x-1}{x+1}=\frac{\lim\limits_{x\to1}(x-1)}{\lim\limits_{x\to1}(x+1)}=\frac{0}{2}=0.$$

(3) 当 $x\to1$ 时，分子及分母的极限都存在，但分母的极限等于零，所以$\lim\limits_{x\to1}\dfrac{x-1}{x+1}=0$. 由无穷大与无穷小关系，可知

$$\lim_{x\to1}\frac{x+1}{x-1}=\infty.$$

(4) 分式中分子的极限$\lim\limits_{x\to1}(x-1)=0$，分母的极限$\lim\limits_{x\to1}(x^2+x-2)=0$，所以不能直接运用极限运算法则，但由于分子与分母有公因子 $x-1$，且当 $x\to1$ 时 $x\neq1$，即 $x-1\neq0$，所以可采用约去零因子法$\left(\text{这种情况称为不定式，常见的不定式有}\dfrac{0}{0},\dfrac{\infty}{\infty},\infty^0,1^\infty,\infty-\infty\text{等}\right)$，即

$$\lim_{x\to1}\frac{x-1}{x^2+x-2}=\lim_{x\to1}\frac{x-1}{(x-1)(x+2)}=\lim_{x\to1}\frac{1}{x+2}=\frac{1}{3}.$$

练一练

求下列极限：

(1) $\lim\limits_{x\to2}\dfrac{2x^2+x-1}{x^2-5x+3}$； (2) $\lim\limits_{x\to2}\dfrac{x^2-3}{x-2}$； (3) $\lim\limits_{x\to2}\dfrac{x^2-5x+6}{x^2-x-2}$.

例 1.3.3 求$\lim\limits_{x\to1}\left(\dfrac{x}{x-1}-\dfrac{2}{x^2-1}\right)$.

解 因为$\lim\limits_{x\to1}\dfrac{x}{x-1}=\infty$，$\lim\limits_{x\to1}\dfrac{2}{x^2-1}=\infty$，所以不能用差的极限运算法则，于是先考虑通分，得

$$\lim_{x\to 1}\left(\frac{x}{x-1}-\frac{2}{x^2-1}\right)=\lim_{x\to 1}\frac{x(x+1)-2}{(x-1)(x+1)}$$

$$=\lim_{x\to 1}\frac{x^2+x-2}{(x-1)(x+1)}=\lim_{x\to 1}\frac{(x-1)(x+2)}{(x-1)(x+1)}$$

$$=\lim_{x\to 1}\frac{x+2}{x+1}=\frac{3}{2}.$$

例 1.3.4 求$\lim\limits_{x\to 0}\frac{\sqrt{1+x}-1}{x}$.

解 当 $x\to 0$ 时,分子及分母的极限都是零,于是先考虑变形,约去零因子,得

$$\lim_{x\to 0}\frac{\sqrt{1+x}-1}{x}=\lim_{x\to 0}\frac{(\sqrt{1+x}-1)(\sqrt{1+x}+1)}{x(\sqrt{1+x}+1)}$$

$$=\lim_{x\to 0}\frac{1+x-1}{x(\sqrt{1+x}+1)}$$

$$=\lim_{x\to 0}\frac{x}{x(\sqrt{1+x}+1)}$$

$$=\lim_{x\to 0}\frac{1}{\sqrt{1+x}+1}$$

$$=\frac{1}{2}.$$

扫一扫

1.3.2 极限的四则运算法则(二)

练一练

求$\lim\limits_{x\to 0}\frac{x}{\sqrt{4+x}-2}$.

例 1.3.5 求下列极限:

(1) $\lim\limits_{x\to\infty}\frac{x^3-3x+1}{3x^3+5x^2-7}$; (2) $\lim\limits_{x\to\infty}\frac{x^4+x^3-7x+1}{2x^2-3}$;

(3) $\lim\limits_{x\to\infty}\frac{2x^2-2x-3}{3x^3+1}$.

解 (1) 当 $x\to\infty$ 时,分子和分母的极限都是无穷大,故不能直接应用商的极限运算法则.我们先将分子、分母同除以 x^3,此时分子和分母均有极限存在,且分母的极限不为零,从而可用商的极限运算法则求出极限,即

$$\lim_{x\to\infty}\frac{x^3-3x+1}{3x^3+5x^2-7}=\lim_{x\to\infty}\frac{1-\frac{3}{x^2}+\frac{1}{x^3}}{3+\frac{5}{x}-\frac{7}{x^3}}$$

$$=\frac{\lim\limits_{x\to\infty}\left(1-\frac{3}{x^2}+\frac{1}{x^3}\right)}{\lim\limits_{x\to\infty}\left(3+\frac{5}{x}-\frac{7}{x^3}\right)}=\frac{1}{3}.$$

（2）分子、分母同除以 x^4，得

$$\lim_{x\to\infty}\frac{x^4+x^3-7x+1}{2x^2-3}=\lim_{x\to\infty}\frac{1+\frac{1}{x}-\frac{7}{x^2}+\frac{1}{x^4}}{\frac{2}{x^2}-\frac{3}{x^4}},$$

当 $x\to\infty$ 时，分子的极限等于 1，分母的极限等于零，由无穷大与无穷小关系，可知

$$\lim_{x\to\infty}\frac{x^4+x^3-7x+1}{2x^2-3}=\infty.$$

（3）分子、分母同除以 x^3，得

$$\lim_{x\to\infty}\frac{2x^2-2x-3}{3x^3+1}=\lim_{x\to\infty}\frac{\frac{2}{x}-\frac{2}{x^2}-\frac{3}{x^3}}{3+\frac{1}{x^3}}$$

$$=\frac{\lim\limits_{x\to\infty}\left(\frac{2}{x}-\frac{2}{x^2}-\frac{3}{x^3}\right)}{\lim\limits_{x\to\infty}\left(3+\frac{1}{x^3}\right)}$$

$$=\frac{0}{3}=0.$$

通过例 1.3.5 可以发现，当 $x\to\infty$ 时，有理分式的极限有如下规律：当分子、分母中 x 的最高次幂相同时，极限为分子、分母最高次幂的系数的比；当分子的次数高于分母的次数时，极限为无穷大；当分子的次数低于分母的次数时，极限为零. 也就是说，当 $a_0\cdot b_0\neq 0$ 时，有

$$\lim_{x\to\infty}\frac{a_0x^n+a_1x^{n-1}+\cdots+a_n}{b_0x^m+b_1x^{m-1}+\cdots+b_m}=\begin{cases}0, & n<m,\\ \frac{a_0}{b_0}, & n=m,\\ \infty, & n>m.\end{cases}$$

利用这个结果求有理分式函数当 $x\to\infty$ 时的极限非常方便.

练一练

求下列极限：

（1）$\lim\limits_{x\to\infty}\frac{3x^3+4x^2+2}{7x^3+5x^2-3}$；　（2）$\lim\limits_{x\to\infty}\frac{3x^2-2x-1}{2x^3-x^2+5}$；　（3）$\lim\limits_{x\to\infty}\frac{2x^3+2}{8x^2+7x}$.

1.3.2 两个重要极限

重要极限一：$\lim\limits_{x\to 0}\dfrac{\sin x}{x}=1.$

上式中，设 $t=\dfrac{1}{x}$，则 $x\to\infty$ 时，$t\to 0$，于是又得

$$\lim_{t\to\infty}\frac{\sin\frac{1}{t}}{\frac{1}{t}}=1.$$

扫一扫

1.3.3 第一个重要极限

重要极限一的形式可写成 $\lim\limits_{W\to 0}\dfrac{\sin W}{W}=1$，其中“$W$”代表同样的变量或表达式.利用这个重要极限的结果可以去求一些分子或分母中含有三角函数的 $\dfrac{0}{0}$ 型不定式的极限.

例 1.3.6 求下列极限：

(1) $\lim\limits_{x\to 0}\dfrac{\sin 2x}{3x}$；

(2) $\lim\limits_{x\to\infty}2x\cdot\sin\dfrac{1}{x}$；

(3) $\lim\limits_{x\to 0}\dfrac{\tan x}{x}$；

(4) $\lim\limits_{x\to 0}\dfrac{1-\cos x}{x^2}$.

解 (1) $\lim\limits_{x\to 0}\dfrac{\sin 2x}{3x}=\lim\limits_{x\to 0}\dfrac{2\cdot\sin 2x}{3\cdot 2x}=\dfrac{2}{3}\cdot\lim\limits_{x\to 0}\dfrac{\sin 2x}{2x}=\dfrac{2}{3}\times 1=\dfrac{2}{3}.$

(2) $\lim\limits_{x\to\infty}2x\cdot\sin\dfrac{1}{x}=2\cdot\lim\limits_{x\to\infty}\dfrac{\sin\frac{1}{x}}{\frac{1}{x}}=2\times 1=2.$

(3) $\lim\limits_{x\to 0}\dfrac{\tan x}{x}=\lim\limits_{x\to 0}\dfrac{\sin x}{\cos x}\cdot\dfrac{1}{x}=\lim\limits_{x\to 0}\left(\dfrac{\sin x}{x}\cdot\dfrac{1}{\cos x}\right)=\lim\limits_{x\to 0}\dfrac{\sin x}{x}\cdot\lim\limits_{x\to 0}\dfrac{1}{\cos x}=1\times 1=1.$

(4) $\lim\limits_{x\to 0}\dfrac{1-\cos x}{x^2}=\lim\limits_{x\to 0}\dfrac{2\cdot\sin^2\frac{x}{2}}{x^2}=\lim\limits_{x\to 0}\dfrac{\sin^2\frac{x}{2}}{2\cdot\left(\frac{x}{2}\right)^2}=\dfrac{1}{2}\cdot\left(\lim\limits_{x\to 0}\dfrac{\sin\frac{x}{2}}{\frac{x}{2}}\right)^2=\dfrac{1}{2}\times 1^2=\dfrac{1}{2}.$

练一练

求下列极限：

(1) $\lim\limits_{x\to 0}\dfrac{\sin 3x}{x}$；

(2) $\lim\limits_{x\to 0}\dfrac{\sin 2x}{\sin 3x}$；

(3) $\lim\limits_{x\to 0}\dfrac{\tan 2x}{x}$.

扫一扫

1.3.4 第二个重要极限

重要极限二：$\lim\limits_{x\to\infty}\left(1+\dfrac{1}{x}\right)^{x}=\mathrm{e}.$

说明：e 是无理数，其值为 2.718 281 828 459 045….

上式中，设 $t=\dfrac{1}{x}$，则 $x\to\infty$ 时，$t\to 0$，于是又得

$$\lim_{t\to 0}(1+t)^{\frac{1}{t}}=\mathrm{e}.$$

重要极限二的形式可写成 $\lim\limits_{W\to\infty}\left(1+\dfrac{1}{W}\right)^{W}=\mathrm{e}$，其中“$W$”代表同样的变量或表达式.

例 1.3.7 求下列函数的极限：

(1) $\lim\limits_{x\to\infty}\left(1+\dfrac{1}{x}\right)^{2x}$；　　(2) $\lim\limits_{x\to\infty}\left(1+\dfrac{1}{x}\right)^{x-3}$；

(3) $\lim\limits_{x\to\infty}\left(1+\dfrac{3}{x}\right)^{x}$；　　(4) $\lim\limits_{x\to\infty}\left(1-\dfrac{1}{x}\right)^{x}$.

解 (1) $\lim\limits_{x\to\infty}\left(1+\dfrac{1}{x}\right)^{2x}=\lim\limits_{x\to\infty}\left[\left(1+\dfrac{1}{x}\right)^{x}\right]^{2}=\left[\lim\limits_{x\to\infty}\left(1+\dfrac{1}{x}\right)^{x}\right]^{2}=\mathrm{e}^{2}.$

(2) $\lim\limits_{x\to\infty}\left(1+\dfrac{1}{x}\right)^{x-3}=\lim\limits_{x\to\infty}\dfrac{\left(1+\dfrac{1}{x}\right)^{x}}{\left(1+\dfrac{1}{x}\right)^{3}}=\dfrac{\lim\limits_{x\to\infty}\left(1+\dfrac{1}{x}\right)^{x}}{\lim\limits_{x\to\infty}\left(1+\dfrac{1}{x}\right)^{3}}=\dfrac{\mathrm{e}}{1}=\mathrm{e}.$

(3) $\lim\limits_{x\to\infty}\left(1+\dfrac{3}{x}\right)^{x}=\lim\limits_{x\to\infty}\left(1+\dfrac{1}{\frac{x}{3}}\right)^{\frac{x}{3}\cdot 3}=\lim\limits_{x\to\infty}\left[\left(1+\dfrac{1}{\frac{x}{3}}\right)^{\frac{x}{3}}\right]^{3}$

$=\left[\lim\limits_{\frac{x}{3}\to\infty}\left(1+\dfrac{1}{\frac{x}{3}}\right)^{\frac{x}{3}}\right]^{3}$

$=\mathrm{e}^{3}.$

(4) $\lim\limits_{x\to\infty}\left(1-\dfrac{1}{x}\right)^{x}=\lim\limits_{x\to\infty}\left(1+\dfrac{1}{-x}\right)^{(-x)\cdot(-1)}=\lim\limits_{x\to\infty}\left[\left(1+\dfrac{1}{-x}\right)^{-x}\right]^{-1}$

$=\left[\lim\limits_{-x\to\infty}\left(1+\dfrac{1}{-x}\right)^{-x}\right]^{-1}$

$=\mathrm{e}^{-1}.$

练一练

求下列极限：

(1) $\lim\limits_{x\to\infty}\left(1+\dfrac{1}{x}\right)^{x+4}$；　　(2) $\lim\limits_{x\to\infty}\left(1+\dfrac{1}{x}\right)^{3x}$；

(3) $\lim\limits_{x\to\infty}\left(1+\dfrac{2}{x}\right)^{x}$；　　(4) $\lim\limits_{x\to\infty}\left(1-\dfrac{3}{x}\right)^{2x}$.

例 1.3.8 求 $\lim\limits_{x\to\infty}\left(\dfrac{2-x}{3-x}\right)^{x}$.

解 方法一：

$$\lim_{x\to\infty}\left(\frac{2-x}{3-x}\right)^{x}=\lim_{x\to\infty}\left(\frac{3-x-1}{3-x}\right)^{x}=\lim_{x\to\infty}\left(1-\frac{1}{3-x}\right)^{x}$$
$$=\lim_{x\to\infty}\left(1+\frac{1}{x-3}\right)^{x}=\lim_{x\to\infty}\left(1+\frac{1}{x-3}\right)^{x-3+3}$$
$$=\lim_{x\to\infty}\left(1+\frac{1}{x-3}\right)^{x-3}\cdot\left(1+\frac{1}{x-3}\right)^{3}$$
$$=\mathrm{e}\cdot 1=\mathrm{e}.$$

方法二：

$$\lim_{x\to\infty}\left(\frac{2-x}{3-x}\right)^{x}=\lim_{x\to\infty}\left(\frac{\frac{2}{x}-1}{\frac{3}{x}-1}\right)^{x}=\lim_{x\to\infty}\left(\frac{1-\frac{2}{x}}{1-\frac{3}{x}}\right)^{x}$$
$$=\lim_{x\to\infty}\frac{\left(1-\frac{2}{x}\right)^{x}}{\left(1-\frac{3}{x}\right)^{x}}=\frac{\lim\limits_{x\to\infty}\left(1-\frac{2}{x}\right)^{x}}{\lim\limits_{x\to\infty}\left(1-\frac{3}{x}\right)^{x}}$$
$$=\frac{\mathrm{e}^{-2}}{\mathrm{e}^{-3}}=\mathrm{e}.$$

1.3.3 无穷小的性质和比较

1. 无穷小的性质

扫一扫

1.3.5 无穷小的性质

性质 1 有限个无穷小的代数和仍是无穷小.

性质 2 有限个无穷小的乘积仍是无穷小.

性质 3 有界函数与无穷小的乘积仍是无穷小.

推论 常数与无穷小的乘积仍是无穷小.

例 1.3.9 求 $\lim\limits_{x\to\infty}\dfrac{\cos x}{x}$.

解 因为 $\cos x$ 是有界函数，$\lim\limits_{x\to\infty}\dfrac{1}{x}=0$，所以当 $x\to\infty$ 时，$y=\dfrac{\cos x}{x}$ 是有界函数与无穷小的乘积，由性质 3，得

$$\lim_{x\to\infty}\frac{\cos x}{x}=0.$$

练一练

填空题：

（1）$\lim\limits_{x\to\infty}\dfrac{\sin x}{x}=$ ________；　　（2）$\lim\limits_{x\to 0}\dfrac{\sin x}{x}=$ ________；

(3) $\lim\limits_{x\to\infty}\dfrac{\sin\frac{1}{x}}{\frac{1}{x}}=$________；　　(4) $\lim\limits_{x\to0}\dfrac{\sin\frac{1}{x}}{\frac{1}{x}}=$________.

2. 无穷小的比较

由无穷小性质我们已经知道，有限个无穷小的和、差、积仍然是无穷小，而两个无穷小的商却有很大的差异，例如，

$$\lim_{x\to0}\frac{x^2}{x}=0,\quad \lim_{x\to0}\frac{x}{2x^2}=\infty,\quad \lim_{x\to0}\frac{2x}{x}=2,\quad \lim_{x\to0}\frac{\sin x}{x}=1.$$

扫一扫

1.3.6 无穷小的比较

定义 1.3.1　设在自变量的同一变化过程中，α 和 β 都是无穷小.

(1) 若 $\lim\dfrac{\beta}{\alpha}=0$，则称 β 是比 α **高阶的无穷小**；

(2) 若 $\lim\dfrac{\beta}{\alpha}=\infty$，则称 β 是比 α **低阶的无穷小**；

(3) 若 $\lim\dfrac{\beta}{\alpha}=C(C\neq0)$，则称 β 与 α 是**同阶的无穷小**. 特别地，若 $\lim\dfrac{\beta}{\alpha}=1$，则称 β 与 α 是**等价无穷小**，记作 $\alpha\sim\beta$.

学习小贴士： 无穷小的比较可理解为趋向于零的“速度”的“快慢”.

下面是几个常用的等价无穷小：当 $x\to0$ 时，有

$\sin x\sim x$；　$\tan x\sim x$；　$\arcsin x\sim x$；　$\arctan x\sim x$；

$1-\cos x\sim\dfrac{x^2}{2}$；　$\ln(1+x)\sim x$；　$e^x-1\sim x$；　$\sqrt{1+x}-1\sim\dfrac{1}{2}x$.

等价无穷小在求两个无穷小之比的极限时，有重要的作用.

定理 1.3.2　在自变量的同一变化过程中，设 $\alpha\sim\alpha'$，$\beta\sim\beta'$，且 $\lim\dfrac{\beta'}{\alpha'}$ 存在，则

$$\lim\frac{\beta'}{\alpha'}=\lim\frac{\beta}{\alpha}.$$

学习小贴士： 无穷小的比较为极限的计算提供了一种比较简捷的途径.

例 1.3.10　求下列极限：

(1) $\lim\limits_{x\to0}\dfrac{\sin 2x}{\sin 3x}$；

(2) $\lim\limits_{x\to0}\dfrac{\sin x}{x^2+3x}$.

解　(1) 当 $x\to0$ 时，$\sin 2x\sim2x$，$\sin 3x\sim3x$，所以

$$\lim_{x\to0}\frac{\sin 2x}{\sin 3x}=\lim_{x\to0}\frac{2x}{3x}=\frac{2}{3}.$$

(2) 当 $x\to0$ 时，$\sin x\sim x$，所以

$$\lim_{x\to0}\frac{\sin x}{x^2+3x}=\lim_{x\to0}\frac{x}{x^2+3x}=\lim_{x\to0}\frac{1}{x+3}=\frac{1}{3}.$$

练一练

求下列极限：

(1) $\lim\limits_{x \to 0} \frac{\sin 3x}{\tan 5x}$；　　(2) $\lim\limits_{x \to 0} \frac{\ln(1+3x)}{4x}$；　　(3) $\lim\limits_{x \to 0} \frac{1-\cos 2x}{x \cdot \sin 2x}$.

评一评

姓名：__________ 班级：__________ 学号：__________ 得分：__________

求下列极限：

（1）$\lim\limits_{x\to 2}(x^3-2x+3)$；

（2）$\lim\limits_{x\to 2}(3x^2-4x+1)$；

（3）$\lim\limits_{x\to 2}\dfrac{x^3-2x+3}{3x^2-4x+1}$；

（4）$\lim\limits_{x\to 3}\dfrac{x-3}{x^2-9}$；

（5）$\lim\limits_{x\to 4}\dfrac{x^2-7x+12}{x^2-5x+4}$；

（6）$\lim\limits_{x\to \infty}\dfrac{x-3}{x^2-9}$；

(7) $\lim\limits_{x \to \infty} \dfrac{x^2-7x+12}{x^2-5x+4}$;

(8) $\lim\limits_{x \to \infty} \dfrac{x^2-9}{x-3}$;

(9) $\lim\limits_{x \to 0} \dfrac{\sin 3x}{\sin 4x}$;

(10) $\lim\limits_{x \to 0} \dfrac{1-\cos x}{x^2}$;

(11) $\lim\limits_{x \to \infty} \left(1+\dfrac{3}{x}\right)^{2x}$;

(12) $\lim\limits_{x \to 0} (1-5x)^{\frac{2}{x}}$.

评语：

测一测

姓名：________ 班级：________ 学号：________ 得分：________

一、基础测试

1. 极限 $\lim\limits_{x\to\infty} x\sin\dfrac{1}{x}=($　　$)$.

A. 0　　　B. 1

C. ∞　　　D. 不确定

2. 极限 $\lim\limits_{x\to\infty}\left(\dfrac{x+3}{x}\right)^{x}=($　　$)$.

A. e　　　B. e^3

C. $e^{\frac{1}{2}}$　　　D. 1

3. 当 $x\to0$ 时，(　　)是等价无穷小.

A. $\tan x$ 与 x　　　B. $2x^2$ 与 x

C. $2x$ 与 x^3　　　D. $\sqrt{1+x}-1$ 与 x

4. 设 $f(x)=\dfrac{x^2+1}{x^2-1}$，则 $\lim\limits_{x\to0}f(x)=$ ________；$\lim\limits_{x\to\infty}f(x)=$ ________.

5. $\lim\limits_{x\to\infty}\left(1+\dfrac{4}{x}\right)^{x+1}=$ ________.

6. $\lim\limits_{x\to0}\dfrac{\sin 4x}{\sin 2x}=$ ________.

7. 在相同的变化趋势下，无穷大的倒数是无穷小.　　(　　)

二、提升测试

8. 下列说法正确的是(　　).

A. 两个无穷小的商必为无穷小　　　B. 两个无穷大的和必为无穷大

C. 无穷小与有界函数的积必为无穷小　　　D. 无穷小的倒数必为无穷大

9. 极限 $\lim\limits_{x\to\infty}\dfrac{\sin^2 mx}{2x^2}=($　　$)$.

A. 0　　　B. $\dfrac{m}{2}$

C. $\dfrac{m^2}{2}$　　　D. ∞

10. 当 $x\to\infty$ 时，函数 $f(x)$ 与 $\dfrac{1}{x}$ 是等价无穷小，则 $\lim\limits_{x\to\infty}2xf(x)=$ ________.

学习反思：

用一用

案例 1.3.1【连续复利的计算问题】 金融数理分析的基础知识包括资金的时间价值和风险概念.利息是资金的时间价值的一种表现形式.利息又分为单利和复利,若本金在上期所产生的利息也纳入本期本金计算利息,就叫复利.若设 p 为本金,r 为年复利率,n 为计息年数,若每满$\frac{1}{t}$年计息一次,则每期的复利率为$\frac{r}{t}$,第 1 期末的本利和为

$$A_1=p+p\cdot\frac{r}{t}=p\left(1+\frac{r}{t}\right),$$

第 2 期末的本利和为

$$A_2=A_1+A_1\cdot\frac{r}{t}=A_1\left(1+\frac{r}{t}\right)=p\left(1+\frac{r}{t}\right)^2,$$

如此反复,第 n 年(第 nt 期)末的本利和为

$$A=p\left(1+\frac{r}{t}\right)^{nt}.$$

若将计息期限无限缩短(即期数 $t\to\infty$),则第 n 年(第 nt 期)末的本利和尽管不断增大,但最后的本利数将稳定趋向于 pe^{rn},即

$$\lim_{t\to\infty}p\left(1+\frac{r}{t}\right)^{nt}=p\lim_{t\to\infty}\left[\left(1+\frac{r}{t}\right)^{\frac{t}{r}}\right]^{rn}=pe^{rn}.$$

案例 1.3.2【投资问题】 假定某家庭为了孩子的教育,打算在一家投资公司投入一笔资金,需要这笔投资 10 年后价值为 12 000 元.如果公司以 9%的年普通复利率付息,应该投资多少元?若年利率不变,但付息方式改为一年付复利 4 次或连续复利,又应该投资多少元?

解 一年复利一次,10 年后 12 000 元的现值为

$$12\ 000\times(1+0.09)^{-10}=5\ 068.93(\text{元});$$

一年复利 4 次,10 年后 12 000 元的现值为

$$12\ 000\times(1+0.09)^{-40}=4\ 927.75(\text{元});$$

若计算连续复利,10 年后 12 000 元的现值为

$$12\ 000e^{-0.09\times10}=4\ 878.84(\text{元}).$$

所以在 3 种付息方式下,现在的投资额分别是 5 068.93 元、4 927.75 元和 4 878.84 元.

1.4 了解函数的连续性

读一读

几何之父——欧几里得

欧几里得(约前 330—前 275),古希腊数学家,被称为“几何之父”.他最著名的著作《几何原本》是欧洲数学的基础,在书中他提出了著名的五大公设.

欧几里得早年在雅典的柏拉图学院受过教育,学习了古希腊的数学和各种科学文化.对于欧几里得的惊世鸿著《几何原本》,说它是一本教科书,不如说它是一部与雅典数学争鸣的专著.《几何原本》中所引用的材料一般都可追溯到古希腊的数学著作,特别是希波克拉提斯的著作,他编写的第一部初等几何教科书《几何纲要》为《几何原本》提供了基础.《几何原本》汇集了大量前人积累的数学成果,是世间少有的鸿篇巨制,建立了欧几里得几何学.《几何原本》采用前所未有的独特编写方式,先提出定义、公设和公理,然后由简到繁地证明一系列定理,内容丰富,结构严谨,文字精练,概念清晰,判断准确,推理周密,论证有力.对这本书,英国的数学家罗素在《西方哲学史》中是这样评价的:欧几里得的《几何原本》毫无疑义是古往今来的伟大著作之一,也是希腊的完美纪念碑之一.欧几里得,这位希腊古典文化哺育起来的学者,运用惊人的才智,成功地树立了数学演绎体系的最初典范,把数学引入一个崭新的领域,迈上一个新的台阶,他的贡献就像太阳一样光辉灿烂.欧几里得虽然生活在公元前 300 年左右,活跃于当时的古希腊文化中心亚历山大,但一直到 20 世纪之前,欧几里得的名字几乎一直是几何学的同义词.

欧几里得治学严谨,他主张学习必须循序渐进、刻苦钻研,不赞成投机取巧和追求名利的作风,也反对狭隘的实用观点.“求知无坦途”,欧几里得的几何知识影响着后世的人,他的精神也为后世研究者们所推崇.科学的道路从来就不是平坦的,马克思曾有句名言:“在科学上没有平坦的大道,只有不畏劳苦沿着陡峭山路攀登的人,才有希望达到科学的顶点.”可见在科学事业上希望一抓就灵、一试即成的想法是完全不切实际的.人生其实就和求知一样,孕育着一种境界,读书需要一种求索的劲头.读书人中的成功者,往往是那些求知欲强烈并有学识修养的人,往往是尝尽生活辛酸而矢志不移的人,往往是追求生活乐趣的人.让我们在记住欧几里得“求知无坦途”的同时,也要记住:人生如登楼,欲穷千里目,更上一层楼.

阅读感悟:

学习目标

在本节中你将完成以下学习目标：

（1）理解函数在某点连续的概念和初等函数的连续性，能应用定义求连续函数的极限；

（2）掌握判断函数连续性的方法，会求函数的间断点和连续区间；

（3）了解闭区间上连续函数的性质，能应用零点定义证明方程根的存在性；

（4）培养知难而进、勇于攻关的良好精神品质.

重点：连续函数的判断方法.

难点：零点定理的应用.

学一学

1.4.1 连续函数的概念

对于 $y=f(x)$，当自变量从 x_0 变到 x 时，称 $\Delta x=x-x_0$ 为自变量 x 的增量，$\Delta y=f(x_0+\Delta x)-f(x_0)$ 为函数 y 的增量（如图 1-16）.

扫一扫

1.4.1 函数的连续性（一）

定义 1.4.1 设函数 $y=f(x)$ 在点 x_0 的某一个邻域 $N(x_0,\delta)$ 内有定义，如果当自变量的增量 Δx 趋于零时，对应的函数的增量 Δy 也趋于零，即

$$\lim_{\Delta x\to 0}\Delta y=\lim_{\Delta x\to 0}[f(x_0+\Delta x)-f(x_0)]=0,$$

那么就称函数 $y=f(x)$ 在点 x_0 处**连续**.

定义 1.4.2 设函数 $y=f(x)$ 在点 x_0 的某个邻域 $N(x_0,\delta)$ 内有定义，若

$$\lim_{x\to x_0}f(x)=f(x_0),$$

则称函数 $f(x)$ 在点 x_0 处**连续**.

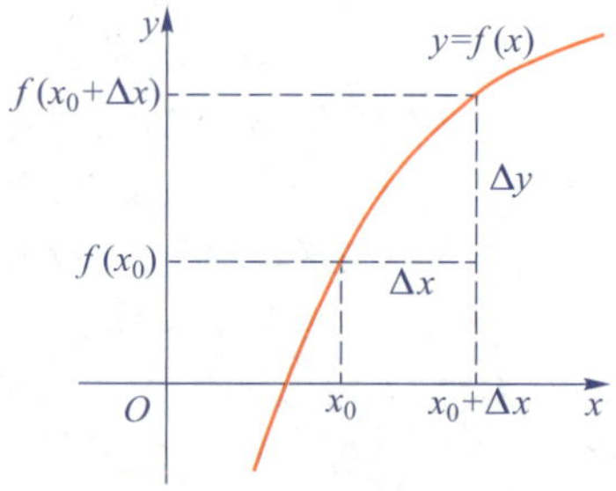

图 1-16

若函数 $y=f(x)$ 在点 x_0 处连续，则 $y=f(x)$ 必须同时满足以下三个条件：

（1）函数 $y=f(x)$ 在点 x_0 处有定义，即 $f(x_0)$ 存在；

（2）$\lim\limits_{x\to x_0}f(x)$ 存在；

（3）$\lim\limits_{x\to x_0}f(x)=f(x_0)$.

注：如果以上三个条件有一个条件不满足，就称函数 $y=f(x)$ 在点 x_0 处不连续，或称为**间断**，x_0 称为函数的**间断点**.

说明：

（1）左连续与右连续：若 $\lim\limits_{x\to x_0^-}f(x)=f(x_0)$，则称 $f(x)$ 在点 $x=x_0$ 处左连续；若 $\lim\limits_{x\to x_0^+}f(x)=f(x_0)$，则称 $f(x)$ 在点 $x=x_0$ 处右连续.

扫一扫

1.4.2 函数的连续性（二）

$f(x)$ 在点 x_0 处连续 $\Leftrightarrow$ $f(x)$ 在点 $x=x_0$ 处左、右均连续.

（2）若 $f(x)$ 在开区间 (a,b) 内的任意点都连续，则称 $f(x)$ 在开区间 (a,b)

内连续.

(3) 若$f(x)$在开区间(a,b)内连续,且在点$x=a$处右连续,在点$x=b$处左连续,则称$f(x)$在闭区间$[a,b]$上连续.

例如,图 1-17(a)、(b)所示的曲线是连续的,而图 1-17(c)、(d)的曲线不满足连续的定义.

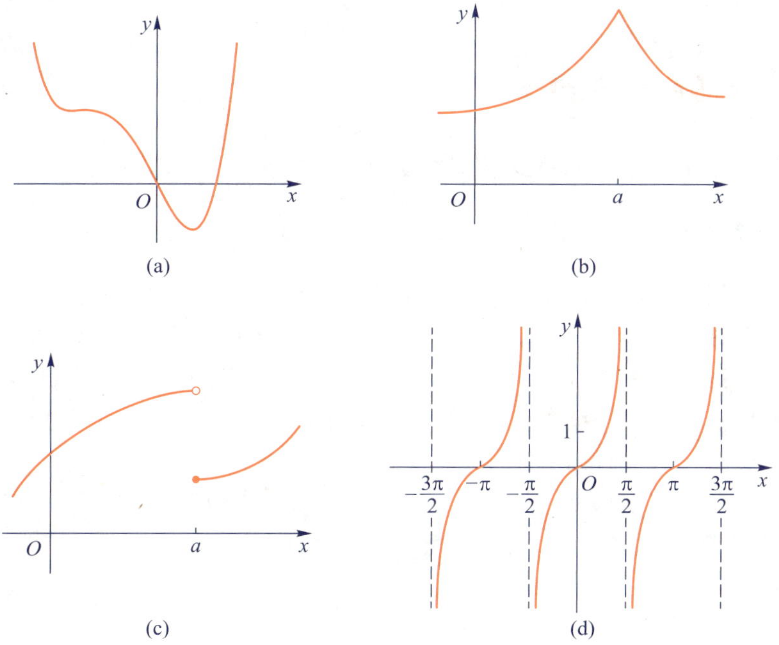

图 1-17

例 1.4.1 判断下列函数在指定点处的连续性:

(1) $f(x)=\begin{cases}\dfrac{\sin x}{x}, & x\neq 0,\\ 1, & x=0,\end{cases}$ 在$x=0$处;

> **学习小贴士:** 连续函数的图形是一条连绵不断的曲线.

(2) $f(x)=\begin{cases}2x+1, & x<0,\\ 0, & x=0,\\ 2x-1, & x>0,\end{cases}$ 在$x=0$处.

解 (1) 因为$\lim\limits_{x\to 0}f(x)=\lim\limits_{x\to 0}\dfrac{\sin x}{x}=1$,且$f(0)=1$,所以

$$\lim_{x\to 0}f(x)=f(0).$$

所以$f(x)$在点$x=0$处连续.

(2) 因为$\lim\limits_{x\to 0^-}f(x)=\lim\limits_{x\to 0^-}(2x+1)=1$;$\lim\limits_{x\to 0^+}f(x)=\lim\limits_{x\to 0^+}(2x-1)=-1$,所以

$$\lim_{x\to 0^-}f(x)\neq\lim_{x\to 0^+}f(x),$$

所以$\lim\limits_{x\to 0}f(x)$不存在.所以$f(x)$在点$x=0$处间断,$x=0$为函数的间断点.

> **学习小贴士:** 讨论分段函数连续性,要讨论在分界点的左、右极限,进而判断函数的连续性.

练一练

判断函数 $f(x)=\begin{cases}x^2-1, & x<1,\\ x, & x\geqslant 1\end{cases}$ 在点 $x=1$ 处的连续性.

1.4.2 初等函数的连续性

定理 1.4.1(连续函数的四则运算) 设函数 $f(x)$ 和 $g(x)$ 都在点 x_0 处连续,则 $f(x)\pm g(x)$,$f(x)\cdot g(x)$,$\dfrac{f(x)}{g(x)}(g(x_0)\neq 0)$ 也在点 x_0 处连续.

扫一扫

1.4.3 初等函数的连续性

定理 1.4.2(复合函数的连续性) 若函数 $y=f(u)$ 在点 $u=u_0$ 处连续,$u=g(x)$ 在点 x_0 处连续,且 $g(x_0)=u_0$,则复合函数 $y=f[g(x)]$ 在点 x_0 处连续.

定理 1.4.3(基本初等函数连续性) 基本初等函数在其定义域内是连续的.

定理 1.4.4(初等函数连续性) 一切初等函数在其定义区间内都是连续的.

由定理 1.4.4 可知,初等函数的连续区间就是该函数的定义区间.

学习小贴士: 定义区间就是包含在定义域内的区间.

注:利用连续性定义可得,如果 $f(x)$ 在点 x_0 处连续,则

$$\lim_{x\to x_0} f(x)=f(x_0).$$

例 1.4.2 求 $\lim\limits_{x\to 1}(3x^2-4x+1)$.

解 因为函数 $f(x)=3x^2-4x+1$ 的定义域为 $\mathbf{R}$,故函数在点 $x=1$ 处连续,所以

$$\lim_{x\to 1}(3x^2-4x+1)=3\times 1^3-4\times 1+1=0.$$

学习小贴士: 会利用函数的连续性求相关函数的极限.

例 1.4.3 求函数 $f(x)=\dfrac{x+1}{x-5}$ 的连续区间和间断点.

解 函数 $f(x)$ 为初等函数,其定义域为 $(-\infty,5)\cup(5,+\infty)$,故 $f(x)$ 的连续区间是 $(-\infty,5)$,$(5,+\infty)$,间断点为 $x=5$.

练一练

1. 求 $\lim\limits_{x\to 1}\dfrac{2x-3}{x^2+3x-2}$.

2. 函数 $f(x)=\dfrac{2}{2x+3}$ 的定义域是____________,连续区间是____________,间断点是____________.

1.4.3 闭区间上连续函数的性质

扫一扫

1.4.4 闭区间上连续函数的性质

定理 1.4.5(最值性) 若函数 $f(x)$ 在闭区间 $[a,b]$ 上连续,则 $f(x)$ 在 $[a,b]$ 上能取到最大值与最小值.

注:如果函数在开区间内连续,或函数在闭区间上有间断点,那么函数在该区间上不一定有最大值或最小值.

定理 1.4.6(有界性) 若函数 $f(x)$ 在闭区间 $[a,b]$ 上连续,则 $f(x)$ 在 $[a,b]$ 上有界.

定理 1.4.6 的几何解释如图 1-18 所示.

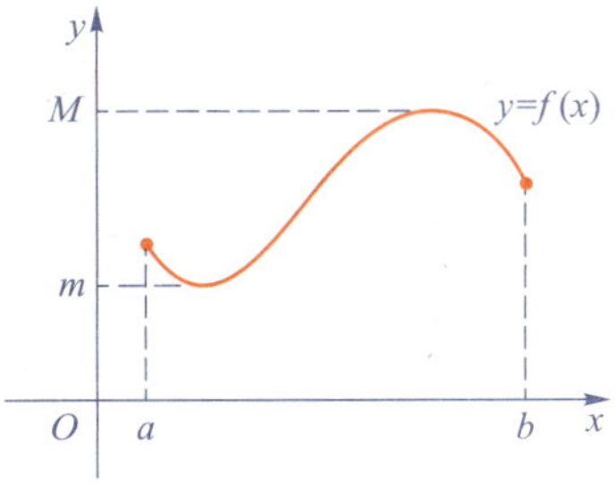

图 1-18

定理 1.4.7(零点定理) 若函数 $f(x)$ 在闭区间 $[a,b]$ 上连续,且 $f(a)\cdot f(b)<0$ (即 $f(a)$ 与 $f(b)$ 异号),则至少存在一点 $\xi\in(a,b)$,使得 $f(\xi)=0$.

定理 1.4.7 的几何解释如图 1-19 所示.

例 1.4.4 证明 $x^5+3x-1=0$ 在 $(0,1)$ 内至少有一个实根.

证明 设 $f(x)=x^5+3x-1$,则其定义域为 $(-\infty,+\infty)$.因为函数 $f(x)$ 在 $(-\infty,+\infty)$ 内连续,所以函数 $f(x)$ 在 $[0,1]$ 上也连续.

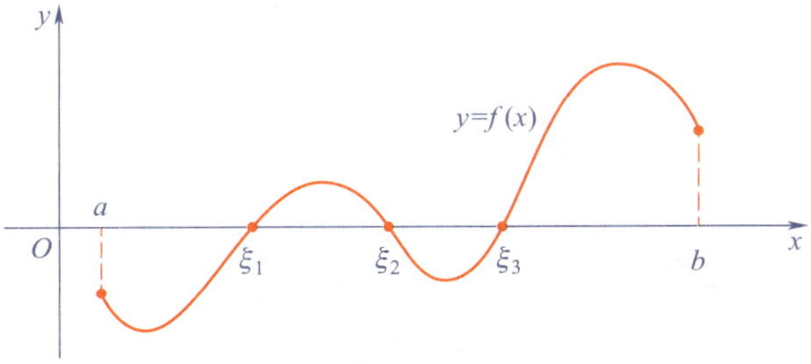

图 1-19

又因为 $f(0)=-1<0$, $f(1)=3>0$,即 $f(0)\cdot f(1)<0$,所以根据零点定理得,在开区间 $(0,1)$ 内至少存在一点 ξ,使 $f(\xi)=0\ (0<\xi<1)$,即

$$\xi^5+3\xi-1=0\ (0<\xi<1).$$

此等式说明方程 $x^5+3x-1=0$ 在开区间 $(0,1)$ 内至少有一个实根.

练一练

证明方程 $x^5-13x-2=0$ 在 $(1,2)$ 内至少有一个实根.

评一评

姓名：__________ 班级：__________ 学号：__________ 得分：__________

1. 设 $f(x)=\begin{cases}x+1, & x>0,\\ x^2+1, & -1<x<0,\\ x-1, & x\leqslant -1,\end{cases}$ 讨论 $f(x)$ 在点 $x=-1$ 和 $x=0$ 处的连续性.

2. 证明方程 $x^3+3x^2-1=0$ 在区间 $(0,1)$ 内至少有一个实根.

评语：

测一测　　姓名：________ 班级：________ 学号：________ 得分：________

一、基础测试

1. 给出以下命题：(1) 函数有极限处必有定义；(2) 函数连续处必有极限；(3) 函数连续处必有定义；(4) 函数有定义处必有极限. 其中，正确的命题有(　　).

A. 1 个　　B. 2 个　　C. 3 个　　D. 4 个

2. 设函数 $f(x)=\frac{\sin kx}{x}(x\neq 0)$ 在点 $x=0$ 处连续，且 $f(0)=-\frac{1}{2}$，则常数 $k=$(　　).

A. $-\frac{1}{2}$　　B. $\frac{1}{2}$　　C. -2　　D. 2

3. 若 $f(x)$ 在点 x_0 处连续，则 $\lim\limits_{x\to x_0}f(x)=$ ________.

4. 函数 $y=\frac{1}{x^2-2x-3}$ 的连续区间是 ________.

5. 函数 $f(x)=\begin{cases}\sin x, & x\leqslant 0,\\ \sqrt{x}, & x>0\end{cases}$ 在点 $x=0$ 处的连续性为 ________.

6. 开区间 (a,b) 内的连续函数 $f(x)$ 必有最大值和最小值.　(　　)

7. 函数 $y=\frac{x-1}{x+1}$ 在点 $x=-1$ 处不连续.　(　　)

8. 基本初等函数在其定义域内连续.　(　　)

二、提升测试

9. 设函数 $f(x)=\begin{cases}x\sin\frac{1}{x}, & x\neq 0,\\ a+2, & x=0\end{cases}$ 在点 $x=0$ 处连续，则常数 $a=$(　　).

A. 2　　B. -2　　C. 0　　D. 1

10. 函数 $f(x)=\frac{1}{x}-\frac{x}{\sqrt[3]{x-3}}$ 的间断点为 ________.

11. 设闭区间 $[a,b]$ 上的连续函数 $f(x)$ 的最大值、最小值分别为 M,m，则连续函数 $f(x)$ 在 $[a,b]$ 上可能取得介于 M 与 m 之间的任何值.　(　　)

12. 设函数 $f(x)=\frac{x^2-1}{x^2-3x+2}$，如何补充定义，使间断点 $x=1$ 成为连续点.

学习反思：

用一用

案例 1.4.1【邮政计价问题】 我国国内普通邮件(信函)按如下标准收费:当邮件的质量小于等于 20 g 时邮费为 0.8 元,当邮件的质量大于 20 g 小于等于 100 g 时每 20 g 邮费 0.8 元,当邮件的质量超过 100 g 时超过部分邮费按 2 元计算,且每个邮件的质量不超过 200 g.求邮件的邮寄费用与质量的函数关系式,画出函数图像,并说明函数的连续情况.

解 设邮件的邮寄费用为 y 元,邮件质量为 x g,则

$$y=\begin{cases}0.8, & 0<x\leqslant 20,\\ 0.8\times\dfrac{x}{20}, & 20<x\leqslant 100,\\ 6, & 100<x\leqslant 200.\end{cases}$$

当 $0<x_0<20$ 时,$\lim\limits_{x\to x_0}f(x_0)=f(x_0)=0.8$,函数的极限值等于函数值.

当 $x_0=20$ 时,$\lim\limits_{x\to 20^-}f(x)=\lim\limits_{x\to 20^+}f(x)=f(20)=0.8$,函数的极限值等于函数值.

当 $20<x_0<100$ 时,$\lim\limits_{x\to x_0}f(x_0)=f(x_0)=0.8\times\dfrac{x_0}{20}$,函数的极限值等于函数值.

当 $x_0=100$ 时,

$$\lim_{x\to 100^-}f(x)=\lim_{x\to 100^-}0.8\times\frac{100}{20}=4,\ \lim_{x\to 100^+}f(x)=\lim_{x\to 100^+}6=6,$$

$$\lim_{x\to 100^-}f(x)\neq\lim_{x\to 100^+}f(x).$$

此时,函数的极限值不存在,当然不等于函数值.

当 $100<x_0\leqslant 200$ 时,$\lim\limits_{x\to x_0}f(x_0)=f(x_0)=6$,函数的极限值等于函数值.

综上,函数在区间 $(0,200]$ 内,除点 $x_0=100$ 外,其他点都连续.

函数图像如图 1-20 所示.

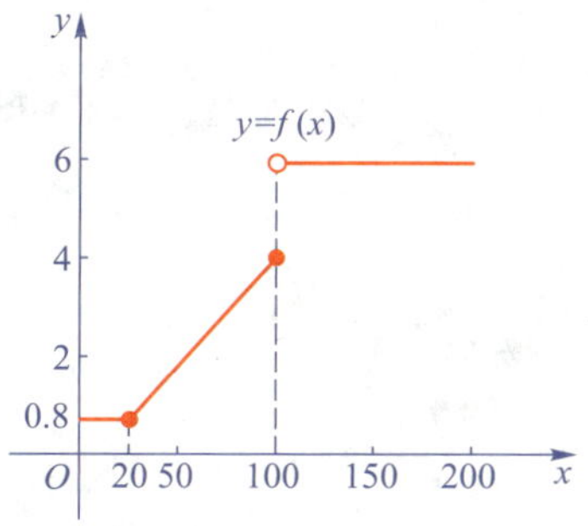

图 1-20

单元小结

- 函数、极限与连续
  - 函数
    - 集合与区间
      - 集合
      - 区间
    - 函数
      - 定义
      - 性质
        - 单调性
        - 奇偶性
        - 有界性
        - 周期性
      - 初等函数
        - 基本初等函数
        - 复合函数
        - 初等函数
  - 极限
    - 极限的定义
      - 趋向于无穷大时的极限
      - 趋向于某点时的极限
    - 无穷大与无穷小
      - 无穷大、无穷小的定义
      - 无穷大与无穷小的关系
    - 极限的运算
      - 四则运算法则
      - 两个重要极限
  - 连续
    - 定义
      - 第一定义
      - 第二定义
    - 初等函数连续性
    - 闭区间上连续函数的性质
      - 最值性
      - 有界性
      - 零点定理

单元测试题

一、选择题(每题 2 分,共 10 题,共计 20 分)

1. 函数 $y=\frac{x+1}{x^2-5x+4}$ 的定义域为(　　).

A. $(-\infty,+\infty)$　　B. $(-\infty,1)\cup(1,+\infty)$

C. $(-\infty,4)\cup(4,+\infty)$　　D. $(-\infty,1)\cup(1,4)\cup(4,+\infty)$

2. 设 $y=f(x)$ 为 $(-\infty,+\infty)$ 内连续的偶函数,则 $y=f(x)$ 的图形(　　).

A. 关于 x 轴对称　　B. 关于 y 轴对称

C. 关于原点对称　　D. 上述三个结论都不正确

3. 极限 $\lim\limits_{x\to0}\frac{\sin^2 mx}{2x^2}=$(　　).

A. 0　　B. $\frac{m}{2}$

C. $\frac{m^2}{2}$　　D. ∞

4. 函数 $f(x)=\ln(x^2-1)$ 与 $g(x)=\ln(x+1)+\ln(x-1)$ 为同一函数的范围为(　　).

A. $(-\infty,-1)\cup(1,+\infty)$　　B. $(-\infty,-1)$

C. $(1,+\infty)$　　D. $(-1,+\infty)$

5. 极限 $\lim\limits_{x\to\infty}\left(\frac{x+2}{x}\right)^x=$(　　).

A. e　　B. e^2

C. $e^{\frac{1}{2}}$　　D. 1

6. 下列命题正确的是(　　).

A. 若函数 $f(x)$ 在点 x_0 处无定义,则极限 $\lim\limits_{x\to x_0}f(x)$ 不存在

B. 若函数 $f(x)$ 在点 x_0 处有定义,则极限 $\lim\limits_{x\to x_0}f(x)$ 存在

C. 若函数 $f(x)$ 在点 x_0 处有定义,且 $\lim\limits_{x\to x_0}f(x)$ 存在,则 $\lim\limits_{x\to x_0}f(x)=f(x_0)$

D. 极限 $\lim\limits_{x\to x_0}f(x)$ 存在与否,与函数 $f(x)$ 在点 x_0 处是否有定义无关

7. 下列各式不正确的是(　　).

A. $\lim\limits_{x\to\infty}\frac{\sin x}{x}=1$　　B. $\lim\limits_{x\to0}\frac{\sin x}{x}=1$

C. $\lim\limits_{x\to\infty}x\sin\frac{1}{x}=1$　　D. $\lim\limits_{x\to0}x\sin\frac{1}{x}=0$

8. 极限 $\lim\limits_{x\to1}\frac{\sin(x-1)}{x^2-1}=$(　　).

A. 0　　B. $\frac{1}{4}$

C. $\frac{1}{2}$　　D. 1

9. 当 $x\to 0$ 时,下列各对变量为等价无穷小的是(　　).

A. e^x+1 与 x

B. $\cos x$ 与 x

C. $4x$ 与 $2x^2$

D. $\sqrt{1+x}-1$ 与 $\frac{1}{2}x$

10. 设函数 $f(x)=\begin{cases}\frac{x^2-3x+2}{x-2}, & x\neq 2\\ a, & x=2\end{cases}$ 在点 $x=2$ 处连续,则 $a=$(　　).

A. 0

B. 1

C. 2

D. 3

二、填空题(每题 2 分,共 10 题,共计 20 分)

11. 设 $f(x)=\begin{cases}\cos x, & x\leqslant 0\\ \sqrt{x}, & x>0,\end{cases}$ 则 $f(0)=$ ________.

12. 复合函数 $y=\ln(\cos 2x)$ 的复合过程为 ________.

13. 设 $f(x+1)=3x^2+2x+1$,则 $f(x)=$ ________.

14. $\lim\limits_{x\to 1}\frac{x^2-x+2}{x-1}=$ ________.

15. 函数 $y=4-x^2+\frac{1}{\sqrt[3]{x^2-1}}$ 的间断点为 ________.

16. 函数 $y=\frac{x+2}{x^2-3x+2}$ 的连续区间为 ________.

17. 函数 $f(x)=x^2+x+1$ 的奇偶性为 ________.

18. $\lim\limits_{x\to 0}\frac{\tan 2x}{\sin 4x}=$ ________.

19. $\lim\limits_{x\to\infty}\left(1+\frac{2}{x}\right)^{3x-1}=$ ________.

20. 函数 $f(x)=\begin{cases}x^2-3x+4, & x\leqslant 0,\\ 4x+8, & x>0\end{cases}$ 在点 $x=0$ 处的连续性为 ________.

三、判断题(每题 2 分,共 5 题,共计 10 分)

21. 复合函数的复合过程一定是唯一的.　(　　)

22. 函数的两个要素是函数的定义域和值域.　(　　)

23. $\lim\limits_{x\to x_0}f(x)=A$ 的充分必要条件是 $\lim\limits_{x\to x_0^-}f(x)=\lim\limits_{x\to x_0^+}f(x)=A$.　(　　)

24. 在自变量的同一变化趋势下,两个无穷小的商可能是无穷小.　(　　)

25. 初等函数在其定义区间内都是连续的.　(　　)

四、解答题(共 9 题,共计 50 分)

26. 求函数 $y=\frac{x-1}{x+1}$ 的反函数.(5 分)

27. 求$\lim\limits_{x\to 3}\dfrac{x^2+x-2}{x^2-5x+1}$.(5 分)

28. 求$\lim\limits_{x\to 2}\dfrac{x^2-x-2}{x^2+x-6}$.(5 分)

29. 求$\lim\limits_{x\to \infty}\dfrac{4x^3+2x-1}{2x^3-x^2+1}$.(5 分)

30. 求$\lim\limits_{x\to 0}\dfrac{x^2+1-\cos 2x}{x\sin x}$.(5 分)

31. 求$\lim\limits_{x\to\infty}\left(\dfrac{x+1}{x-2}\right)^{x}$.(5 分)

32. 求$\lim\limits_{x\to 0}\dfrac{x}{\sqrt{x+1}-1}$.(5 分)

33. 设函数$f(x)=\dfrac{x^{2}-3x+2}{x^{2}+2x-3}$,如何补充定义,使间断点 $x=1$ 成为连续点.(5 分)

34. 证明方程 $x^{4}-5x-1=0$ 在区间$(1,2)$内至少有一个实根.(10 分)

教学反馈

学习单元	跟随变量的脚步 探究极限的梦幻		学习积分		
序号	调查内容		是	否	理由陈述
1	了解函数两要素及相关性质吗？				
2	会求函数的定义域吗？				
3	会对复合函数进行分解吗？				
4	能够正确运用极限的定义求函数极限吗？				
5	了解无穷大、无穷小的定义及其关系吗？				
6	了解无穷小的性质吗？				
7	能够正确运用极限的四则运算法则、两个重要极限求函数的极限吗？				
8	理解函数在某点连续的概念吗？会求函数的间断点和连续区间吗？				
9	能够运用零点定理证明方程根的存在吗？				
10	对此学习单元的教学方式满意吗？				
你的意见对改进教学非常重要，请写出你的建议和意见.					
调查信息	被调查人签名		调查时间		

第2单元

走进导数的世界
探索变化率的奥秘

单元描述

导数的思想最初是由法国数学家费马为研究极值问题而引入的，但与导数概念直接相联系的是以下两个问题：已知运动规律求速度和已知曲线求它的切线．导数是由英国数学家牛顿和德国数学家莱布尼茨分别在研究力学和几何学的过程中建立起来的．导数是函数的局部性质，一个函数在某一点的导数描述了这个函数在这一点附近的变化率．如果函数的自变量的取值都是实数，那么函数在某一点的导数就是该函数所代表的曲线在这一点处的切线的斜率，导数的本质就是通过极限的概念对函数进行局部的线性逼近．例如，在运动学中，物体的位移对于时间的导数就是物体的瞬时速度．

寻找已知的函数在某点的导数或其导函数的过程称为求导．实质上，求导就是一个求极限的过程，导数的四则运算法则也来源于极限的四则运算法则．反之，已知导函数也可以反过来求原来的函数，即不定积分．求导和积分是一对互逆的操作，它们都是微积分学中的基础概念．

在本单元，将要学习的内容有导数的定义和几何意义、导数的运算和求导法则、微分及微分的运算法则．

名人名言

为学必须毕生力，攀高贵在少年时．

——苏步青（1902—2003）

2.1 认识导数的本质

读一读

欲知大道、必经曲折——在坎坷道路上不断完善的导数

微积分成为一门学科，是在17世纪，但是，微分和积分的思想在古代就已经产生了．公元前3世纪，古希腊的阿基米德在研究解决抛物弓形的面积、球面和球冠面积、螺线下面积和旋转双曲体的体积的问题中，就隐含着近代积分学的思想．

作为微分学基础的极限理论，早在古代就已有比较清楚的论述．比如，我国战国时期的庄周所著的《庄子》一书的“天下篇”中，记有“一尺之棰，日取其半，万世不竭”；魏晋时期的刘徽在他的割圆术中提到“割之弥细，所失弥小，割之又割，以至于不可割，则与圆周合体而无所失矣．”这些都是朴素的、也是很典型的极限概念．

到了17世纪，有许多科学问题需要解决，这些问题也就成了促使微积分产生的因素．17世纪下半叶，在前人工作的基础上，英国科学家牛顿和德国数学家莱布尼茨分别独自研究和完成了微积分的创立工作．他们把两个貌似毫不相关的问题联系在一起，一个是切线问题（微分学的中心问题），一个是求面积问题（积分学的中心问题）．

牛顿和莱布尼茨建立微积分的出发点是直观的无穷小量，因此这门学科早期也称为无穷小分析，这正是现在数学中分析学这一大分支名称的来源．牛顿研究微积分着重于从运动学来考虑，莱布尼茨则是侧重于从几何学来考虑．牛顿在1671年写了《流数法和无穷级数》，但这本书直到1736年才出版．在这本书里牛顿指出，变量是由点、线、面的连续运动产生的，否定了以前自己认为的变量是无穷小元素的静止集合．他把连续变量叫作流动量，把这些流动量的导数叫做流数．莱布尼茨是一个博学多才的学者，1684年，他发表了现在世界上认为是最早的微积分文献，1686年，莱布尼茨发表了第一篇积分学的文献．他也是历史上伟大的符号学者之一，他所创设的微积分符号，远远优于牛顿的符号，这对微积分的发展有极大的影响．现在我们使用的微积分通用符号就是当时莱布尼茨精心选用的．

微积分学的创立，极大地推动了数学的发展．过去很多初等数学束手无策的问题，运用微积分理论后，迎刃而解，充分显示了微积分学的非凡威力．

一门科学的创立绝不是某一个人的业绩，它必定是经过很多人的努力后，在积累了大量成果的基础上，最后由某个人或几个人总结完成的．微积分也是这样，但不幸的是，人们在欣赏微积分的宏伟功效之余，在提出谁是这门学科的创立者的时候，竟然引起了一场轩然大波，造成了欧洲大陆的数学家和英国数学家的长期对立．以致英国数学在一个时期里闭关锁国，囿于民族偏见，拘泥在牛顿的“流数术”中停步不前，从而导致其数学发展整整落后了一百年．

任何新兴的、具有无量前途的科学成就都吸引着广大的科学工作者，在微积分的历史上也闪烁着这样的一些明星：瑞士的伯努利兄弟、欧拉，以及法国的拉格朗日、柯西等．

欧几里得几何学（简称欧氏几何）也好，上古和中世纪的代数学也好，都是一种常量数学，微积分才是真正的变量数学，是数学中的大革命．微积分是高等数学的主要分支，它不再局限于解决力学中的变速问题，它驰骋在近代和现代科学技术园地里，建立了数不清的丰功伟绩．

阅读感悟：

学习目标

在本节中你将完成以下学习目标：

（1）理解导数的概念及其实际意义，会用导数描述一些简单的实际问题；

（2）了解导数的几何意义，会求曲线上一点处的切线方程和法线方程；

（3）了解可导与连续之间的关系；

（4）掌握逐步逼近的极限思想，学会对实际问题进行观察分析、归纳抽象、找出规律的数学思想方法.

重点：导数的几何意义及应用、基本初等函数求导公式.

难点：导数概念的理解.

扫一扫

2.1.1 导数的定义

学一学

2.1.1 引例

下面我们以求曲线切线的问题为背景引入导数的概念.

1. 切线的概念

曲线 C 上一点 M 的切线是指，另取 C 上的一点 N，作割线 MN，当点 N 沿曲线 C 趋向于点 M 时，割线 MN 绕点 M 转动趋向于极限位置 MT，直线 MT 就叫作曲线 C 在点 M 处的**切线**. 简单来说，切线是割线的极限位置. 这里的极限位置的含义是，只要弦长 $|MN|$ 趋于 0，$\angle NMT$ 也趋向于 0（如图 2-1）.

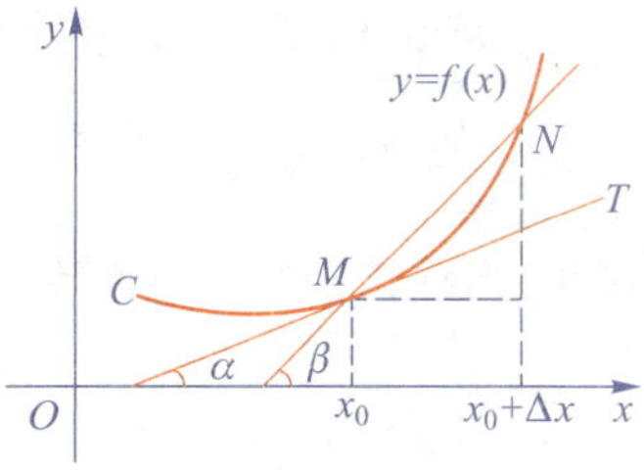

图 2-1

2. 求切线的斜率

设曲线 C 为函数 $y=f(x)$ 的图形，$M(x_0,y_0)\in C$，则 $y_0=f(x_0)$，点 $N(x_0+\Delta x,y_0+\Delta y)$ 为曲线 C 上的一动点，所以割线 MN 的斜率为

$$\tan\beta=\frac{\Delta y}{\Delta x}=\frac{f(x_0+\Delta x)-f(x_0)}{\Delta x}. \qquad (2-1)$$

根据切线的定义可知，当点 N 沿曲线 C 趋于点 M，即 $\Delta x\to 0$ 时，割线 MN 的斜率趋向于切线 MT 的斜率. 也就是说，如果 $\Delta x\to 0$ 时，式（2-1）的极限存在，那么此极限便为切线 MT 的斜率，记为 k，即

$$k=\tan\alpha=\lim_{\Delta x\to 0}\tan\beta=\lim_{\Delta x\to 0}\frac{\Delta y}{\Delta x}=\lim_{\Delta x\to 0}\frac{f(x_0+\Delta x)-f(x_0)}{\Delta x}.$$

2.1.2 导数的定义

1. 导数的概念

定义 2.1.1 设函数 $y=f(x)$ 在点 x_0 的某邻域 $N(x_0,\delta)$ 有定义，当自变量 x 在点 x_0 处取得增量 Δx 时，函数相应地取得增量 $\Delta y=f(x_0+\Delta x)-f(x_0)$，如果极限

$$\lim_{\Delta x \to 0}\frac{\Delta y}{\Delta x}=\lim_{\Delta x \to 0}\frac{f(x_0+\Delta x)-f(x_0)}{\Delta x}$$

存在，则该极限叫作函数 $y=f(x)$ 在点 x_0 处的**导数**，记为

$$y'\big|_{x=x_0},\ f'(x_0),\ \frac{\mathrm{d}y}{\mathrm{d}x}\bigg|_{x=x_0}\ 或\ \frac{\mathrm{d}f(x)}{\mathrm{d}x}\bigg|_{x=x_0}.$$

当函数 $y=f(x)$ 在点 x_0 处的导数存在时，就说函数 $y=f(x)$ 在点 x_0 处可导，否则就说 $y=f(x)$ 在点 x_0 处不可导.

在实际中经常需要讨论各种具有不同意义的变量的变化"快慢"问题，在数学上就是所谓的函数的变化率问题.导数概念就是函数变化率这一概念的精确描述.

2. 导函数的概念

上面讲的是函数在某一点处可导，如果函数 $y=f(x)$ 在开区间 I 内的每一点都可导，就称函数 $y=f(x)$ 在开区间 I 内可导，这时，对任意 $x\in I$，都对应 $f(x)$ 的一个确定的导数值，于是就构成一个新的函数，称为 $y=f(x)$ 的**导函数**，记作

$$y',\ f'(x),\ \frac{\mathrm{d}y}{\mathrm{d}x}或\frac{\mathrm{d}f(x)}{\mathrm{d}x}.$$

即导函数的定义式为

$$y'=\lim_{\Delta x \to 0}\frac{f(x+\Delta x)-f(x)}{\Delta x}. \qquad (2-2)$$

函数 $y=f(x)$ 在点 x_0 处的导数 $f'(x_0)$ 就是导函数 $f'(x)$ 在点 x_0 处的函数值，即

$$f'(x_0)=f'(x)\big|_{x=x_0}.$$

3. 左、右导数的概念

求函数 $y=f(x)$ 在点 x_0 处的导数时，$x\to x_0$ 的方式是任意的，如果 x 仅从 x_0 的左侧趋向于 x_0（记为 $\Delta x\to 0^-$ 或 $x\to x_0^-$）时，极限

$$\lim_{\Delta x \to 0^-}\frac{\Delta y}{\Delta x}=\lim_{\Delta x \to 0^-}\frac{f(x_0+\Delta x)-f(x_0)}{\Delta x}$$

存在，则称该极限值为函数 $y=f(x)$ 在点 x_0 处的**左导数**，记为 $f'_-(x_0)$，即

$$f'_-(x_0)=\lim_{\Delta x \to 0^-}\frac{\Delta y}{\Delta x}=\lim_{\Delta x \to 0^-}\frac{f(x_0+\Delta x)-f(x_0)}{\Delta x}.$$

类似地，可定义函数 $y=f(x)$ 在点 x_0 处的**右导数**，即

$$f'_+(x_0)=\lim_{\Delta x \to 0^+}\frac{\Delta y}{\Delta x}=\lim_{\Delta x \to 0^-}\frac{f(x_0+\Delta x)-f(x_0)}{\Delta x}.$$

函数在一点处的左、右导数与函数在该点处的导数之间存在如下关系：

函数 $y=f(x)$ 在点 x_0 处可导的充分必要条件是函数 $y=f(x)$ 在点 x_0 处的左、右导数均存在且相等.

注：此结论常用于判断分段函数在分段点处是否可导.

学习小贴士： 以举例法、索因法正确理解概念的实质，探究导数定义的表达形式和实际应用范围.

4. 按定义求导数举例

根据导数的定义可以总结出求导数的步骤如下：

（1）求增量　$\Delta y=f(x+\Delta x)-f(x)$；

（2）算比值　$\dfrac{\Delta y}{\Delta x}=\dfrac{f(x+\Delta x)-f(x)}{\Delta x}$；

扫一扫

2.1.2 基本初等函数的求导公式

(3) 求极限 $y'=\lim\limits_{\Delta x\to 0}\dfrac{\Delta y}{\Delta x}$.

例 2.1.1 已知 $y=x^2$，求 y'，$y'|_{x=2}$.

解 (1) 求增量：$\Delta y=f(x+\Delta x)-f(x)=(x+\Delta x)^2-x^2=2x\Delta x+(\Delta x)^2$.

(2) 算比值：$\dfrac{\Delta y}{\Delta x}=2x+\Delta x$.

(3) 求极限：$y'=\lim\limits_{\Delta x\to 0}\dfrac{\Delta y}{\Delta x}=\lim\limits_{\Delta x\to 0}(2x+\Delta x)=2x$,

所以

$$y'=(x^2)'=2x,\quad y'|_{x=2}=(2x)|_{x=2}=4.$$

5. 基本初等函数的求导公式

(1) $(C)'=0$ （C 为常数）；

(2) $(x^\alpha)'=\alpha x^{\alpha-1}$（$\alpha$ 为常数）；

(3) $(\log_a x)'=\dfrac{1}{x\ln a}$（$a>0$ 且 $a\neq 1$）；

(4) $(\ln x)'=\dfrac{1}{x}$；

(5) $(a^x)'=a^x\ln a$（$a>0$ 且 $a\neq 1$）；

(6) $(\mathrm{e}^x)'=\mathrm{e}^x$；

(7) $(\sin x)'=\cos x$；

(8) $(\cos x)'=-\sin x$；

(9) $(\tan x)'=\dfrac{1}{\cos^2 x}=\sec^2 x$；

(10) $(\cot x)'=-\dfrac{1}{\sin^2 x}=-\csc^2 x$；

(11) $(\sec x)'=\sec x\tan x$；

(12) $(\csc x)'=-\csc x\cot x$；

(13) $(\arcsin x)'=\dfrac{1}{\sqrt{1-x^2}}$；

(14) $(\arccos x)'=-\dfrac{1}{\sqrt{1-x^2}}$；

(15) $(\arctan x)'=\dfrac{1}{1+x^2}$；

(16) $(\operatorname{arccot} x)'=-\dfrac{1}{1+x^2}$.

练一练

已知 $f(x)=C$（C 为常数），求 $f'(x)$，$f'(2)$.

注：牢记特殊的两个幂函数的导数：

$$(\sqrt{x})'=\frac{1}{2\sqrt{x}},\quad \left(\frac{1}{x}\right)'=-\frac{1}{x^2}.$$

学习小贴士： 建议以小组互助的形式学习公式.在独立思考的基础上通过共同讨论、相互督促达到熟练掌握公式的目的.

2.1.3 导数的几何意义

函数 $y=f(x)$ 在点 x_0 处的导数 $f'(x_0)$ 在几何上表示曲线 $y=f(x)$ 在点 $M(x_0, f(x_0))$ 处的**切线的斜率**，即

$$k=f'(x_0)=\tan\alpha,$$

其中 α 是切线的倾斜角（如图 2-1）.

由直线的点斜式方程，可知曲线 $y=f(x)$ 在点 $M(x_0,y_0)$ 处的**切线方程**为

$$y-y_0=f'(x_0)(x-x_0).$$

扫一扫

2.1.3 导数的几何意义

如果$f'(x_0)=0$,则法线方程为$x=x_0$.

过切点$M(x_0,y_0)$且与切线垂直的直线叫作曲线$y=f(x)$在点M处的**法线**,如果$f'(x_0)\neq 0$,则法线的斜率为$-\dfrac{1}{f'(x_0)}$,从而在点M处的**法线方程**为

$$y-y_0=-\frac{1}{f'(x_0)}(x-x_0).$$

例 2.1.2 求双曲线$y=\dfrac{1}{x}$在点$\left(\dfrac{1}{2},2\right)$处的切线斜率,并写出该点处的切线方程和法线方程.

解 根据导数的几何意义知,所求的切线的斜率为

$$k=y'\Big|_{x=\frac{1}{2}}=\left(\frac{1}{x}\right)'\Big|_{x=\frac{1}{2}}=-\frac{1}{x^2}\Big|_{x=\frac{1}{2}}=-4.$$

所以过点$\left(\dfrac{1}{2},2\right)$的切线方程为

$$y-2=-4\left(x-\frac{1}{2}\right),即\ 4x+y-4=0;$$

法线方程为

$$y-2=\frac{1}{4}\left(x-\frac{1}{2}\right),即\ 2x-8y+15=0.$$

练一练

求曲线$y=x^2$在点$(1,1)$处的切线方程和法线方程.

2.1.4 可导与连续的关系

扫一扫

2.1.4 可导与连续的关系

定理 2.1.1 如果函数$y=f(x)$在点x_0处可导,则$y=f(x)$在点x_0处连续.

例 2.1.3 讨论函数$y=\sqrt[3]{x}$在点$x=0$处的连续性和可导性.

解 因为$\Delta y=\sqrt[3]{0+\Delta x}-\sqrt[3]{0}=\sqrt[3]{\Delta x}$,所以$\lim\limits_{\Delta x\to 0}\Delta y=\lim\limits_{\Delta x\to 0}\sqrt[3]{\Delta x}=0$.

又因为

$$\lim_{\Delta x\to 0}\frac{\Delta y}{\Delta x}=\lim_{\Delta x\to 0}\frac{\sqrt[3]{\Delta x}}{\Delta x}=\lim_{\Delta x\to 0}\frac{1}{\sqrt[3]{(\Delta x)^2}}=\infty,$$

所以在$x=0$处,$y=\sqrt[3]{x}$是连续的,但不可导.

注:通过例 2.1.3 可知,函数$y=\sqrt[3]{x}$在点$x=0$处虽然连续,却不可导,所以定理 2.1 的逆命题不一定成立.函数可导与连续的关系可以理解为“可导处必连续,但连续处不一定可导”.

学习小贴士: 请同学们利用导数知识讨论$y=|x|$在点$x=0$处的连续性和可导性.查阅魏尔斯特拉斯函数的相关资料,了解函数处处连续但处处不可导的特殊例子,进一步体会连续与可导的关系.

评一评

姓名：__________ 班级：__________ 学号：__________ 得分：__________

1. 设 $f(x)=\sin x$，求 $f'(0)$ 和 $f'\left(\frac{\pi}{2}\right)$.

2. 求曲线 $y=x^3$ 上点 $(2,8)$ 处的切线方程和法线方程.

3. 利用求导公式，求下列函数的导数：

(1) $y=x^{1.5}$；　　(2) $y=x\sqrt{x}$；

(3) $y=x^{-2}$;　　(4) $y=\frac{\sqrt{x}}{x}$;

(5) $y=3^{x}$;　　(6) $y=\ln 2$.

评语：

测一测　　姓名：________班级：________学号：________得分：________

一、基础测试

1. 函数在某点连续是函数在该点可导的(　　).

A. 充分条件　　B. 必要条件　　C. 充要条件　　D. 以上都不对

2. 函数 $y=\sqrt[3]{x}$ 在点 $x=0$ 处(　　).

A. 有极限且有导数　　B. 连续但无导数

C. 连续但无极限　　D. 有极限但不连续

3. 设函数 $y=f(x)$ 在点 x_0 处可导，且 $f'(x_0)=1$，则曲线 $y=f(x)$ 在点 $(x_0, f(x_0))$ 处的切线的倾斜角 $\alpha=$________.

4. 求下列函数的导数：

(1) $y=x^{-4}$；　　(2) $y=x^2\cdot\sqrt[5]{x}$.

5. 求曲线 $y=\sqrt{x}$ 在点(4,2)处的切线方程.

二、提升测试

6. 设函数 $f(x_0)$ 是可导函数，且 $\lim\limits_{\Delta x\to 0}\dfrac{f(x_0+3\Delta x)-f(x_0)}{\Delta x}=1$，则 $f'(x_0)=$ (　　).

A. 1　　B. 0　　C. 3　　D. $\dfrac{1}{3}$

7. 曲线 $y=x^2$ 上点________处的切线与直线 $y=4x+1$ 平行.

8. 求函数 $y=\dfrac{x^2\cdot\sqrt{x}}{\sqrt[4]{x}}$ 的导数.

学习反思：

用一用

案例 2.1.1【边际成本模型】 在企业生产经营中经常需要计算成本，在经济学中，边际成本定义为产量增加一个单位时所增加的总成本.

设某产品产量为 x 时所需的总成本为 $C=C(x)$，称 $C(x)$ 为总成本函数，简称成本函数，当产量由 x 变为 $x+\Delta x$ 时，总成本函数的改变量为 $\Delta C=C(x+\Delta x)-C(x)$. 这时，总成本函数的平均变化率为 $\dfrac{\Delta C}{\Delta x}=\dfrac{C(x+\Delta x)-C(x)}{\Delta x}$，它表示产量由 x 变为 $x+\Delta x$ 时，在平均意义下的边际成本. 当总成本函数 $C(x)$ 可导时，其变化率为

$$C'(x)=\lim_{\Delta x\to 0}\frac{\Delta C}{\Delta x}=\lim_{\Delta x\to 0}\frac{C(x+\Delta x)-C(x)}{\Delta x},$$

表示该产品产量为 x 时的边际成本，即边际成本是总成本函数关于产量的导数.

类似地，在经济学中，边际收入定义为多售一个单位产品所增加的销售收入，即 $R'(x)$，这里 $R(x)$ 为销售量为 x 时的总收入.

案例 2.1.2【电流模型】 电流可产生热能，可产生光能，可产生磁能转为机械能，可生成电磁波用于通讯，也可用于治病诊断、军事侦察和探测等，在工厂、科研院所、军事国防中常要计算电流. 电流是电荷量的变化率. 设在 $[0,t]$ 这段时间内通过导线横截面的电荷量为 $Q=Q(t)$，求时刻 t_0 的电流.

解 如果是恒定电流，设在 Δt 这段时间内通过导线横截面的电荷量为 ΔQ，那么电流为

$$i=\frac{\text{电量}}{\text{时间}}=\frac{\Delta Q}{\Delta t}.$$

如果电流是非恒定电流，就不能直接用上面的公式求时刻 t_0 的电流，此时

$$\bar{i}=\frac{\Delta Q}{\Delta t}=\frac{Q(t_0+\Delta t)-Q(t_0)}{\Delta t},$$

称为在 Δt 这段时间内的平均电流. 当 $|\Delta t|$ 很小时，平均电流 $\bar{i}$ 可以作为时刻 t_0 的电流的近似值，$|\Delta t|$ 越小近似程度越好. 我们令 $\Delta t\to 0$，则称平均电流 $\bar{i}$ 的极限（如果极限存在）为时刻 t_0 的电流 $i(t_0)$，即

$$i(t_0)=\lim_{\Delta t\to 0}\frac{\Delta Q}{\Delta t}=\lim_{\Delta t\to 0}\frac{Q(t_0+\Delta t)-Q(t_0)}{\Delta t}=\left.\frac{\mathrm{d}Q}{\mathrm{d}t}\right|_{t=t_0}.$$

2.2 探寻导数的奥秘

读一读

严谨的学识、准确的方法——天才数学家牛顿

牛顿是英国数学家、物理学家、天文学家，1643 年 1 月 4 日生于英格兰林肯郡的伍尔索普，1727 年 3 月 31 日卒于伦敦.

牛顿出身于农民家庭，幼年颇为不幸，从小过着贫困孤苦的生活.他在条件较差的地方学校接受了初等教育，中学时也没有显示出特殊的才华.1661 年考入剑桥大学三一学院，由于他学习勤奋，并有幸得到著名数学家巴罗教授的指导，认真钻研了伽利略、开普勒、沃利斯、笛卡儿、巴罗等人的著作，还做了不少实验，打下了坚实的基础，1665 年获学士学位.

1665 年，伦敦地区流行鼠疫，剑桥大学暂时关闭.牛顿回到伍尔索普，在乡村幽居的两年中，终日思考各种问题、探索大自然的奥秘，他平生三大发明，微积分、万有引力定律、光谱分析，都萌发于此，这时他年仅 23 岁.后来牛顿在追忆这段峥嵘的青春岁月时，深有感触地说："当年我正值发明创造能力最强的年华，比以后任何时期更专心致志于数学和科学."并说："我的成功当归功于精力的思索.""没有大胆的猜想就做不出伟大的发现."1667 年，他回到剑桥攻读硕士学位，在获得学位后，成为三一学院的教师，并协助巴罗编写讲义，撰写微积分和光学论文.他的学术成就得到了巴罗的高度评价.巴罗并在 1669 年 10 月把"卢卡斯教授"的职位让给了牛顿，牛顿当时年仅 26 岁.

牛顿发现微积分，首先得助于他的老师巴罗，巴罗关于"微分三角形"的深刻思想，给他极大影响；另外费马作切线的方法和沃利斯的《无穷算术》也给了他很大启发.牛顿的微积分理论主要体现在下述三部正式出版的论著里.在《运用无穷多项方程的分析学》中，他给出了求瞬时变化率的普遍方法，阐明了求变化率和求面积是两个互逆问题，从而揭示了微分与积分的联系，即沿用至今的所谓微积分基本定理.在《流数法和无穷级数》中，牛顿对他的微积分理论做了更加广泛而深入的说明，并在概念、计算技巧和应用各方面作了很大改进.《曲线求积术》是一篇研究可积分曲线的经典文献.

牛顿的上述三个论著是微积分发展史上的重要里程碑，也为近代数学甚至近代科学的产生与发展开辟了新纪元.正如恩格斯在《自然辩证法》中所说："一切理论成就中未必再有像 17 世纪后半期微积分的发明那样被看作人类精神的最高胜利了."

在力学方面，牛顿研究了伽利略等人的工作，总结出机械运动的三个基本定律，他进一步发展了开普勒等人的工作，发现了万有引力定律.他把地球上物体的力学和天体力学统一到一个基本的力学体系中，创立了经典力学体系.

在光学方面，牛顿致力于色的现象和光的本性的研究.1666 年，他用三棱镜分析日光，发现白光是由不同颜色（即不同波长）的光构成，成为光谱分析的基础，并制作了牛顿色盘，他发现光的一种干涉图样，称为牛顿环.他创立了光的"微粒说"，在一定程定上反映了光的本质.

在天文学方面，牛顿于 1671 年创制了第一架反射望远镜，初步考察了行星运动规律.他解释了潮汐现象，预言地球不是正球体，并由此说明了岁差现象.

牛顿虽然对科学作出了巨大贡献，但是很有自知之明，他临终时说："我不知道世人对我怎样看法，但是在我看来，我只不过像一个在海滨玩耍的孩子，偶尔很高兴地拾到几颗光滑美丽的石子或贝壳，但那浩瀚无涯的真理的大海，却还在我的前面未曾被我发现."他还说："如果我之所见比笛卡儿等人要远一点，那只是因为我是站在巨人肩上的缘故."

阅读感悟：

学习目标

在本节中你将完成以下学习目标：

（1）熟练掌握导数的基本公式、四则运算求导法则、复合函数求导法则，掌握隐函数的求导法则，熟练运用求导法则计算函数的导数；

（2）理解高阶导数的概念，会熟练地计算二阶、三阶导数，会求一些简单函数的 n 阶导数；

（3）养成严密推理、实事求是的作风.

重点：四则求导法则、复合函数求导法则、隐函数求导法则的应用.

难点：函数求导法则的灵活运用.

学一学

扫一扫

2.2.1 函数的求导法

2.2.1 四则运算求导法则

上一节学习了导数定义，利用定义可求一些简单函数的导数.但对比较复杂的函数直接用定义求导往往很困难.因此，为了计算函数的导数，在熟记导数基本公式的基础上，还要掌握求导数的四则运算法则.

定理 2.2.1 若函数 $u=u(x)$，$v=v(x)$ 在点 x 处可导，则

（1）$(u\pm v)'=u'\pm v'$；

（2）$(uv)'=u'v+uv'$；

（3）$\left(\dfrac{u}{v}\right)'=\dfrac{u'v-uv'}{v^2}\ (v\neq 0)$.

定理 2.2.1 中的法则（1）（2）可推广到任意有限个可导函数的情形. 例如，设 $u=u(x)$，$v=v(x)$，$w=w(x)$ 均可导，则有

$$(u\pm v\pm w)'=u'\pm v'\pm w';$$

$$(uvw)'=(uv)'w+(uv)w'=(u'v+uv')w+uvw'=u'vw+uv'w+uvw'.$$

在法则（2）中，如果 $v(x)\equiv C$（C 为常数），则有

$$(Cu)'=Cu'.$$

学习小贴士： 查阅资料，了解以上法则的推导过程，探索法则的应用方法.

例 2.2.1 已知 $y=x^3-5x^2+3x-7$，求 y'.

解
$$\begin{aligned} y'&=(x^3-5x^2+3x-7)'\\ &=(x^3)'-(5x^2)'+(3x)'-(7)'\\ &=(x^3)'-5(x^2)'+3(x)'\\ &=3x^2-5\cdot 2x+3\\ &=3x^2-10x+3. \end{aligned}$$

扫一扫

2.2.2 函数求导法则的应用（一）

扫一扫

2.2.3 导数的运算法（例题分析）

练一练

求下列函数的导数：

（1）$y=x^3+4\cos x-\sin\dfrac{\pi}{2}$；（2）$y=2^x+x^2-3\ln x$.

例 2.2.2 已知 $y=x^2\ln x$，求 y'.

解 $y'=(x^2)'\cdot\ln x+x^2\cdot(\ln x)'$

$=2x\cdot\ln x+x^2\cdot\dfrac{1}{x}$

$=2x\ln x+x$.

例 2.2.3 已知 $y=e^x(\sin x+\cos x)$，求 y'.

解 $y'=(e^x)'\cdot(\sin x+\cos x)+e^x\cdot(\sin x+\cos x)'$

$=e^x\cdot(\sin x+\cos x)+e^x\cdot(\cos x-\sin x)$

$=2e^x\cos x$.

例 2.2.4 已知 $y=xe^x\ln x$，求 y'.

解 $y'=(xe^x\ln x)'=(x)'\cdot e^x\ln x+x\cdot(e^x)'\cdot\ln x+xe^x\cdot(\ln x)'$

$=e^x\ln x+xe^x\ln x+xe^x\cdot\dfrac{1}{x}$

$=e^x(1+\ln x+x\ln x)$.

练一练

求下列函数的导数：

（1）$y=x^2\sin x$；（2）$y=\sqrt{x}(x+4)$；

（3）$y=(x+1)(x+2)$；（4）$y=2x^2e^x\cos x$

例 2.2.5 已知 $y=\tan x$，求 y'.

解 $y'=(\tan x)'=\left(\dfrac{\sin x}{\cos x}\right)'$

$=\dfrac{(\sin x)'\cdot\cos x-\sin x\cdot(\cos x)'}{\cos^2 x}$

$=\dfrac{\cos^2 x+\sin^2 x}{\cos^2 x}$

$=\dfrac{1}{\cos^2 x}=\sec^2 x$.

所以

$$(\tan x)'=\sec^2 x.$$

例 2.2.6 已知 $y=\dfrac{x+1}{x-1}$，求 y'.

解 $y'=\dfrac{(x+1)'\cdot(x-1)-(x-1)'\cdot(x+1)}{(x-1)^2}$

$=\dfrac{(x-1)-(x+1)}{(x-1)^2}$

$=-\dfrac{2}{(x-1)^2}.$

练一练

求下列函数的导数：

(1) $y=\cot x$； (2) $y=\dfrac{\sin x}{x}$； (3) $y=\dfrac{\ln x}{x^3}$.

例 2.2.7 (1) 已知 $f(x)=x(x-1)$，求 $f'(0)$；

(2) 已知 $f(x)=x(x-1)(x-2)$，求 $f'(0)$；

(3) 已知 $f(x)=x(x-1)(x-2)\cdots(x-9)$，求 $f'(0)$.

解 (1) 因为

$$\begin{aligned}f'(x)&=x'\cdot(x-1)+x\cdot(x-1)'\\&=(x-1)+x=2x-1,\end{aligned}$$

所以

$$f'(0)=2\times0-1=-1.$$

(2) 因为

$$\begin{aligned}f'(x)&=x'\cdot(x-1)(x-2)+x\cdot(x-1)'\cdot(x-2)+x(x-1)\cdot(x-2)'\\&=(x-1)\cdot(x-2)+x\cdot(x-2)+x\cdot(x-1),\end{aligned}$$

所以

$$\begin{aligned}f'(0)&=(0-1)\times(0-2)+0\times(0-2)+0\times(0-1)\\&=2.\end{aligned}$$

(3) 因为

$$\begin{aligned}f'(x)=&\,x'\cdot(x-1)(x-2)\cdots(x-9)+x\cdot(x-1)'\cdot(x-2)\cdots(x-9)+\\&\,x(x-1)\cdot(x-2)'\cdots(x-9)+\cdots+x(x-1)(x-2)\cdots(x-9)'\\=&\,(x-1)(x-2)\cdots(x-9)+x(x-2)\cdots(x-9)+x(x-1)(x-3)\cdots\\&\,(x-9)+\cdots+x(x-1)(x-2)\cdots(x-8),\end{aligned}$$

所以

$$\begin{aligned}f'(0)=&\,(0-1)\times(0-2)\times\cdots\times(0-9)+0\times(0-2)\times\cdots\times(0-9)+0\times(0-1)\times(0-3)\times\cdots\times\\&\,(0-9)+\cdots+0\times(0-1)\times(0-2)\times\cdots\times(0-8)\\=&\,(-1)\times(-2)\times\cdots\times(-9)+0+0+\cdots+0\\=&\,-9!.\end{aligned}$$

练一练

已知 $f(x)=x(x-1)(x-2)\cdots(x-8)$，求 $f'(0)$.

2.2.2 复合函数求导法则

下面来研究 $y=\sin 2x$ 的导数. 因为

$$y=\sin 2x=2\sin x\cos x,$$

所以

$$y'=2[(\sin x)'\cos x+\sin x(\cos x)']=2(\cos^2 x-\sin^2 x)=2\cos 2x.$$

显然

$$(\sin 2x)'\neq\cos 2x.$$

扫一扫

2.2.4 复合函数的求导法则

这是因为，函数 $y=\sin 2x$ 是由函数 $y=\sin u$ 和函数 $u=2x$ 复合而成的复合函数，不能直接套用公式. 通过分析已注意到

$$\frac{\mathrm{d}y}{\mathrm{d}u}=(\sin u)'=\cos u=\cos 2x;\quad \frac{\mathrm{d}u}{\mathrm{d}x}=(2x)'=2.$$

故 $\dfrac{\mathrm{d}y}{\mathrm{d}u}\cdot\dfrac{\mathrm{d}u}{\mathrm{d}x}=2\cos 2x$，恰好为 $y=\sin 2x$ 的导数，即

$$\frac{\mathrm{d}y}{\mathrm{d}x}=\frac{\mathrm{d}y}{\mathrm{d}u}\cdot\frac{\mathrm{d}u}{\mathrm{d}x}.$$

定理 2.2.2 如果 $u=g(x)$ 在点 x 可导，函数 $y=f(u)$ 在点 $u=g(x)$ 可导，则复合函数 $y=f[g(x)]$ 在点 x 可导，且其导数为

$$y'_x=y'_u\cdot u'_x \text{或} \frac{\mathrm{d}y}{\mathrm{d}x}=\frac{\mathrm{d}y}{\mathrm{d}u}\cdot\frac{\mathrm{d}u}{\mathrm{d}x}. \tag{2-3}$$

此法则可叙述为，**复合函数的导数等于复合函数对中间变量的导数乘以中间变量对自变量的导数**.

学习小贴士： 查阅资料了解法则的推导过程，通过合作学习探索法则的应用方法并熟练应用.

例 2.2.8 已知 $y=(2x+3)^{10}$，求 y'.

解 函数 $y=(2x+3)^{10}$ 可看作由 $y=u^{10}$ 与 $u=2x+3$ 复合而成，于是，

$$y'_u=(u^{10})'=10u^9,\ u'_x=(2x+3)'=2,$$

$$\begin{aligned}y'_x&=y'_u\cdot u'_x=10u^9\cdot 2\\&=20(2x+3)^9.\end{aligned}$$

例 2.2.9 已知 $y=\arctan\dfrac{1}{x}$，求 y'.

解 函数 $y=\arctan\dfrac{1}{x}$ 可看作由 $y=\arctan u$ 与 $u=\dfrac{1}{x}$ 复合而成，于是

$$y'_u=(\arctan u)'=\frac{1}{1+u^2},\ u'_x=\left(\frac{1}{x}\right)'=-\frac{1}{x^2},$$

$$y'_x=y'_u\cdot u'_x=\frac{1}{1+u^2}\cdot\left(-\frac{1}{x^2}\right)$$

$$=\frac{1}{1+\left(\frac{1}{x}\right)^2}\cdot\left(-\frac{1}{x^2}\right)$$

$$=-\frac{1}{1+x^2}.$$

练一练

求下列函数的导数：

(1) $y=(1-3x)^4$；　(2) $y=e^{x^3}$；　(3) $y=\sqrt{1-4x}$；　(4) $y=\sin^3 x$.

在解题时，若对复合函数的复合过程非常熟悉，可不必写出中间变量，直接写出结果.

例 2.2.10　已知 $y=\ln\sin x$，求 y'.

解　$y'=(\ln\sin x)'=\frac{1}{\sin x}\cdot(\sin x)'$

$$=\frac{1}{\sin x}\cdot\cos x=\cot x.$$

例 2.2.11　已知 $y=\sqrt[3]{1-2x^2}$，求 y'.

解　$y'=[(1-2x^2)^{\frac{1}{3}}]'$

$$=\frac{1}{3}(1-2x^2)^{-\frac{2}{3}}\cdot(1-2x^2)'$$

$$=\frac{1}{3}(1-2x^2)^{-\frac{2}{3}}\cdot(-4x)$$

$$=-\frac{4x}{3\sqrt[3]{(1-2x^2)^2}}.$$

定理 2.2.2 还可以推广到含有多个中间变量的复合函数的情况.

设 $y=f(u)$，$u=\varphi(v)$，$v=\psi(x)$ 都可导，则有

$$y'_x=y'_u\cdot u'_v\cdot v'_x \text{ 或 } \frac{\mathrm{d}y}{\mathrm{d}x}=\frac{\mathrm{d}y}{\mathrm{d}u}\cdot\frac{\mathrm{d}u}{\mathrm{d}v}\cdot\frac{\mathrm{d}v}{\mathrm{d}x}. \qquad (2-4)$$

例 2.2.12　已知 $y=\ln(\cos e^x)$，求 y'.

解　$y'=[\ln(\cos e^x)]'=\frac{1}{\cos e^x}\cdot(\cos e^x)'$

$$=\frac{1}{\cos e^x}\cdot(-\sin e^x)\cdot(e^x)'=-e^x\tan e^x.$$

扫一扫

2.2.5 复合函数求导法则的应用

例 2.2.13　已知 $y=e^{\sin\frac{1}{x}}$，求 y'.

解　$y'=(e^{\sin\frac{1}{x}})'=e^{\sin\frac{1}{x}}\cdot\left(\sin\frac{1}{x}\right)'$

$$=e^{\sin\frac{1}{x}}\cdot\cos\frac{1}{x}\cdot\left(\frac{1}{x}\right)'=e^{\sin\frac{1}{x}}\cdot\cos\frac{1}{x}\cdot\left(-\frac{1}{x^2}\right)$$

$$=-\frac{1}{x^2}\cos\frac{1}{x}e^{\sin\frac{1}{x}}.$$

练一练

求下列函数的导数：

(1) $y=\sqrt{1-x^2}$； (2) $y=\cos(1-2x)^2$； (3) $y=\ln(\sin 3x)$.

在实际计算中应根据函数解析式的形式灵活选用求导法则.

例 2.2.14 已知 $y=e^{2x}\cdot\sin 3x$，求 y'.

解 $y'=(e^{2x})'\cdot\sin 3x+e^{2x}\cdot(\sin 3x)'$

$=e^{2x}\cdot(2x)'\cdot\sin 3x+e^{2x}\cdot\cos 3x\cdot(3x)'$

$=e^{2x}\cdot 2\cdot\sin 3x+e^{2x}\cdot\cos 3x\cdot 3$

$=e^{2x}(2\sin 3x+3\cos 3x)$.

练一练

求下列函数的导数：

(1) $y=x^2\cdot\sin 4x$； (2) $y=3x^2\cdot e^{-x}$； (3) $y=2x-\frac{3}{x}+\sqrt{x+1}$.

2.2.3 隐函数求导法则

用解析法表示函数，可以有不同的形式.若函数 y 可以用自变量 x 的算式表示，如 $y=2x-1$，$y=\ln(\sin 2x)$ 等，这样的函数叫作**显函数**.

一般地，如果变量 x,y 之间的函数关系是由某一方程 $F(x,y)=0$ 所确定，那么这种函数就叫作由方程所确定的**隐函数**，如 $x^2-2y-2=0$，$e^{x-y}-xy=0$ 等.

把一个隐函数化成显函数，叫作隐函数的显化，如由方程 $x^2-2y-2=0$ 解出 $y=\frac{x^2}{2}-1$，就把隐函数化成了显函数.但有的隐函数不易显化甚至不能显化，如由方程 $e^{x-y}-xy=0$ 所确定的隐函数就不能显化.那么在隐函数的形式下如何求其导数呢？

若已知 $F(x,y)=0$，求 y' 时的一般步骤如下：

(1) 若方程 $F(x,y)=0$ 能化为 $y=f(x)$ 的形式，则可用前面所学的方法进行求导；

(2) 若方程 $F(x,y)=0$ 不能化为 $y=f(x)$ 的形式，则在方程两边对 x 进行求导，并把 y 看成 x 的函数 $y=f(x)$，再用复合函数求导法则进行.

例 2.2.15 求由方程 $x^2+y^2-xy-1=0$ 所确定的隐函数的导数 y'.

解 此方程不易显化,故运用隐函数求导法,两边对 x 求导,得

$$(x^2+y^2-xy-1)'=(0)',$$

即

$$2x+2yy'-(y+xy')=0.$$

整理得

$$y'=\frac{y-2x}{2y-x}.$$

例 2.2.16 求由方程 $xy-e^x+e^y=0$ 所确定的隐函数的导数 y'.

解 运用隐函数求导法,两边对 x 求导,得

$$(xy-e^x+e^y)'=(0)',$$

即

$$y+xy'-e^x+e^y y'=0.$$

整理得

$$y'=\frac{e^x-y}{x+e^y}.$$

练一练

(1) 求由方程 $y^5+2y-x+x^3=0$ 所确定的隐函数的导数 y'.

(2) 求由方程 $xy=e^{x+y}$ 所确定的隐函数的导数 y'.

2.2.4 高阶导数

扫一扫

2.2.6 高阶导数

一般地,如果函数 $y=f(x)$ 的导数 $y'=f'(x)$ 仍然是可导函数,我们把 $y'=f'(x)$ 的导数叫作函数 $y=f(x)$ 的**二阶导数**,记作

$$y'',\ f''(x),\ \frac{d^2y}{dx^2}\text{或}\frac{d^2f(x)}{dx^2},$$

即

$$y''=(y')',\quad f''(x)=[f'(x)]',\quad \frac{d^2y}{dx^2}=\frac{d}{dx}\left(\frac{dy}{dx}\right),\quad \frac{d^2f(x)}{dx^2}=\frac{d}{dx}\left(\frac{df(x)}{dx}\right).$$

相应地,把 $y=f(x)$ 的导数 $f'(x)$ 叫作函数 $y=f(x)$ 的一阶导数.

类似地,二阶导数的导数叫作**三阶导数**,三阶导数的导数叫作**四阶导数**……一般地,$n-1$ 阶导数的导数叫作 n 阶导数,分别记作

$$y''',\ f'''(x),\ \frac{d^3y}{dx^3}\text{或}\frac{d^3f(x)}{dx^3},$$

$$y^{(4)},\ f^{(4)}(x),\ \frac{d^4y}{dx^4},\ \frac{d^4f(x)}{dx^4},$$

…………

$$y^{(n)}, f^{(n)}(x), \frac{d^n y}{dx^n}, \frac{d^n f(x)}{dx^n}.$$

函数 $f(x)$ 具有 n 阶导数,也常说成函数 $f(x)$ 为 n 阶可导.如果函数 $f(x)$ 在点 x 处具有 n 阶导数,那么函数 $f(x)$ 在点 x 的某一邻域内必定具有一切低于 n 阶的导数.二阶及二阶以上的导数统称**高阶导数**.

例 2.2.17 已知 $y=\sqrt{x}$,求 y''.

解 $y'=(\sqrt{x})'=\dfrac{1}{2\sqrt{x}}, y''=\left(\dfrac{1}{2\sqrt{x}}\right)'=-\dfrac{1}{4x\sqrt{x}}$.

例 2.2.18 $y=\cos \omega x$,求 y''.

解 $y'=(\cos \omega x)'=-\omega\sin \omega x$, $y''=(-\omega\sin \omega x)'=-\omega^2\cos \omega x$.

练一练

求下列函数的二阶导数:

(1) $y=x^2\ln x$;

(2) $y=(2x-1)^{10}$.

例 2.2.19 已知 $y=ax^2+bx+c$,求 $y'', y''', y^{(4)}$.

解 $y'=2ax+b$, $y''=2a$, $y'''=0$, $y^{(4)}=0$.

例 2.2.20 已知 $y=e^x$,求 $y^{(n)}$.

解 $y'=e^x$, $y''=e^x$, $y'''=e^x$, $y^{(4)}=e^x$,

…………

显然,对任何 n,有 $y^{(n)}=e^x$,即

$$(e^x)^{(n)}=e^x.$$

例 2.2.21 已知 $y=\sin x$,求 $y^{(10)}$.

解 $y'=(\sin x)'=\cos x$,

$y''=(\cos x)''=-\sin x$,

$y'''=(-\sin x)'=-\cos x$,

$y^{(4)}=(-\cos\ )'=\sin x$,

…………

$y^{(10)}=-\sin x$.

练一练

求下列函数的导数:

(1) 已知 $y=e^{2x}$,求 $y^{(10)}$;

(2) 已知 $y=x^n$,求 $y^{(n)}, y^{(n+1)}$.

例 2.2.22 已知 $y=\ln(1+x)$，求 y'''.

解 $y'=\frac{1}{1+x}$,

$y''=-\frac{1}{(1+x)^2}$,

$y'''=\frac{2(1+x)}{(1+x)^4}=\frac{2}{(1+x)^3}$.

例 2.2.23 已知 $y=e^x\cos x$，求 y'''.

解

$$\begin{aligned} y'&=(e^x)'\cdot\cos x+e^x\cdot(\cos x)' \\ &=e^x\cos x-e^x\sin x \\ &=e^x(\cos x-\sin x), \\ y''&=(e^x)'\cdot(\cos x-\sin x)+e^x\cdot(\cos x-\sin x)' \\ &=e^x(\cos x-\sin x)+e^x(-\sin x-\cos x) \\ &=-2e^x\sin x, \\ y'''&=-2(e^x)'\cdot\sin x-2e^x\cdot(\sin x)' \\ &=-2e^x\sin x-2e^x\cos x \\ &=-2e^x(\sin x+\cos x). \end{aligned}$$

练一练

已知 $y=x^2e^{3x}$，求 y'''.

评一评　　姓名：________ 班级：________ 学号：________ 得分：________

1. 求下列函数的导数：

(1) $y=2\sin x+3e^x-2$；

(2) $y=x^2(x+3)$；

(3) $y=\dfrac{x^2+7\sqrt{x}-1}{x}$；

(4) $y=x^2\sin x$；

(5) $y=x\arctan x-2\tan x$；

(6) $y=\dfrac{\ln x}{x^2}$；

(7) $y=\sin x^2$；

(8) $y=\dfrac{1}{4}\tan^4 x$；

(9) $y=5^{\cos x}+e^x$；

(10) $y=\sin^2(1-3x)$；

(11) $y=e^{2x}(2x+1)$；

(12) $y=\ln\cos^2 x$；

(13) $y=x+\sqrt{1+2x^2}$；

(14) $y=\arctan(1-3x)$.

2. (1) 求由方程 $x^3+y^2=2x$ 所确定的隐函数的导数 y'.

(2) 求由方程 $x^2+y+\sin y=0$ 所确定的隐函数的导数 y'.

3. 求下列函数的二阶导数：

(1) $y=x^4-2x^3+x-10$；

(2) $y=e^{3x-2}$；

(3) $y=(2x+3)^{10}$；

(4) $y=x^2e^{2x}$；

(5) $y=3\tan 2x$；

(6) $y=\dfrac{1}{x-1}$.

评语：

测一测　　姓名：________ 班级：________ 学号：________ 得分：________

一、基础测试

1. 设函数 $y=\cos x$，则 $y''=($　　$)$.

A. $\sin x$　　B. $-\sin x$　　C. $-\cos x$　　D. $\cos x$

2. 已知函数 $f(x)=2x^2+\sin x$，则 $f''\left(\frac{\pi}{2}\right)=$________.

3. 求曲线 $y=\cos x$ 上点 $\left(\frac{\pi}{3},\frac{1}{2}\right)$ 处的切线方程和法线方程.

4. 求下列函数的导数.

(1) $x^2-y^2=16$；

(2) $y=\sin^4 x\cos 4x$；

(3) $y=x^2\sin\frac{1}{x}$；

(4) $y=\ln\left(\tan\frac{x}{2}\right)$.

二、提升测试

5. 求由方程 $3y^2=x^2(x+1)$ 所确定的隐函数在点 $(2,2)$ 处的切线方程.

6. 求下列函数的导数：

（1）$y=2^{\frac{x}{\ln x}}$；

（2）$y=\mathrm{e}^{\operatorname{arccot}\sqrt{x}}$；

（3）$y=f(\mathrm{e}^{x})\mathrm{e}^{f(x)}$（$f$ 为 $\mathbf{R}$ 上的可导函数）；（4）$y=\dfrac{\mathrm{e}^{-x}+x}{\tan 3x}$.

学习反思：

用一用

案例 2.2.1【空气污染】 近年来，我国大力推动绿色发展，深入推进环境污染防治.二氧化氮(NO_2)是一种损害人的呼吸系统的褐色气体，主要来自燃料的燃烧、城市汽车尾气等，是一种影响空气质量的重要污染物.为了防治大气污染，需要定期对空气进行检测.

某城市环境检测部门的数据显示，在五月的某一天，该城市 NO_2 的水平近似为 $A(t)=0.03t^3(7-t)^4+60.2(0\leqslant t\leqslant 7)$.其中，$A(t)$ 是从上午 7:00 开始经 t h 后该城市的空气受 NO_2 污染的标准指数，问：上午 10:00 时该城市的空气受 NO_2 污染的标准指数的变化率是多少？

解 该城市的空气受 NO_2 污染的标准指数的变化率就是 $A(t)$ 的导数，利用求导法则，计算得

$$\begin{aligned}A'(t)&=[0.03t^3(7-t)^4]'+(60.2)'=0.03\{(t^3)'(7-t)^4+t^3[(7-t)^4]'\}\\&=0.03[3t^2(7-t)^4+4t^3(7-t)^3(7-t)']\\&=0.03[3t^2(7-t)^4-4t^3(7-t)^3]\\&=0.21t^2(7-t)^3(3-t).\end{aligned}$$

因为上午 10:00 对应的时间 $t=3$，所以 $A'(3)=0$.这说明上午 10:00 时该城市的空气受 NO_2 污染的标准指数的变化率是 0.

案例 2.2.2【电流与电压的关系】 在电容器两端加正弦交流电压 $u_C=U_m\sin(\omega t+\varphi)$，求电流 i.

解 在含有电容的电路中，电容上电压 u_C 与电荷量 Q 的函数关系为 $Q=Cu_C$，故有 $i=C\dfrac{\mathrm{d}u_C}{\mathrm{d}t}$，于是，有

$$\begin{aligned}i&=C\frac{\mathrm{d}u_C}{\mathrm{d}t}=C[U_m\sin(\omega t+\varphi)]'=C[U_m\omega\cos(\omega t+\varphi)]\\&=\omega CU_m\sin\left(\omega t+\varphi+\frac{\pi}{2}\right)=I_m\sin(\omega t+\theta),\end{aligned}$$

其中，$\omega CU_m=I_m$ 是电流的峰值(最大值)，称为振幅，初相 $\theta=\varphi+\dfrac{\pi}{2}$.

由此可知，电容器上的电流与电压有下列关系：

(1) 电流 i 与电压 u_C 是同频率的正弦波；

(2) 电流 i 比电压 u_C 相位提前$\dfrac{\pi}{2}$；

(3) 电压峰值与电流峰值之比为

$$\frac{U_m}{I_m}=\frac{U_m}{C\omega U_m}=\frac{1}{C\omega},$$

电工学中称$\dfrac{1}{C\omega}$为容抗(即容性电抗).

案例 2.2.3【CPI 问题】 考虑一段时期内的居民消费价格指数(CPI)函数 $I(t)$，$I'(t)$ 描述的是任一时刻 t 的通货膨胀，$I''(t)$ 描述的是任一时刻 t 的通货膨胀率的改变率.因此，当政府宣称"通货膨胀率下降"时，也就意味着 $I'(t)$ 下降，或等价地 $I''(t)<0$.此时，商品和服务

的价格也是下降的.已知某地 2021 年每月的 CPI 由下列函数描述:

$$I(t)=-0.25t^3+3t^2+100 \quad (0\leqslant t\leqslant 9),$$

其中,$t=0$ 对应 1 月初.计算 $I'(6)$ 和 $I''(6)$.

解 因为

$$I'(t)=-0.75t^2+6t, \quad I''(t)=-1.5t+6,$$

所以

$$I'(6)=9, \quad I''(6)=-3.$$

结果显示,在 2021 年 7 月初,该地的 CPI 以每月 9 个点的增长率增长,而通货膨胀率以每月 3 个点的改变率降低.

2.3 了解微分的本质

读一读

勤奋成才的数学家华罗庚

华罗庚（1910—1985），出生于江苏常州．他是中国解析数论、矩阵几何学、典型群、自守函数论与多元复变函数论等多方面研究的创始人和开拓者．国际上以华罗庚命名的数学成果有“华氏定理”“华氏不等式”“华-王方法”等．

华罗庚为中国数学发展作出重要贡献，被誉为“中国现代数学之父”“中国数学之神”“人民数学家”．在国际上，他也是享有盛誉的数学大师，他的名字在美国施密斯松尼博物馆与芝加哥科技博物馆等著名博物馆中，与少数经典数学家列在一起，被列为“芝加哥科学技术博物馆中当今世界 88 位数学伟人之一”．1955 年被选聘为中国科学院学部委员（院士），1982 年当选为美国科学院外籍院士，1983 年被选聘为第三世界科学院院士，1985 年当选为德国巴伐利亚科学院院士，被授予法国南锡大学、香港中文大学与美国伊利诺伊大学荣誉博士，2009 年被评为“100 位新中国成立以来感动中国人物”之一．

华罗庚靠自己勤奋成才，他的志气与行动，几乎没有人能够理解．世界上的事情往往就是这样的，阻力越大，反阻力也越大；困难越多，克服困难的决心也越坚．没有时间，他养成了早起、善于利用零碎时间、善于心算的习惯，没有书，他养成了勤于动手、勤于独立思考的习惯，这种习惯一直保持到他的晚年．

华罗庚也是身残志坚的典范，19 岁那年，他染上了极其可怕的伤寒病，从此因病左腿残疾，在逆境中，他顽强地与命运抗争，他的誓言是，“我要用健全的头脑，代替不健全的双腿！”

华罗庚怀有深深的爱国情怀，1938 年，他放弃英国的优厚待遇毅然回到祖国，把自己的毕生精力，投入到发展祖国的科学事业特别是数学研究事业之中．他一生为我们留下了 200 余篇学术论文，10 部专著，其中 8 部为国外翻译出版，有些已列入 20 世纪数学经典著作之列．他还写了 10 余部科普作品，他的名字已载入国际著名科学家的史册．他是中国科学界的骄傲，是中华民族的骄傲．

阅读感悟：

学习目标

在本节中你将完成以下学习目标：

(1) 理解函数微分的概念；

(2) 熟练掌握微分的计算；

(3) 了解可导、可微、连续之间的关系；

(4) 掌握微分的简单应用；

(5) 培养严谨、缜密的科学态度，建立辩证唯物主义观点.

重点：理解微分概念，掌握微分的计算.

难点：掌握微分的计算.

学一学

扫一扫

2.3.1 微分的定义

2.3.1 微分的定义

1. 引例： 函数增量的计算及增量的构成

如图 2-2，一块正方形金属薄片受温度变化的影响，其边长由 x_0 变到 $x_0+\Delta x$，问：此薄片的面积改变了多少？

设此正方形的边长为 x，面积为 A，则 A 是 x 的函数：$A=x^2$. 金属薄片的面积增量为

$$\Delta A=(x_0+\Delta x)^2-x_0^2=2x_0\Delta x+(\Delta x)^2.$$

几何意义：$2x_0\Delta x$ 表示两个长为 x_0、宽为 Δx 的长方形面积；$(\Delta x)^2$ 表示边长为 Δx 的正方形的面积.

数学意义：当 $\Delta x\to 0$ 时，$(\Delta x)^2$ 是比 Δx 高阶的无穷小；$2x_0\Delta x$ 是 Δx 的线性函数，是 ΔA 的主要部分，可以近似地代替 ΔA. 即

$$\Delta A\approx 2x_0\cdot\Delta x=A'(x_0)\Delta x.$$

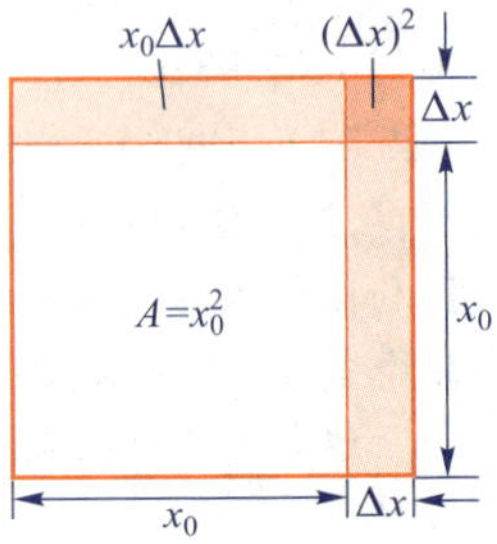

图 2-2

2. 微分的概念

定义 2.3 如果函数 $y=f(x)$ 在点 x_0 处存在导数 $f'(x_0)$，那么 $f'(x_0)\cdot\Delta x$ 叫作函数 $y=f(x)$ 在点 x_0 处的**微分**，记作 $\mathrm{d}y|_{x=x_0}$，即

$$\mathrm{d}y|_{x=x_0}=f'(x_0)\cdot\Delta x.$$

因为当 $y=x$ 时，$\mathrm{d}y=\mathrm{d}x=(x)'\cdot\Delta x=\Delta x$，所以通常把自变量 x 的增量 Δx 称为自变量的微分，记作 $\mathrm{d}x$，即 $\mathrm{d}x=\Delta x$. 于是函数 $y=f(x)$ 的微分又可记作

$$\mathrm{d}y=f'(x)\mathrm{d}x. \tag{2-5}$$

由函数微分定义 $\mathrm{d}y=f'(x)\mathrm{d}x$ 可以看出，$\frac{\mathrm{d}y}{\mathrm{d}x}=f'(x)$，也就是说函数的微分 $\mathrm{d}y$ 与自变量的微分 $\mathrm{d}x$ 之商等于该函数的导数，

学习小贴士： 由微分的定义分析“可导”与“可微”的关系，探究微分定义的表达形式和实际应用范围.

因此，导数也叫作“**微商**”．由上内容可知，“可导的函数一定可微，反之可微的函数一定可导”．

2.3.2 微分的计算

1. 应用微分定义

从函数的微分的表达式(2-5)可以看出，要计算函数的微分，只要计算函数的导数，再乘自变量的微分即可．

例 2.3.1 求下列函数的微分：

(1) $y=2x^3-3\sin x+\ln x$；　　(2) $y=2x^3\ln x$；

(3) $y=\dfrac{x-1}{x+1}$；　　(4) $y=\sin(2-3x)$．

扫一扫

2.3.2 微分的公式与运算法则

解 (1) 因为

$$y'=(2x^3)'-(3\sin x)'+(\ln x)'$$
$$=6x^2-3\cos x+\frac{1}{x},$$

所以根据微分的定义，可知

$$\mathrm{d}y=\left(6x^2-3\cos x+\frac{1}{x}\right)\mathrm{d}x.$$

(2) 因为

$$y'=2(x^3)'\cdot\ln x+2x^3\cdot(\ln x)'$$
$$=6x^2\cdot\ln x+2x^3\cdot\frac{1}{x}$$
$$=6x^2\ln x+2x^2$$
$$=2x^2(3\ln x+1),$$

所以根据微分的定义，可知

$$\mathrm{d}y=2x^2(3\ln x+1)\mathrm{d}x.$$

(3) 因为

$$y'=\frac{(x-1)'\cdot(x+1)-(x-1)\cdot(x+1)'}{(x+1)^2}$$
$$=\frac{(x+1)-(x-1)}{(x+1)^2}=\frac{2}{(x+1)^2},$$

所以根据微分的定义，可知

$$\mathrm{d}y=\frac{2}{(x+1)^2}\mathrm{d}x.$$

(4) 因为

$$y'=\cos(2-3x)\cdot(2-3x)'$$
$$=-3\cos(2-3x),$$

所以根据微分的定义，可知

$$\mathrm{d}y=-3\cos(2-3x)\mathrm{d}x.$$

练一练

求下列函数的微分：

(1) $y=2e^x-3\cos x$;　　(2) $y=2e^x\sin x$;

(3) $y=\dfrac{\sin x}{x}$;　　(4) $y=(2x^2-4)^5$.

2. 应用基本初等函数的微分公式与微分运算法则

从函数的微分的表达式(2-5)可得出基本初等函数的微分公式和微分运算法则.

(1) 基本初等函数的导数和微分公式(如表 2-1)：

表 2-1

导数公式	微分公式
$(C)'=0$ (C 为常数)	$d(C)=0$(C 为常数)
$(x^\alpha)'=\alpha x^{\alpha-1}$($\alpha$ 为常数)	$d(x^\alpha)=\alpha x^{\alpha-1}dx$ (α 为常数)
$(\log_a x)'=\dfrac{1}{x\ln a}$($a>0$ 且 $a\neq1$)	$d(\log_a x)=\dfrac{1}{x\ln a}dx$($a>0$ 且 $a\neq1$)
$(\ln x)'=\dfrac{1}{x}$	$d(\ln x)=\dfrac{1}{x}dx$
$(a^x)'=a^x\ln a$($a>0$ 且 $a\neq1$)	$d(a^x)=a^x\ln a dx$($a>0$ 且 $a\neq1$)
$(e^x)'=e^x$	$d(e^x)=e^x dx$
$(\sin x)'=\cos x$	$d(\sin x)=\cos x dx$
$(\cos x)'=-\sin x$	$d(\cos x)=-\sin x dx$
$(\tan x)'=\dfrac{1}{\cos^2 x}=\sec^2 x$	$d(\tan x)=\sec^2 x dx$
$(\cot x)'=-\dfrac{1}{\sin^2 x}=-\csc^2 x$	$d(\cot x)=-\csc^2 x dx$
$(\sec x)'=\sec x\tan x$	$d(\sec x)=\sec x\tan x dx$
$(\csc x)'=-\csc x\cot x$	$d(\csc x)=-\csc x\cot x dx$
$(\arcsin x)'=\dfrac{1}{\sqrt{1-x^2}}$	$d(\arcsin x)=\dfrac{1}{\sqrt{1-x^2}}dx$
$(\arccos x)'=-\dfrac{1}{\sqrt{1-x^2}}$	$d(\arccos x)=-\dfrac{1}{\sqrt{1-x^2}}dx$
$(\arctan x)'=\dfrac{1}{1+x^2}$	$d(\arctan x)=\dfrac{1}{1+x^2}dx$
$(\text{arccot } x)'=-\dfrac{1}{1+x^2}$	$d(\text{arccot } x)=-\dfrac{1}{1+x^2}dx$

(2) 导数和微分的四则运算法则(如表 2-2):

表 2-2

四则求导法则	四则微分法则
$(u\pm v)'=u'\pm v'$	$d(u\pm v)=du\pm dv$
$(uv)'=u'v+uv'$	$d(uv)=udv+vdu$
$\left(\dfrac{u}{v}\right)'=\dfrac{u'v-uv'}{v^2}(v\neq 0)$	$d\left(\dfrac{u}{v}\right)=\dfrac{vdu-udv}{v^2}dx(v\neq 0)$

(3) 复合函数的微分法则

与复合函数的求导法则相应的复合函数的微分法则推导如下:

设 $y=f(u)$ 及 $u=\varphi(x)$ 都可导,则复合函数 $y=f[\varphi(x)]$ 的微分为

$$dy=y'_x dx=f'(u)\varphi'(x)dx.$$

由于 $\varphi'(x)dx=du$,所以复合函数 $y=f[\varphi(x)]$ 的微分公式也可以写成

$$dy=f'(u)du \text{ 或 } dy=y'_u du.$$

由此可见,无论 u 是自变量还是另一个变量的可微函数,微分形式 $dy=f'(u)du$ 保持不变.这一性质称为**微分形式不变性**.此性质表示,当变换自变量时(即设 u 为另一变量的任一可微函数时),微分形式 $dy=f'(u)du$ 并不改变.

例 2.3.2 运用微分法则和公式求下列函数的微分:

(1) $y=2x^3-3\sin x+\ln x$; (2) $y=2x^3\ln x$;

(3) $y=\dfrac{x-1}{x+1}$; (4) $y=\sin(2-3x)$.

解 (1) $dy=d(2x^3-3\sin x+\ln x)$

$$=d(2x^3)-d(3\sin x)+d(\ln x)$$

$$=2d(x^3)-3d(\sin x)+d(\ln x)$$

$$=6x^2dx-3\cos xdx+\frac{1}{x}dx$$

$$=\left(6x^2-3\cos x+\frac{1}{x}\right)dx.$$

(2) $dy=d(2x^3\ln x)$

$$=2\ln xd(x^3)+2x^3d(\ln x)$$

$$=6x^2\ln xdx+2x^3\cdot\frac{1}{x}dx$$

$$=2x^2(3\ln x+1)dx.$$

(3) $dy=d\left(\dfrac{x-1}{x+1}\right)$

$$=\frac{(x+1)d(x-1)-(x-1)d(x-1)}{(x+1)^2}$$

$$=\frac{(x+1)dx-(x-1)dx}{(x+1)^2}$$

$$=\frac{2\mathrm{d}x}{(x+1)^2}.$$

(4) $\mathrm{d}y=\mathrm{d}[\sin(2-3x)]$

$=\cos(2-3x)\mathrm{d}(2-3x)$

$=-3\cos(2-3x)\mathrm{d}x.$

例 2.3.3 已知 $y=\ln(1+\mathrm{e}^{x^2})$，求 $\mathrm{d}y$.

解 $\mathrm{d}y=\mathrm{d}[\ln(1+\mathrm{e}^{x^2})]=\frac{1}{1+\mathrm{e}^{x^2}}\mathrm{d}(1+\mathrm{e}^{x^2})$

$$=\frac{1}{1+\mathrm{e}^{x^2}}\mathrm{e}^{x^2}\mathrm{d}(x^2)=\frac{1}{1+\mathrm{e}^{x^2}}\mathrm{e}^{x^2}\cdot 2x\mathrm{d}x$$

$$=\frac{2x\mathrm{e}^{x^2}}{1+\mathrm{e}^{x^2}}\mathrm{d}x.$$

练一练

求下列函数的微分：

(1) $y=x^3-\sin x+\cos x$；

(2) $y=\cos x\ln x$；

(3) $y=\sqrt{x^2+1}$；

(4) $y=2x-\frac{3}{x}+\sqrt{x+1}$.

例 2.3.4 在括号中填入适当的函数，使等式成立.

(1) d(　　) $=x\mathrm{d}x$；

(2) d(　　) $=\cos 2x\mathrm{d}x$.

解 (1) 由幂函数微分公式

$$\mathrm{d}(x^{\alpha})=\alpha x^{\alpha-1}\mathrm{d}x,$$

得

$$\mathrm{d}(x^2)=2x\mathrm{d}x.$$

从而

$$x\mathrm{d}x=\frac{1}{2}\mathrm{d}(x^2)=\mathrm{d}\left(\frac{1}{2}x^2\right),$$

一般地，有

$$\mathrm{d}\left(\frac{1}{2}x^2+C\right)=x\mathrm{d}x\text{（}C\text{ 为任意常数）}.$$

(2) 由

$$\mathrm{d}(\sin 2x)=\cos 2x\mathrm{d}(2x)=2\cos 2x\mathrm{d}x,$$

得

$$\cos 2x\mathrm{d}x=\frac{1}{2}\mathrm{d}(\sin 2x)=\mathrm{d}\left(\frac{1}{2}\sin 2x\right),$$

一般地，有

$$\mathrm{d}\left(\frac{1}{2}\sin 2x+C\right)=\cos 2x\mathrm{d}x\text{（}C\text{ 为任意常数）}.$$

练一练

在括号中填入适当的函数，使等式成立：

(1) $\mathrm{d}(\quad)=x^2\mathrm{d}x$；　　(2) $\mathrm{d}(\quad)=\sin x\mathrm{d}x$；

(3) $\mathrm{d}(\quad)=\mathrm{e}^x\mathrm{d}x$；　　(4) $\mathrm{d}(\quad)=\dfrac{1}{x}\mathrm{d}x$；

(5) $\mathrm{d}(\quad)=\mathrm{e}^{2x}\mathrm{d}x$；　　(6) $\mathrm{d}(\quad)=\dfrac{1}{1+x^2}\mathrm{d}x$.

2.3.3 微分在近似计算中的应用

在工程技术中，经常利用微分把一些复杂的计算公式用简单的式子来代替.由微分的定义可知，当 $|\Delta x|$ 很小时，有

$$\Delta y=f(x_0+\Delta x)-f(x_0)\approx \mathrm{d}y=f'(x_0)\Delta x, \tag{2-6}$$

或写成

$$f(x_0+\Delta x)\approx f(x_0)+f'(x_0)\Delta x. \tag{2-7}$$

记 $x_0+\Delta x=x$，则上式又可写为

$$f(x)\approx f(x_0)+f'(x_0)(x-x_0). \tag{2-8}$$

利用公式(2-6)～(2-8)可以计算函数增量的近似值，还可以计算函数值的近似值.在求 $f(x)$ 的近似值时，要选择适当的 x_0，使 $f(x_0)$，$f'(x_0)$ 容易求得，且 $|x-x_0|$ 较小.

例 2.3.5 已知半径为 8 cm 的金属圆片受热膨胀后，半径伸长了 0.05 cm，问：面积约增大了多少？

解 设圆面积为 S，半径为 r，则

$$S=\pi r^2.$$

这里，$r_0=8$ cm，$\Delta r=0.05$ cm，且 Δr 相对于 r_0 来说很小，因为

$$\mathrm{d}S\big|_{r=r_0}=S'(r_0)\cdot\Delta r=2\pi r_0\Delta r,$$

所以

$$\Delta S\approx S'(r_0)\Delta r=2\pi\times 0.8\times 0.05\approx 2.51(\mathrm{cm}^2),$$

即圆的面积约增大了 2.51 cm^2.

例 2.3.6 求 $\sqrt{2}$ 的近似值.

解 设 $f(x)=\sqrt{x}$，由公式(2-8)，得

$$\sqrt{x}\approx\sqrt{x_0}+\frac{1}{2\sqrt{x_0}}(x-x_0).$$

令 $x=2$，若取 $x_0=1.96$，由于 $\sqrt{1.96}=1.4$，且 $|x-x_0|=0.04$ 较小，故得

$$\sqrt{2}\approx\sqrt{1.96}+\frac{1}{2\sqrt{1.96}}\times(2-1.96)=1.4+\frac{1}{2\times 1.4}\times 0.04\approx 1.414.$$

例 2.3.7 求 $\sin 30°30'$ 的近似值.

解 设 $f(x)=\sin x$，取 $x_0=30°=\dfrac{\pi}{6}$，$\Delta x=30'=\dfrac{\pi}{360}$.

由公式(2-8),得

$$\sin 30°30' = f\left(\frac{\pi}{6}+\frac{\pi}{360}\right) \approx f\left(\frac{\pi}{6}\right)+f'\left(\frac{\pi}{6}\right)\Delta x$$

$$=\sin\frac{\pi}{6}+\cos\frac{\pi}{6}\times\frac{\pi}{360}$$

$$\approx\frac{1}{2}+0.866\,0\times 0.008\,727$$

$$\approx 0.507\,6.$$

当$|x|$很小时,有如下几个常用的近似公式:

(1) $e^x\approx 1+x$;

(2) $\ln(1+x)\approx x$;

(3) $\sin x\approx x$(x单位为弧度);

(4) $\tan x\approx x$(x单位为弧度);

(5) $\sqrt[n]{1+x}\approx 1+\frac{1}{n}x$.

练一练

1. 计算 $\sin 29°$的近似值.
2. 计算$\sqrt[3]{997}$的近似值.

评一评

姓名:________ 班级:________ 学号:________ 得分:________

求下列函数的微分:

(1) $y=x^2\cos x$;　　(2) $y=x\sin x+7x$;

(3) $y=\dfrac{x+1}{x+2}$;　　(4) $y=3x^2-\ln x$;

(5) $y=\ln(\cos e^{x})$;

(6) $y=\cot(1+2x^{2})$;

(7) $y=\arctan(2x-1)$;

(8) $y=\sin x\cos 3x$.

评语:

测一测　　姓名:__________班级:__________学号:__________得分:__________

一、基础测试

1. 设函数 $y=f(x)$,当自变量 x 由 x_0 改变到 $x_0+\Delta x$ 时,相应函数的增量 $\Delta y=$(　　).

A. $f(x_0+\Delta x)$　　　　B. $f'(x_0)\mathrm{d}(x)$

C. $f(x_0+\Delta x)-f(x_0)$　　　　D. $f(x_0)\Delta x$

2. 填空题:

(1) $\mathrm{d}(\quad)=\mathrm{e}^{2x}\mathrm{d}x$;　　　　(2) $\mathrm{d}(\quad)=\dfrac{1}{1+x}\mathrm{d}x$;

(3) $\mathrm{d}(\quad)=\dfrac{\mathrm{d}x}{\sqrt{1-x^2}}$;　　　　(4) $\mathrm{d}(\quad)=\cos\omega x\mathrm{d}x$;

(5) $(\quad)\mathrm{d}(\tan x)=\mathrm{d}(\tan^2 x)$.

3. 求下列函数的微分:

(1) $y=x^2+\sin x$;　　　　(2) $y=(3x-100)^3$.

二、提升测试

4. 设 f 可导,$y=f(\ln x)$,则 $\mathrm{d}y=$(　　).

A. $f'(\ln x)\mathrm{d}x$　　　　B. $f'(\ln x)\mathrm{d}(\ln x)$

C. $f'\left(\dfrac{1}{x}\right)\mathrm{d}x$　　　　D. $f'(\ln x)\mathrm{d}\left(\dfrac{1}{x}\right)$

5. 求下列函数的微分：

（1）$y=x^2\sqrt{x^2-\sqrt{x}}$；（2）$y=\mathrm{e}^{-x}\sin(2-x)$.

6. 利用微分计算下列数的近似值：

（1）$\mathrm{e}^{1.01}$；（2）$\sqrt[3]{1.009}$.

学习反思：

用一用

案例 2.3.1【收入增加量】 已知某公司一个月生产 x 件产品的收入函数为 $R(x)=37x-\frac{1}{20}x^2$（单位：百元），若该公司 2022 年 9 月份的产量从 270 件增加到 280 件，求该公司 9 月份的收入增加了多少？

解 该公司 9 月份产量的增加量为

$$\Delta x=280-270=10.$$

所以收入的增加量为

$$\begin{aligned}\Delta R&\approx \mathrm{d}R=R'(x)\cdot\Delta x\Big|_{\substack{x=270\\ \Delta x=10}}\\&=\left(37-\frac{1}{10}x\right)\Delta x\Big|_{\substack{x=270\\ \Delta x=10}}=100(\text{百元}).\end{aligned}$$

所以该公司 9 月份的收入大约增加了 10 000 元.

案例 2.3.2【钟表误差】 一机械挂钟的钟摆周期为 1 s，在冬季，摆长因热胀冷缩而缩短了 0.01 cm. 已知单摆的周期为 $T=2\pi\sqrt{\frac{l}{g}}$，其中 $g=980\ \text{cm/s}^2$，试分析这只摆钟每秒大约是快了还是慢了（即周期是缩短还是延长）.

解 因为钟表的周期为 1 s，所以有 $1=2\pi\sqrt{\frac{l}{g}}$，解得钟摆的原长为 $l=\frac{g}{(2\pi)^2}$. 又摆长的增量为 $\Delta l=-0.01$ cm，用 $\mathrm{d}T$ 近似计算 ΔT，得

$$\Delta T\approx \mathrm{d}T=\pi\frac{1}{\sqrt{gl}}\Delta l.$$

将 $l=\frac{g}{(2\pi)^2}$，$\Delta l=-0.01$ cm 代入上式，得

$$\begin{aligned}\Delta T&\approx \mathrm{d}T=\pi\frac{1}{\sqrt{gl}}\Delta l\\&=\frac{\pi}{\sqrt{g\cdot\frac{g}{(2\pi)^2}}}\cdot(-0.01)\\&\approx -0.000\ 2(\text{s}).\end{aligned}$$

这说明，由于摆长缩短了 0.01 cm，所以钟摆的周期相应地缩短了约 0.000 2 s.

单元小结

- 导数与微分
  - 导数
    - 概念
      - 定义
      - 几何意义
      - 可导与连续的关系
    - 计算
      - 公式
      - 法则
        - 四则运算求导法则
        - 复合函数求导法则
        - 隐函数求导法则
      - 高阶导数
  - 微分
    - 概念
      - 定义
      - 导数与微分的关系
    - 计算
      - 定义
      - 微分法则
        - 微分的四则运算法则
        - 复合函数微分法则
    - 应用 (近似计算)

单元测试题

一、选择题(每题 2 分,共 12 题,共计 24 分)

1. 余弦曲线 $y=\cos x$ 在点(0,1)处的切线方程为(　　).

A. $x=1$　　B. $y=1$　　C. $x=-1$　　D. $y=-1$

2. 下列说法中正确的是(　　).

A. 函数在点 x_0 处无定义,则在 $x \to x_0$ 时必无极限

B. 函数在点 x_0 处有定义,则在这点必有导数

C. 函数在点 x_0 处无导数,则在这点必无定义

D. 函数在点 x_0 处有导数,则在这点必有定义

3. 下列说法正确的是(　　).

A. 可导处必连续　　B. 连续处必可导

C. 不可导处不连续　　D. 连续与可导没有关系

4. 设函数 $y=2x^2-\ln 3+2$,则 $y'=$(　　).

A. $4x+\frac{1}{3}$　　B. $4x$　　C. $\frac{2}{3}x^3+x\ln 3+2x$　　D. 0

5. 设函数 $y=\frac{2x}{1+x}+\sqrt{x}$,则$y'\big|_{x=1}=$(　　).

A. 1　　B. 2　　C. 3　　D. 4

6. 曲线 $y=\frac{2}{x}+x$ 在点(2,3)处的切线方程为(　　).

A. $x-2y+4=0$　　B. $2x-y+4=0$　　C. $x+2y+4=0$　　D. $x-2y-4=0$

7. 下列表达式正确的是(　　).

A. $(e^{-x})'=e^{-x}$　　B. $(\sin 2x)'=\cos 2x$

C. $(\tan x)'=\frac{1}{\cos^2 x}$　　D. $(\sqrt{x})'=\frac{1}{\sqrt{x}}$

8. 设 $f(x)=x(x-1)(x-2)(x-3)(x-4)(x-5)$,则 $f'(0)=$(　　).

A. 5　　B. -5　　C. $-5!$　　D. $5!$

9. 设 $y=3^{\sin x}$,则 $y'=$(　　).

A. $3^{\sin x}\ln 3$　　B. $3^{\sin x}\ln 3\cdot\cos x$

C. $3^{\sin x}\cos x$　　D. $3^{\sin x-1}\sin x$

10. 设 $y=1+\ln x$,则 $y''=$(　　).

A. $\frac{1}{x}$　　B. $\frac{1}{x^2}$　　C. $-\frac{1}{x}$　　D. $-\frac{1}{x^2}$

11. 下列微分公式中不正确的是(　　).

A. $d(e^x)=e^x dx$　　B. $d(\sin x)=\cos x dx$

C. $d\left(\frac{1}{x}\right)=\ln x dx$　　D. $d(\arctan x)=\frac{1}{1+x^2}dx$

12. 设 $y=6^x$,则 $y^{(n)}=$(　　).

A. 6^x　　B. $6^x\ln 6$　　C. $(6^x)^n\ln 6$　　D. $6^x(\ln 6)^n$

二、填空题(每题 2 分,共 10 题,共计 20 分)

13. 若函数 $f(x)=e^x$,则 $f'(0)=$ ________.

14. 设函数 $y=f(x)$ 在点 x_0 处可导,且 $f'(x_0)=-1$,则曲线 $y=f(x)$ 在点 $(x_0, f(x_0))$ 处的切线的倾斜角 $\alpha=$ ________.

15. 设 u,v,ω 都是同一变量 x 的函数,则 $(uv\omega)'=$ ________.

16. 曲线 $y=x^3$ 上点________处的切线斜率为 12.

17. 已知 $y=x\cdot\sqrt[3]{x}$,则 $y'=$ ________.

18. 设函数 $y=f(x)$ 在点 $x=1$ 处可导,且 $\lim\limits_{x\to1}f(x)=2$,则 $f(1)=$ ________.

19. 设函数 $y=\ln\sin x$,则 $dy=$ ________.

20. 设 $y=\sqrt{\ln x}$,则 $y'=$ ________.

21. 设 $y=2^{\sqrt{x}}$,则 $y'=$ ________.

22. 设函数 $f(x)=e^{3x-1}$,则 $f''\left(\dfrac{1}{3}\right)=$ ________.

三、判断题(每题 1 分,共 8 题,共计 8 分)

23. 如果函数 $y=f(x)$ 在点 x_0 处有切线,则 $y=f(x)$ 在点 x_0 处可导.　(　　)

24. 若函数在某点的导数为零,则此函数必为常数.　(　　)

25. 若两函数在点 x_0 处,有 $f(x)\geqslant g(x)$,则在该处 $f'(x)\geqslant g'(x)$.　(　　)

26. $(\sin x\cdot\csc x)'=0$.　(　　)

27. 若函数在某点处可导,则函数在该点处一定可微.　(　　)

28. 函数在某点可导是函数在该点连续的充分条件,但不是必要条件.　(　　)

29. $f'(0)=[f(0)]'$.　(　　)

30. 若函数 $f(x)$ 的二阶导数 $f''(x)=2x$,则 $f^{(4)}(x)=0$.　(　　)

四、计算题(每题 2 分,共 14 题,共计 28 分)

31. 设函数 $y=\dfrac{x^2\cdot\sqrt[4]{x}}{\sqrt{x}}$,求 y'.

32. 设函数 $y=4x^4-2e^x+5\cos x-1$,求 y'.

33. 设函数 $y=x^3+3^x+3^3-3e^x$,求 y'.

34. 设函数 $y=e^x(x-1)$,求 y'.

35. 设函数 $y=\ln(\ln \ln x)$，求 y'.

36. 设函数 $y=\frac{\sin x}{e^x}$，求 y'.

37. 设函数 $y=\frac{2x}{x+1}$，求 y'.

38. 设函数 $y=(x^2-4)^2$，求 y'.

39. 设函数 $y=\tan^2 x$，求 y'.

40. 设函数 $y=x^3+x^2+x+1$，求 y'''.

41. 设函数 $y=x\cos x$，求 y''.

42. 设函数 $y=3e^x-\tan x$，求 dy.

43. 设函数 $y=\ln \cos x$，求 dy.

44. 求由方程 $y=1+xe^y$ 所确定的隐函数的导数 y'.

五、解答题(共 20 分)

45. 求曲线 $y=x^3$ 在点(1,1)处的切线方程.(6 分)

46. 证明:$(e^{ax})^{(n)}=a^n e^{ax}$.(7 分)

47. 已知函数 $y=e^x\sin x$,证明关系式 $y''-2y'+2y=0$ 成立.(7 分)

教学反馈

<table>
<tr><td>学习单元</td><td colspan="2">带你走进导数的世界
探索变化率的奥秘</td><td colspan="2">学习积分</td><td></td></tr>
<tr><td>序号</td><td colspan="2">调查内容</td><td>是</td><td>否</td><td>理由陈述</td></tr>
<tr><td>1</td><td colspan="2">了解导数的概念及相关性质吗？</td><td></td><td></td><td></td></tr>
<tr><td>2</td><td colspan="2">会求曲线的切线方程及法线方程吗？</td><td></td><td></td><td></td></tr>
<tr><td>3</td><td colspan="2">对基本初等函数的导数公式及求导法则掌握熟练吗？</td><td></td><td></td><td></td></tr>
<tr><td>4</td><td colspan="2">能够正确运用导数公式及法则进行函数的求导计算吗？</td><td></td><td></td><td></td></tr>
<tr><td>5</td><td colspan="2">了解微分的概念吗？</td><td></td><td></td><td></td></tr>
<tr><td>6</td><td colspan="2">能够正确运用微分知识求函数的微分吗？</td><td></td><td></td><td></td></tr>
<tr><td>7</td><td colspan="2">能够运用微分知识进行近似计算吗？</td><td></td><td></td><td></td></tr>
<tr><td>8</td><td colspan="2">对此学习单元的教学方式满意吗？</td><td></td><td></td><td></td></tr>
<tr><td colspan="6">你的意见对改进教学非常重要，请写出你的建议和意见．</td></tr>
<tr><td>调查信息</td><td>被调查人签名</td><td></td><td colspan="2">调查时间</td><td></td></tr>
</table>

第3单元

追寻天才的脚步
解密导数之用途

单元描述

在第 2 单元的学习中，我们通过分析实际问题中的函数的变化率引入了导数的概念，并给出了导数的计算方法；又定义了微分，同时学习了微分的计算和简单的应用．在本单元中，我们首先来研究导数的一些更重要的用途——中值定理和洛必达法则，中值定理在函数与导数之间架起了一座桥梁，使我们能利用这些知识解决一些实际问题．然后我们来了解导数与函数图像之间的关系．如果说第 2 单元的学习是微分学的计算部分，那么本单元的学习就是微分学的理论和应用部分．

在本单元中你将学习以下内容：中值定理及其应用、用洛必达法则求极限、导数在描绘函数图像中的应用．

名人名言

数学是科学之王．

——高斯（1777—1855）

3.1 约会微分中值定理

读一读

谦虚成就天才——拉格朗日

拉格朗日，全名是约瑟夫·路易斯·拉格朗日(1736—1813)，举世闻名的数学家、物理学家、天文学家，曾获得18世纪"欧洲最大之希望"及"欧洲最伟大的数学家"的赞誉，由此可见他的历史地位.同时代的傅里叶对他做过一个全面的评价："拉格朗日在一生中，以他欲望的适度和对人类命运不可动摇的关切，以他生活的简朴和品格的高尚，最后以他科学工作的准确性和深刻性，证明了他是一位伟大的数学家，也是一位哲学家."

拉格朗日在柏林科学院整整工作了20年，在这期间他对代数、数论、微分方程、变分法、力学与天文学都进行了广泛而深入的研究，并取得了丰硕的成果.其作品浩如烟海，数学中的许多公式与定理，都以他的名字命名.拉格朗日一生中最得意的著作是《分析力学》，撰写这部巨著，他倾注了大量的智慧和精力，整整经历了37个春秋.在这部巨著中，他利用变分原理，建立了优美、和谐的力学体系，把宇宙描绘成一个由数学和方程组成的有节奏的旋律.这部著作的精辟论述，使得动力学这门科学达到了登峰造极的地步，他还把固体力学与流体力学统一起来，从而奠定了现代力学的基础，汉密尔顿曾称该著作为"科学诗篇".

拉格朗日虽然是一个伟大的天才，但他非常谦虚，善于向前辈及同时代的科学家学习，不断地从各个学科吸取营养丰富自己，因此他的研究充满了诗人般的想象力.他在学术上成就辉煌，在道德上品格高尚，赢得了世人的崇高敬意.法国资产阶级革命政府在1793年9月颁布一项法令：将一切在敌国境内出生的人驱逐出境并没收其财产.但特别声明尊贵的拉格朗日先生除外.足以见得当时人们对拉格朗日的尊崇.拉格朗日逝世后，意大利百科全书说他是意大利数学家，法国百科全书说他是法国数学家，德国的数学史说他一生的主要科学成就都是在柏林完成的，拿破仑赞美"拉格朗日是一座高耸在数学世界的金字塔".

拉格朗日的一生中，对他影响最大的是欧拉，可是两人始终未曾见过面，这不能不说是一件遗憾的事.拉格朗日毕生从事数学研究，勤勤恳恳，直到生命的最后一息.拉格朗日在逝世前两天曾平静地说："我此生没有什么遗憾，死亡并不可怕，它只不过是我要遇到的最后一个函数."

阅读感悟：

学习目标

在本节中你将完成以下学习目标：

（1）理解罗尔中值定理、拉格朗日中值定理及它们的几何意义，能够判断函数是否满足定理的条件，并会求结论中的 ξ；

（2）了解罗尔中值定理、拉格朗日中值定理的简单应用；

（3）培养严密的思考、求证习惯以及简洁、清晰、准确的表达能力.

重点：理解罗尔中值定理、拉格朗日中值定理.

难点：中值定理的应用.

学一学

导数反映的是函数在某一点处的性质.作为研究函数变化的微分学，了解函数的局部性质只是问题的一个方面；另一个方面就是如何通过函数的局部性质来反映函数的整体性质.这就必须建立局部性质与整体性质之间的联系，这就是微分中值定理的作用.

3.1.1 罗尔中值定理

扫一扫

3.1.1 罗尔中值定理

定理 3.1.1（罗尔中值定理） 设函数 $f(x)$ 满足下列条件：

（1）在闭区间 $[a,b]$ 上连续；

（2）在开区间 (a,b) 内可导；

（3）$f(a)=f(b)$，

则在 (a,b) 内至少存在一点 ξ，使得 $f'(\xi)=0(a<\xi<b)$.

从图 3-1 上看，罗尔中值定理的几何意义是，一条连续的曲线弧 AB 上，除端点外处处具有不垂直于 x 轴的切线，若两个端点的纵坐标相等，则在曲线弧 AB 上至少有一点 C，使得在该点处曲线的切线是水平的.

学习小贴士： 通过查阅资料理解罗尔中值定理的实际含义，小组合作探索定理的应用方法.

罗尔中值定理可以用来讨论导函数的零点问题，也可以用来讨论方程 $f(x)=0$ 的根的问题.

例 3.1.1 求函数 $f(x)=1-x^2$ 在闭区间 $[-1,1]$ 上满足罗尔中值定理的 ξ.

解 由于 $f(x)$ 在闭区间 $[-1,1]$ 上连续，在开区间 $(-1,1)$ 内可导，并且 $f(-1)=f(1)=0$，所以在开区间 $(-1,1)$ 内至少存在一点 ξ，使得

$$-2\xi=0.$$

这就是所满足的罗尔公式，解得 $\xi=0$.

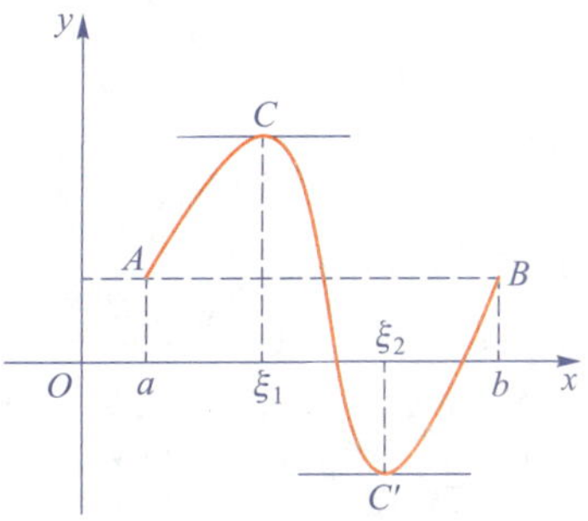

图 3-1

练一练

求函数 $f(x)=x\sqrt{3-x}$ 在闭区间 $[0,3]$ 上满足罗尔中值定理的 ξ.

例 3.1.2 证明方程 $x^3+x-1=0$ 在 $(0,1)$ 内只有一个实数根.

证 根的存在性：设 $f(x)=x^3+x-1$，因为 $f(x)$ 在 $[0,1]$ 内连续，且 $f(0)\cdot f(1)<0$，由闭区间上连续函数的零点定理可知，在 $(0,1)$ 内至少存在一点 ξ，使得 $f(\xi)=0$，即方程 $x^3+x-1=0$ 在 $(0,1)$ 内至少有一个实数根.

根的唯一性：假设函数 $f(x)$ 在 $(0,1)$ 内至少有两个不同的实数根 x_1,x_2，即 $f(x_1)=f(x_2)=0$. 不妨设 $x_1<x_2$，则由初等函数的连续性和可导性，可知 $f(x)$ 在 $[x_1,x_2]$ 上连续，在 (x_1,x_2) 内可导，故由罗尔中值定理得，在 (x_1,x_2) 内至少存在一点 η，使得 $f'(\eta)=0$，即 $3\eta^2+1=0$，出现矛盾. 从而证得方程 $x^3+x-1=0$ 在 $(0,1)$ 内只有一个实数根.

例 3.1.3 已知函数 $f(x)=x(x-1)(x-2)(x-3)$，不解方程讨论方程 $f'(x)=0$ 的实数根的个数及其分布情况.

解 显然，$f'(x)$ 为三次多项式，因此，方程 $f'(x)=0$ 至多有三个实根. 又因为 $f(x)$ 在区间 $[0,1]$，$[1,2]$，$[2,3]$ 上均满足罗尔中值定理的条件，所以在区间 $(0,1)$，$(1,2)$，$(2,3)$ 内各至少存在一点 ξ，使得 $f'(\xi)=0$，即方程 $f'(x)=0$ 至少有三个实数根.

综上可知，方程 $f'(x)=0$ 有三个实数根，且分别位于区间 $(0,1)$，$(1,2)$，$(2,3)$ 内.

关于罗尔中值定理，需注意：

(1) 定理中的三个条件，有任何一个不满足，则定理的结论就可能不成立.

(2) 定理的结论中"则在 (a,b) 内至少存在一点 ξ，使得 $f'(\xi)=0\ (a<\xi<b)$."并没有指出 ξ 的具体个数，也没有指出点 ξ 在 (a,b) 内的具体位置，更没有给出求 ξ 的具体方法，只是指出了点 ξ 的存在性.

(3) 定理的三个条件是充分非必要的，也就是说，当定理的结论成立时，函数未必满足定理的三个条件. 例如，函数 $y=(x-1)^2+1$ 在闭区间 $[0,3]$ 上的图像如图 3-2 所示，$f(0)\neq f(3)$，不满足罗尔中值定理中 $f(a)=f(b)$ 的条件，但在 $(0,3)$ 内存在一点 $\xi=1$，使得 $f'(1)=0$.

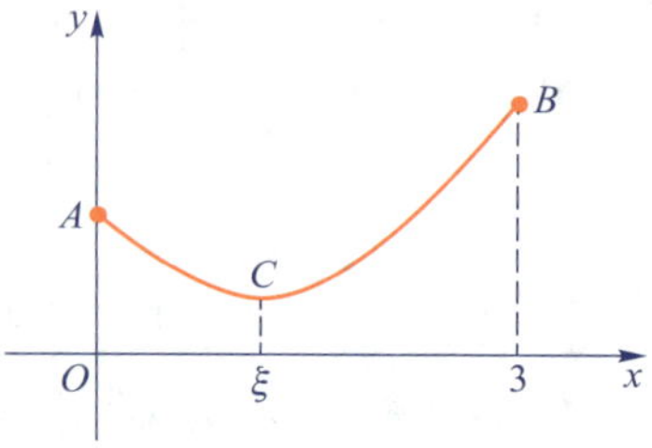

图 3-2

3.1.2 拉格朗日中值定理

很多函数不满足罗尔中值定理中 $f(a)=f(b)$ 的条件，这就限制了罗尔中值定理的应用范围. 如果将这个条件去掉，相应的结论改变一下，就得到了微分学中十分重要的拉格朗日中值定理.

扫一扫

3.1.2 拉格朗日中值定理

定理 3.1.2（拉格朗日中值定理） 设函数 $f(x)$ 满足下列条件：

(1) 在闭区间 $[a,b]$ 上连续；

(2) 在开区间 (a,b) 内可导，

则在 (a,b) 内至少存在一点 ξ，使得

$$f'(\xi)=\frac{f(b)-f(a)}{b-a}(a<\xi<b).$$

从图 3-3 上看，定理 3.1.2 的几何意义是，如果连续曲线 $y=f(x)$ 的弧 AB 上除端点外处处具有不垂直于 x 轴的切线，那么弧 AB 上至少有一点 C，使曲线在点 C 处的切线与弦 AB 平行.

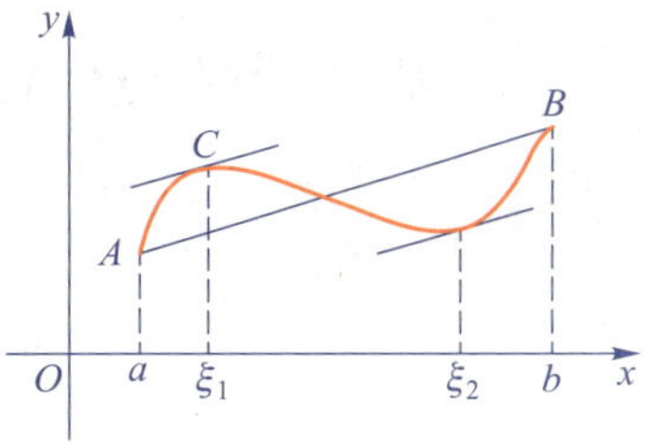

图 3-3

在拉格朗日中值定理中，若 $f(a)=f(b)$，则定理的结论就转变成 $f'(\xi)=0$，恰是罗尔中值定理的结论. 因此罗尔中值定理是拉格朗日中值定理的特殊情形，拉格朗日中值定理是罗尔中值定理的推广.

学习小贴士： 建议通过查阅资料结合图形理解拉格朗日中值定理的实际含义，探索定理的应用方法.

例 3.1.4 求函数 $f(x)=x^2$ 在闭区间 $[1,2]$ 上满足拉格朗日定理的 ξ.

解 由于 $f(x)$ 在闭区间 $[1,2]$ 上连续，在开区间 $(1,2)$ 内可导，所以在开区间 $(1,2)$ 内至少存在一点 ξ，使得

$$2^2-1^2=2\xi\cdot(2-1).$$

这就是所满足的拉格朗日公式，解得 $\xi=\dfrac{3}{2}$.

我们知道，如果函数 $f(x)$ 在某区间 I 上是一个常数，那么 $f(x)$ 在 I 上的导数恒为零. 由拉格朗日中值定理可以推知，它的逆命题也成立.

定理 3.1.3 如果函数 $f(x)$ 在区间 I 上的导数恒为零，那么 $f(x)$ 在区间 I 上是一个常数.

例 3.1.5 证明恒等式 $\arcsin x+\arccos x=\dfrac{\pi}{2}, x\in[-1,1]$.

证 设 $f(x)=\arcsin x+\arccos x, x\in[-1,1]$. 因为

$$f'(x)=(\arcsin x+\arccos x)'=\frac{1}{\sqrt{1-x^2}}-\frac{1}{\sqrt{1-x^2}}=0, x\in(-1,1),$$

所以由定理 3.1.3 可知，$f(x)$ 在 $(-1,1)$ 内恒为常数 C，即

$$f(x)\equiv C.$$

又由 $f(0)=\dfrac{\pi}{2}$，知 $C=\dfrac{\pi}{2}$，故 $\arcsin x+\arccos x=\dfrac{\pi}{2}$ 得证.

练一练

证明恒等式 $\arctan x+\operatorname{arccot} x=\dfrac{\pi}{2}, x\in\mathbf{R}$.

例 3.1.6 证明：当 $x>0$ 时，$\dfrac{x}{1+x}<\ln(1+x)<x$.

证 设 $f(x)=\ln(1+x)$，易知 $f(x)$ 在 $[0,x]$ 上满足拉格朗日中值定理的条件，故应有

$$f(x)-f(0)=f'(\xi)(x-0), 0<\xi<x.$$

由于 $f(0)=0$，$f'(x)=\dfrac{1}{1+x}$，所以上式即为 $\ln(1+x)=\dfrac{x}{1+\xi}$. 又有 $0<\xi<x$，所以

$$\frac{x}{1+x}<\frac{x}{1+\xi}<x,$$

即

$$\frac{x}{1+x}<\ln(1+x)<x.$$

练一练

证明：$|\sin b-\sin a|\leqslant|b-a|$.

评一评　　姓名:__________班级:__________学号:__________得分:__________

1. 函数 $f(x)=4x^3-5x^2+x-2$ 在区间 $[0,1]$ 上满足罗尔中值定理的条件,则定理结论中的 $\xi=$________.

2. 函数 $f(x)=x^3-2x+1$ 在区间 $[0,2]$ 上满足拉格朗日中值定理的条件,则定理结论中的 $\xi=$________.

3. 已知函数 $f(x)=(x-1)(x-2)(x-3)$,不解方程说明方程 $f'(x)=0$ 的实数根的个数及其分布情况.

评语:

测一测

姓名:________ 班级:________ 学号:________ 得分:________

一、基础测试

1. 写出函数 $f(x)=\sqrt{x}$ 在区间 $[1,4]$ 内的拉格朗日公式 $\dfrac{f(b)-f(a)}{b-a}=f'(\xi)$，并求出 ξ.

2. 已知函数 $f(x)=x(x-1)^2$ 在 $[0,1]$ 上满足罗尔定理的条件，则结论中的 $\xi=$________.

二、提升测试

3. 下列函数在所给区间上满足拉格朗日中值定理条件的是(　　).

A. $f(x)=\sqrt[3]{x^2}, x\in[-1,3]$

B. $f(x)=\dfrac{1}{x^2}, x\in[-1,1]$

C. $f(x)=|x|, x\in[-1,1]$

D. $f(x)=x\sqrt{3-x}, x\in[0,3]$

4. 证明：当 $x>0$ 时，$x>\arctan x$.

学习反思：

用一用

拉格朗日中值定理的物理意义：

假设函数 f 表示一物体在时间段 $[a,b]$ 内做变速直线运动所经过的路程，f 是时间 t 的函数 $f=f(t)$，$f(t)$ 在 $[a,b]$ 内满足拉格朗日中值定理的条件，则定理的结论 $f'(\xi)$ 表示该物体在 $t=\xi$ 时刻的瞬时速率，而 $\dfrac{f(b)-f(a)}{b-a}$ 表示该物体在时间段 $[a,b]$ 上的平均速率，于是，拉格朗日中值定理的物理意义为，在整个区间上的平均速率（平均变化率）一定等于某个内点处的瞬时速率（瞬时变化率）.

案例 3.1.1 交通管理对交通运输有序运行非常重要.假设一名交警在巡逻中看到一辆轿车在进入高速公路的匝道上启动，他用对讲机告诉沿公路前方 30 km 处的另一名交警，当轿车在 28 min 后到达另一名交警所在位置时，其速率为 60 km/h. 轿车司机因为超过 60 km/h 的限速而收到一张罚单，试分析，交警为什么能得出司机超速的结论？

解 该轿车司机在 28 min 内的平均速率为 $\bar{v}=\dfrac{30}{28/60}\approx 64(\text{km/h})$，由拉格朗日中值定理的物理意义可知，在 28 min 内至少存在某一时刻 ξ 的速率 $v_{\xi}=\bar{v}=64$ km/h，大于限速 60 km/h，因此，可以判定该司机超速行驶.

案例 3.1.2 将案例 3.1.1 中的行驶时间“28 min”改为“30 min”，此时交警能得出司机超速的结论吗？（该路段限速 60 km/h）

解 该轿车司机在 30 min 内的平均速率为 $\bar{v}=\dfrac{30}{30/60}=60(\text{km/h})$，由拉格朗日中值定理的物理意义可知，在 30 min 内至少存在某一时刻 ξ 的速率为 60 km/h，这一时刻没有超速，而其他时刻有没有超速就不得而知了，因此根据题意，交警不能得出司机超速的结论.

3.2 洛必达与极限的对话

读一读

攀登科学高峰没有捷径——陈景润

陈景润（1933—1996），福建福州人，当代数学家，曾任中国科学院数学研究所研究员，中国科学院学部委员.

陈景润在逆境中潜心学习，忘我钻研，取得解析数论研究领域多项重大成果.1973年，他在《中国科学》发表了“1+2”详细证明，在世界上引起了巨大轰动，被公认为是对哥德巴赫猜想研究的重大贡献，是筛法理论的光辉顶点，国际数学界称之为“陈氏定理”，至今仍在“哥德巴赫猜想”研究中保持世界领先水平.他曾荣获国家自然科学奖一等奖、华罗庚数学奖等.

2018年，党中央、国务院授予陈景润同志“改革先锋”称号，颁授改革先锋奖章，并获评激励青年勇攀科学高峰的典范.

陈景润出生在贫苦的家庭，在老师的教育和感召下，他胸怀强烈的爱国情怀，立志努力学习，报效祖国，他说：“一个国家，一个民族，要想强大，自然科学不发达是万万不行的，而数学又是自然科学的基础.”一直到初中毕业，他都保持了数学成绩全优的纪录.1953年，陈景润毕业于厦门大学数学系，曾被举荐留校任教，他利用一切可以利用的时间系统地阅读了我国著名数学家华罗庚有关数学的专著.陈景润为了能直接阅读外国资料，掌握最新信息，在继续学习英语的同时，又攻读了俄语、德语、法语、日语、意大利语和西班牙语.

为了攻克“哥德巴赫猜想”，陈景润不管是酷暑还是严冬，在那不足6 m^2 的研究室里，食不知味，夜不能眠，潜心钻研，仅是计算的稿纸就足足装了几麻袋.经过10多年的推算，在1965年5月，他发表了论文《大偶数表为一个素数及一个不超过二个素数的乘积之和》.该论文的发表，受到了世界数学界和著名数学家的高度重视和称赞.

作家徐迟在《哥德巴赫猜想》中这样描绘陈景润生命最后时刻的内心世界：“我知道我的病早已严重起来，我是病入膏肓了，细菌在吞噬我的肺腑内脏，我的心力已到了衰竭的地步，我的身体确实是支持不了啦！唯独我的脑细胞是异常的活跃，所以我的工作停不下来，我不能停止……”对于陈景润的贡献，我国的数学家们有过这样一句表述：陈景润是在挑战解析数论领域250年来全世界智力极限的总和.邓小平也曾经这样意味深长地告诉人们：“像陈景润这样的科学家，中国有一千个就了不得”.

阅读感悟：

学习目标

在本节中你将完成以下学习目标：
（1）掌握洛必达法则应用的条件；
（2）会应用洛必达法则求未定式的极限；
（3）培养学生严谨、缜密的科学态度，加强系统性、严密性和逻辑性的训练.
重点：洛必达法则的应用.
难点：洛必达法则的应用.

学一学

如果当 $x \to x_0$（或 $x \to \infty$）时，函数 $f(x)$ 与 $g(x)$ 都趋于零或都趋于无穷大，那么极限 $\lim\limits_{x \to x_0} \dfrac{f(x)}{g(x)}$$\left(\text{或} \lim\limits_{x \to \infty} \dfrac{f(x)}{g(x)}\right)$ 可能存在，也可能不存在.通常称这种形式的极限为**未定式**，并分别简记为 $\dfrac{0}{0}$ 型或 $\dfrac{\infty}{\infty}$ 型，如 $\lim\limits_{x \to 0} \dfrac{\sin x}{x}$ 就是 $\dfrac{0}{0}$ 型的未定式.下面给出 $\dfrac{0}{0}$ 型、$\dfrac{\infty}{\infty}$ 型未定式极限的计算法则——洛必达法则.

3.2.1 $\dfrac{0}{0}$ 型未定式的极限

扫一扫
3.2.1 洛必达法则

洛必达法则 Ⅰ 若函数 $f(x)$ 与 $g(x)$ 满足条件：
（1）$\lim\limits_{x \to x_0} f(x) = \lim\limits_{x \to x_0} g(x) = 0$；
（2）函数 $f(x)$ 与 $g(x)$ 在点 x_0 的某个去心邻域内可导，且 $g'(x) \neq 0$；
（3）$\lim\limits_{x \to x_0} \dfrac{f'(x)}{g'(x)} = A$（或 ∞），
则

$$\lim_{x \to x_0} \frac{f(x)}{g(x)} = \lim_{x \to x_0} \frac{f'(x)}{g'(x)} = A(\text{或} \infty).$$

洛必达法则 Ⅰ 对 $x \to x_0^-$，$x \to x_0^+$，$x \to \infty$，$x \to +\infty$，$x \to -\infty$ 的情形也同样适用.

> **学习小贴士：** 以小组互助形式学习法则.在独立思考的基础上通过共同讨论，理解并掌握洛必达法则 Ⅰ 的应用方法.

例 3.2.1 求 $\lim\limits_{x \to 0} \dfrac{e^x - 1}{x^2 - x}$.

解 这是 $\dfrac{0}{0}$ 型未定式的极限，应用洛必达法则 Ⅰ，得

$$\lim_{x \to 0} \frac{e^x - 1}{x^2 - x} = \lim_{x \to 0} \frac{e^x}{2x - 1} = \frac{e^0}{2 \times 0 - 1} = -1.$$

例 3.2.2 求 $\lim\limits_{x \to \frac{\pi}{2}} \dfrac{1 - \sin x}{\cos x}$.

解 这是 $\frac{0}{0}$ 型未定式的极限，应用洛必达法则 I，得

$$\lim_{x\to\frac{\pi}{2}}\frac{1-\sin x}{\cos x}=\lim_{x\to\frac{\pi}{2}}\frac{-\cos x}{-\sin x}=\lim_{x\to\frac{\pi}{2}}\cot x=0.$$

例 3.2.3 求 $\lim\limits_{x\to+\infty}\dfrac{\frac{\pi}{2}-\arctan x}{\frac{1}{x}}$.

解 这是 $\frac{0}{0}$ 型未定式的极限，应用洛必达法则 I，得

$$\lim_{x\to+\infty}\frac{\frac{\pi}{2}-\arctan x}{\frac{1}{x}}=\lim_{x\to+\infty}\frac{-\frac{1}{1+x^2}}{-\frac{1}{x^2}}=\lim_{x\to+\infty}\frac{x^2}{1+x^2}=1.$$

例 3.2.4 求 $\lim\limits_{x\to0}\dfrac{\sqrt{1+x}-1}{x}$.

解 这是 $\frac{0}{0}$ 型未定式的极限，应用洛必达法则 I，得

$$\lim_{x\to0}\frac{\sqrt{1+x}-1}{x}=\lim_{x\to0}\frac{1}{2\sqrt{1+x}}=\frac{1}{2}.$$

练一练

应用洛必达法则计算下列极限：

(1) $\lim\limits_{x\to0}\dfrac{\sin x}{x}$; (2) $\lim\limits_{x\to0}\dfrac{x^2}{x-\sin x}$; (3) $\lim\limits_{x\to0}\dfrac{\ln(1+x)}{x}$.

当运用洛必达法则后得到 $\lim\limits_{x\to x_0}\dfrac{f(x)}{g(x)}=\lim\limits_{x\to x_0}\dfrac{f'(x)}{g'(x)}$，若 $f'(x)$ 与 $g'(x)$ 仍然满足洛必达法则 I 的条件，则可以继续使用洛必达法则 I，得到 $\lim\limits_{x\to x_0}\dfrac{f'(x)}{g'(x)}=\lim\limits_{x\to x_0}\dfrac{f''(x)}{g''(x)}$，以此类推.

例 3.2.5 求 $\lim\limits_{x\to1}\dfrac{x^3-3x+2}{x^3-x^2-x+1}$.

解 这是 $\frac{0}{0}$ 型未定式的极限，应用洛必达法则 I，得

$$\lim_{x\to1}\frac{x^3-3x+2}{x^3-x^2-x+1}=\lim_{x\to1}\frac{3x^2-3}{3x^2-2x-1}=\lim_{x\to1}\frac{6x}{6x-2}=\frac{3}{2}.$$

例 3.2.6 求 $\lim\limits_{x\to0}\dfrac{x-\sin x}{x^3}$.

解 这是 $\frac{0}{0}$ 型未定式的极限，应用洛必达法则 I，得

$$\lim_{x\to0}\frac{x-\sin x}{x^3}=\lim_{x\to0}\frac{1-\cos x}{3x^2}=\lim_{x\to0}\frac{\sin x}{6x}=\frac{1}{6}.$$

练一练

应用洛必达法则计算下列极限：

(1) $\lim\limits_{x\to0}\dfrac{x^2}{x-\sin x}$；　　(2) $\lim\limits_{x\to0}\dfrac{e^x-e^{-x}-2x}{x-\sin x}$.

3.2.2 $\dfrac{\infty}{\infty}$型未定式的极限

扫一扫

3.2.2 洛必达法则Ⅱ

洛必达法则Ⅱ　若函数 $f(x)$ 与 $g(x)$ 满足条件：

(1) $\lim\limits_{x\to x_0}f(x)=\lim\limits_{x\to x_0}g(x)=\infty$；

(2) 函数 $f(x)$ 与 $g(x)$ 在点 x_0 的某个去心邻域内可导，且 $g'(x)\neq0$；

(3) $\lim\limits_{x\to x_0}\dfrac{f'(x)}{g'(x)}=A$（或 ∞），

则

$$\lim_{x\to x_0}\frac{f(x)}{g(x)}=\lim_{x\to x_0}\frac{f'(x)}{g'(x)}=A\text{（或}\infty\text{）}.$$

洛必达法则Ⅱ对 $x\to x_0^-$，$x\to x_0^+$，$x\to\infty$，$x\to+\infty$，$x\to-\infty$ 的情形也同样适用.

学习小贴士： 以小组互助形式学习法则. 在独立思考的基础上通过共同讨论，理解并掌握洛必达法则Ⅱ的应用方法.

例 3.2.7　求 $\lim\limits_{x\to0^+}\dfrac{\ln\cot x}{\ln x}$.

解　这是 $\dfrac{\infty}{\infty}$ 型未定式的极限，应用洛必达法则Ⅱ，得

$$\lim_{x\to0^+}\frac{\ln\cot x}{\ln x}=\lim_{x\to0^+}\frac{\frac{1}{\cot x}(-\csc^2x)}{\frac{1}{x}}=\lim_{x\to0^+}\frac{-x}{\sin x\cos x}=\lim_{x\to0^+}\frac{-1}{\cos x}\cdot\lim_{x\to0^+}\frac{x}{\sin x}=-1.$$

例 3.2.8　求 $\lim\limits_{x\to\frac{\pi}{2}}\dfrac{\tan x+4}{\sec x-2}$.

解　这是 $\dfrac{\infty}{\infty}$ 型未定式的极限，应用洛必达法则Ⅱ，得

$$\lim_{x\to\frac{\pi}{2}}\frac{\tan x+4}{\sec x-2}=\lim_{x\to\frac{\pi}{2}}\frac{\sec^2x}{\sec x\cdot\tan x}=\lim_{x\to\frac{\pi}{2}}\frac{\sec x}{\tan x}=\lim_{x\to\frac{\pi}{2}}\frac{1}{\sin x}=1.$$

例 3.2.9　求 $\lim\limits_{x\to+\infty}\dfrac{\ln^2x}{x}$.

解　这是 $\dfrac{\infty}{\infty}$ 型未定式的极限，应用洛必达法则Ⅱ，得

$$\lim_{x\to+\infty}\frac{\ln^2 x}{x}=\lim_{x\to+\infty}\frac{2\ln x\cdot\frac{1}{x}}{1}=\lim_{x\to+\infty}\frac{2\ln x}{x}=\lim_{x\to+\infty}\frac{2}{x}=0.$$

例 3.2.10 求 $\lim\limits_{x\to+\infty}\frac{e^x}{x^3}$.

解 这是 $\frac{\infty}{\infty}$ 型未定式的极限，应用洛必达法则Ⅱ，得

$$\lim_{x\to+\infty}\frac{e^x}{x^3}=\lim_{x\to+\infty}\frac{e^x}{3x^2}=\lim_{x\to+\infty}\frac{e^x}{6x}=\lim_{x\to+\infty}\frac{e^x}{6}=+\infty.$$

例 3.2.9 和例 3.2.10 的结论可以进行推广，即

$$\lim_{x\to+\infty}\frac{\ln^n x}{x}=0,\ \lim_{x\to+\infty}\frac{e^x}{x^n}=+\infty\ (\text{其中 } n \text{ 为自然数}).$$

练一练

应用洛必达法则计算下列极限：

(1) $\lim\limits_{x\to+\infty}\frac{\ln^3 x}{x}$; (2) $\lim\limits_{x\to+\infty}\frac{e^x}{x^2}$.

3.2.3 其他类型未定式的极限

扫一扫

3.2.3 洛必达法则Ⅲ

除了 $\frac{0}{0}$ 和 $\frac{\infty}{\infty}$ 型未定式之外，还有 $\infty-\infty$、$0\cdot\infty$、∞^0、0^0、1^∞ 等形式的未定式，它们往往可以化为 $\frac{0}{0}$ 型或 $\frac{\infty}{\infty}$ 型，然后应用洛必达法则求解.

学习小贴士： 以小组互助形式通过共同讨论、相互启发学习不同形式的未定式的极限计算.

例 3.2.11 求 $\lim\limits_{x\to\frac{\pi}{2}}(\sec x-\tan x)$.

解 这是 $\infty-\infty$ 型未定式，可整理为 $\frac{0}{0}$ 型，再运用洛必达法则求解.

$$\lim_{x\to\frac{\pi}{2}}(\sec x-\tan x)=\lim_{x\to\frac{\pi}{2}}\frac{1-\sin x}{\cos x}=\lim_{x\to\frac{\pi}{2}}\frac{-\cos x}{-\sin x}$$
$$=\lim_{x\to\frac{\pi}{2}}\cot x=0.$$

例 3.2.12 求 $\lim\limits_{x\to0^+}x\ln x$.

解 这是 $0\cdot\infty$ 型未定式，可整理为 $\frac{\infty}{\infty}$ 型，再运用洛必达法则求解.

$$\lim_{x\to0^+}x\ln x=\lim_{x\to0^+}\frac{\ln x}{\frac{1}{x}}=\lim_{x\to0^+}\frac{\frac{1}{x}}{-\frac{1}{x^2}}=\lim_{x\to0^+}(-x)=0.$$

例 3.2.13 求 $\lim\limits_{x\to0^+}x^x$.

解 这是 0^0 型未定式,取对数后可化为 $0\cdot\infty$ 型未定式.

$$\lim_{x\to0^+}x^x=\lim_{x\to0^+}e^{\ln x^x}=\lim_{x\to0^+}e^{x\ln x}=e^{\lim\limits_{x\to0^+}x\cdot\ln x}=e^{\lim\limits_{x\to0^+}\frac{\ln x}{\frac{1}{x}}}$$

$$=e^{\lim\limits_{x\to0^+}\frac{\frac{1}{x}}{-\frac{1}{x^2}}}=e^{\lim\limits_{x\to0^+}(-x)}=e^0=1.$$

练一练

应用洛必达法则计算下列极限:

(1) $\lim\limits_{x\to1}\left(\dfrac{x}{x-1}-\dfrac{1}{\ln x}\right)$; (2) $\lim\limits_{x\to0}\left(\dfrac{1}{e^x-1}-\dfrac{1}{x}\right)$.

洛必达法则是求未定式极限的一种有效方法,但使用时要注意结合其他求极限的方法,如两个重要极限与等价无穷小代换等,以达到简化运算的目的.另外,在使用洛必达法则时,一定要随时注意检验是否满足所需条件.

例 3.2.14 求 $\lim\limits_{x\to+\infty}\dfrac{x-\sin x}{x}$.

解 这是 $\dfrac{\infty}{\infty}$ 型未定式,若直接使用洛必达法则,有

$$\lim_{x\to+\infty}\frac{x-\sin x}{x}=\lim_{x\to+\infty}(1-\cos x).$$

上式右端的极限不存在,因为这个未定式不满足洛必达法则的第三个条件 $\left[\lim\limits_{x\to x_0}\dfrac{f'(x)}{g'(x)}=A(\text{或}\infty)\right]$.实际上,正确解法如下:

$$\lim_{x\to+\infty}\frac{x-\sin x}{x}=\lim_{x\to+\infty}\left(1-\frac{\sin x}{x}\right)=1-\lim_{x\to+\infty}\frac{1}{x}\cdot\sin x=1-0=1.$$

评一评

姓名：__________ 班级：__________ 学号：__________ 得分：__________

应用洛必达法则求下列极限：

(1) $\lim\limits_{x\to 1}\dfrac{x^2-1}{x-1}$；

(2) $\lim\limits_{x\to 0}\dfrac{x^2}{e^x-1}$；

(3) $\lim\limits_{x\to 0}\dfrac{x^4-3x^2+2x-\sin x}{x^4-x}$；

(4) $\lim\limits_{x\to +\infty}\dfrac{x}{\ln x}$；

(5) $\lim\limits_{x\to 0^+}\dfrac{\ln\sin x}{\ln x}$.

评语：

测一测　　姓名：__________ 班级：__________ 学号：__________ 得分：__________

一、基础测试

1. 下列极限计算正确的是(　　).

A. $\lim\limits_{x\to 0}\dfrac{x^2-1}{x}=\lim\limits_{x\to 0}\dfrac{2x}{1}=0$

B. $\lim\limits_{x\to 2}\dfrac{x^3-2x-4}{x-2}=\lim\limits_{x\to 2}\dfrac{3x^2-2}{1}=10$

C. $\lim\limits_{x\to 2}\dfrac{x^3-2x-4}{(x-2)^2}=\lim\limits_{x\to 2}\dfrac{3x^2-2}{2(x-2)}=\lim\limits_{x\to 2}\dfrac{6x}{2}=6$

D. $\lim\limits_{x\to\infty}\dfrac{x-\sin x}{x+\sin x}=\lim\limits_{x\to\infty}\dfrac{1-\cos x}{1+\cos x}=1$

2. 应用洛必达法则计算下列极限：

(1) $\lim\limits_{x\to+\infty}\dfrac{\ln x}{\sqrt{x}}$；　(2) $\lim\limits_{x\to\pi}\dfrac{\sin 3x}{\tan 5x}$；　(3) $\lim\limits_{x\to\pi}\dfrac{\sin(x-\pi)}{x-\pi}$.

二、提升测试

3. 求下列极限：

(1) $\lim\limits_{x\to\frac{\pi}{2}}\dfrac{\tan 3x}{\tan x}$；　(2) $\lim\limits_{x\to+\infty}\dfrac{\sqrt{1+x^2}}{x}$；　(3) $\lim\limits_{x\to 0}\dfrac{\tan x-x}{x\sin^2 x}$.

学习反思：

用一用

案例一：在第 1 单元中介绍了连续复利计算问题，但并没有证明结论的得到方法，现对问题的数学过程进行推算.问题重述：你在银行里存 1 元钱，如果年利率是 100%，那么一年后你将得到 2 元.但是，假如银行不是在年底一次性结算利息的，而是逐月或逐日，甚至逐秒计息的呢？你会不会以为，由此以来你一年内得到的利息将大到无穷无尽？当然没这么美的事！假设银行每年付两次息，这样，半年的利息降到了 50%.这会使你的 1 元钱在 6 个月后变成 1.5 元；后半年，你的本金就不再是 1 元，而是 1.5 元了，到年底你将挣得后半年的利息 0.75 元；最后结算，你的 1 元钱一年之后变成了 2.25 元.如果你有兴趣按逐月复利递投的方式计息，你最终会得到 2.61 元.要是逐日复利递投呢，将得到 2.71 元.如果按逐小时、逐分、逐秒计息，收益虽然会不停增加，但增加的幅度越变越小，最后将停留在 2.718 28……左右.

为什么会是这样的结果？

案例解析：假设存一元钱，最终收益为 y，根据上面的计算条件，很容易得到：

$y=\left(1+\frac{1}{x}\right)^{x}$，其中 x 为结息的次数，随着 x 的增加利息 $\frac{1}{x}$ 在变小，当结息次数无限增加时，收益函数 y 的表达式为极限：$y=\lim\limits_{x\to\infty}\left(1+\frac{1}{x}\right)^{x}$.

根据前面的公式：$\lim\limits_{x\to\infty}\left(1+\frac{1}{x}\right)^{x}=\mathrm{e}$，但这个公式在前面并没有得到证明.证明这个公式的方法很多，现在用洛必达法则来证明这个问题.

设 $y=\lim\limits_{x\to\infty}\left(1+\frac{1}{x}\right)^{x}$.等号两边同时取对数

$$\ln y=\ln\lim_{x\to\infty}\left(1+\frac{1}{x}\right)^{x}=\lim_{x\to\infty}\ln\left(1+\frac{1}{x}\right)^{x}=\lim_{x\to\infty}x\cdot\ln\left(1+\frac{1}{x}\right)$$

$$=\lim_{x\to\infty}\frac{\ln\left(1+\frac{1}{x}\right)}{\frac{1}{x}}\text{（利用洛必达法则分子分母分别求导数）}$$

$$=\lim_{x\to\infty}\frac{\frac{1}{1+\frac{1}{x}}\cdot\left(-\frac{1}{x^{2}}\right)}{-\frac{1}{x^{2}}}$$

$$=\lim_{x\to\infty}\frac{x}{x+1}\text{（再一次利用洛必达法则）}$$

$$=1.$$

即 $\ln y=1$.所以 $y=\mathrm{e}\approx2.718\ 28\cdots$.

即用这种计息方式最终收益为 $\mathrm{e}\approx2.718\ 28\cdots$.

3.3 导数成就图像之美

读一读

伟大成就照亮历史和未来——朱世杰：中世纪中国数学的巅峰代表

朱世杰(1249—1314)，字汉卿，号松庭，汉族，燕山(今北京)人氏，元代数学家、教育家，毕生从事数学教育，有“中世纪世界最伟大的数学家”之誉.朱世杰在当时天元术的基础上发展出“四元术”，也就是列出四元高次多项式方程，以及消元求解的方法.此外他还创造出“垛积法”，即高阶等差数列的求和方法，与“招差术”，即高次内插法.朱世杰数学代表作有《算学启蒙》和《四元玉鉴》.

朱世杰长期从事数学研究和教育事业，以数学名家的身份周游各地20多年传授数学知识，四方登门来学习的人很多，他对数学的教育与发展做出巨大贡献.

朱世杰在数学科学上，全面地继承了秦九韶、李冶、杨辉的数学成就，并给予创造性的发展，他的数学著作《算学启蒙》《四元玉鉴》等把我国古代数学推向更高的境界，形成宋元时期中国数学的最高峰.《算学启蒙》是朱世杰在元成宗大德三年(1299)刊印的，全书共三卷，20门，总计259个问题和相应的解答.这部书从乘除运算起，一直讲到当时数学发展的最高成就“天元术”，全面介绍了当时数学所包含的各方面内容.它的体系完整，内容深入浅出，通俗易懂，是一部很著名的启蒙读物.这部著作后来流传到朝鲜、日本等国，出版过翻刻本和注释本，产生巨大的影响.而《四元玉鉴》成书于大德七年(1303)，共三卷，24门，288个问题，介绍了朱世杰在多元高次方程组的解法——四元术，以及高阶等差级数的计算——垛积术、招差术等.《四元玉鉴》在这方面的研究和成果受到近代数学史研究者的高度评价，认为该书是中国古代数学科学著作中最重要的、最有贡献的一部数学名著.

朱世杰的另一重大贡献是对于“垛积术”的研究.他对于一系列新的垛形的级数求和问题做了研究，从中归纳为“三角垛”的公式，最终得到了这一类任意高阶等差级数求和问题的系统、普遍的解法.朱世杰还把三角垛公式引用到“招差术”中，指出招差公式中的系数恰好依次是各三角垛的积，这样就得到了包含四次差的招差公式，他还把这个招差公式推广为包含任意高次差的招差公式，这在世界数学史上是最早的，比欧洲牛顿在这方面的成就要早近4个世纪.正因为如此，朱世杰和他的著作《四元玉鉴》才享有巨大的国际声誉.美国已故的著名的科学史家萨顿是这样评说朱世杰的：“(朱世杰)是在他所生活的时代最杰出的数学家.”

朱世杰之所以取得这样伟大的数学成就是与其勤奋好学，刻苦钻研的精神分不开的，我们在学习数学家宝贵的精神品质的同时也为祖国的灿烂文化感到骄傲！

阅读感悟：

学习目标

在本节中你将完成以下学习目标：

(1) 掌握利用导数判断函数单调性的方法；

(2) 掌握利用导数求函数极值和最值的方法；

(3) 掌握利用导数判断曲线凹凸性的方法；

(4) 培养学生良好的个性品质，逐步提高分析问题和解决问题的能力.

重点：函数单调性、极值、最值、曲线凹凸性的判定方法.

难点：导数在函数图形性质中的作用.

学一学

本节将利用导数这一工具，讨论函数的单调性、极值、最值、曲线的凹凸性等几何性质.

3.3.1 函数的单调性

如果函数 $y=f(x)$ 在某区间上单调增加，那么它的图形是一条沿 x 轴正方向上升的曲线，此时曲线上任意点处的切线斜率非负，即 $f'(x)\geqslant 0$，如图 3-4(a)所示.

如果函数 $y=f(x)$ 在某区间上单调减少，那么它的图形是一条沿 x 轴正方向下降的曲线，此时曲线上任意点处的切线斜率非正，即 $f'(x)\leqslant 0$，如图 3-4(b)所示.

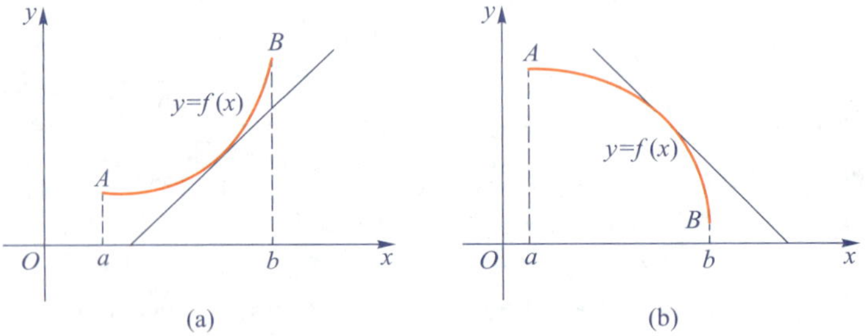

图 3-4

扫一扫

3.3.1 函数的单调性

因此，函数的单调性与其导数的符号有着密切的联系，于是可得函数单调性的判定方法如下.

定理 3.3.1 设函数 $y=f(x)$ 在 $[a,b]$ 上连续，在 (a,b) 内可导.

(1) 若在 (a,b) 内，$f'(x)>0$，则函数 $f(x)$ 在 (a,b) 内单调增加；

(2) 若在 (a,b) 内，$f'(x)<0$，则函数 $f(x)$ 在 (a,b) 内单调减少.

注：定理 3.3.1 中的区间换成其他各种区间（包括无穷区间）结论仍成立.

一般地，把使函数 $f(x)$ 的导数 $f'(x)=0$ 的点称为函数的**驻点**.

如图 3-5 所示，x_1,x_2,x_3 分别是函数 $f(x)$ 的驻点. 函数 $f(x)$ 在区间 (a,x_1)，(x_2,b) 内单调增加，在区间 (x_1,x_2) 内单调减少. 由图 3-5 可知，对于可导函数，单调区间的分界点是驻点. 但是，驻点并不一定是单调区间的分界点，如图 3-5 中的 x_3，虽然是函数的驻点但它并不是单调区间的分界点.

另外,有些函数的不可导点也可能是该函数单调区间的分界点.例如,函数 $y=|x|$ 在点 $x=0$ 处不可导,但点 $x=0$ 是单调区间的分界点.

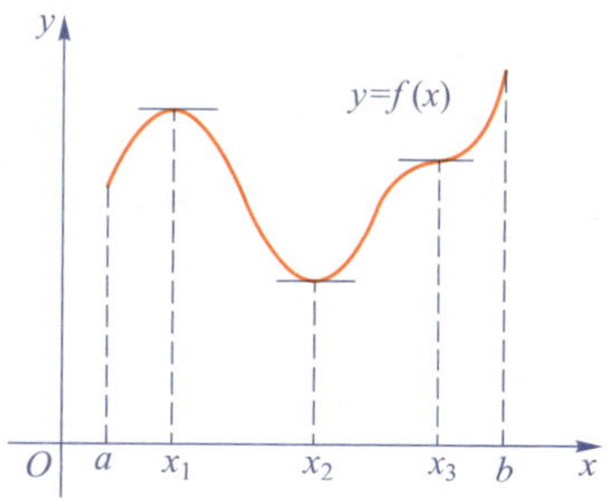

图 3-5

一般地,确定函数单调性的步骤如下:

(1) 确定函数的定义域;

(2) 求函数的驻点和 $f'(x)$ 不存在的点,并利用这些点将函数的定义域分成若干子区间;

(3) 列表考察 $f'(x)$ 在各个子区间内的符号,从而判断函数的单调性(通常用箭头"↗""↘"分别表示函数在指定区间内单调增加和单调减少).

学习小贴士: 请同学们牢记判断函数单调性的一般步骤并熟练应用.

例 3.3.1 确定函数 $f(x)=2x^3-9x^2+12x-5$ 的单调区间.

解 函数的定义域为 $(-\infty,+\infty)$,求导,得

$$f'(x)=6x^2-18x+12=6(x-1)(x-2).$$

令 $f'(x)=0$,解得驻点 $x_1=1, x_2=2$.从而点 $x_1=1$ 和 $x_2=2$ 将定义域 $(-\infty,+\infty)$ 分为三个子区间:

$$(-\infty,1),(1,2),(2,+\infty).$$

列表 3-1 判定如下:

表 3-1

x	$(-\infty,1)$	1	$(1,2)$	2	$(2,+\infty)$
$f'(x)$	+	0	−	0	+
$f(x)$	↗		↘		↗

所以函数 $f(x)$ 的单调增加区间是 $(-\infty,1),(2,+\infty)$,单调减少区间是 $(1,2)$.

练一练

确定函数 $f(x)=x^3-3x$ 的单调区间.

例 3.3.2 确定函数 $f(x)=x^{\frac{2}{3}}(x-1)$ 的单调区间.

解 函数的定义域为 $(-\infty,+\infty)$,求导,得

$$f'(x)=\frac{2}{3}x^{-\frac{1}{3}}(x-1)+x^{\frac{2}{3}}=\frac{5x-2}{3x^{\frac{1}{3}}}.$$

令 $f'(x)=0$,解得驻点 $x=\frac{2}{5}$.此外,$x=0$ 是 $f(x)$ 的不可导点.于是,点 $x=\frac{2}{5}$,$x=0$ 将定义域 $(-\infty,+\infty)$ 分为三个子区间:

$$(-\infty,0),\left(0,\frac{2}{5}\right),\left(\frac{2}{5},+\infty\right).$$

列表 3-2 判定如下：

表 3-2

x	$(-\infty,0)$	0	$\left(0,\frac{2}{5}\right)$	$\frac{2}{5}$	$\left(\frac{2}{5},+\infty\right)$
$f'(x)$	$+$	不存在	$-$	0	$+$
$f(x)$	↗		↘		↗

所以函数 $f(x)$ 的单调增加区间是 $(-\infty,0),\left(\frac{2}{5},+\infty\right)$，单调减少区间是 $\left(0,\frac{2}{5}\right)$.

练一练

确定函数 $f(x)=6x^{\frac{5}{3}}-15x^{\frac{2}{3}}$ 的单调区间.

3.3.2 函数的极值

扫一扫

3.3.2 函数的极值

定义 3.3.1 设函数 $y=f(x)$ 在 $N(x_0,\delta)$ 有定义，若对于该邻域中异于 x_0 的任意 x，恒有 $f(x_0)<f(x)$（或 $f(x_0)>f(x)$），则称 $f(x_0)$ 是函数 $f(x)$ 的一个**极小值**（或**极大值**），点 x_0 称为函数 $f(x)$ 的**极小值点**（或**极大值点**）.

极大值和极小值统称为**极值**，极大值点和极小值点统称为**极值点**.

在图 3-6 所示的函数中，$f(x_1)$ 和 $f(x_4)$ 是极大值，$f(x_2)$ 和 $f(x_5)$ 是极小值，$f(x_3)$ 不是极值.

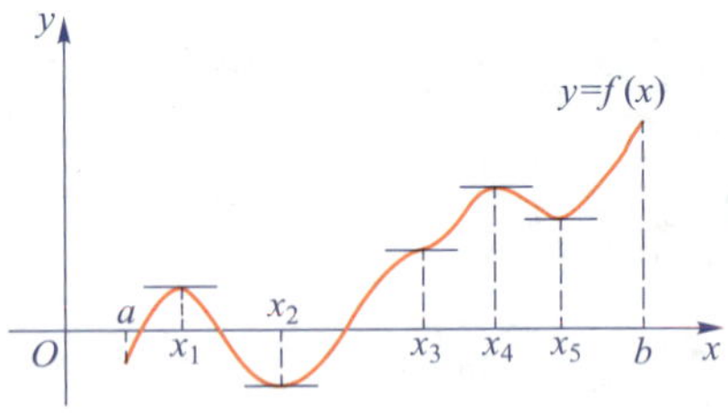

图 3-6

显然，函数极值是一个局部性的概念，它只是与极值点邻近的所有点的函数值比较而言，并不意味着它是整个定义区间内的最大值和最小值；极值只能在区间的内部取得，不能在区间的端点处取得.

根据极值点的定义，给出极值的第一种判别方法.

定理 3.3.2（极值存在的第一充分条件） 设 x_0 是函数 $f(x)$ 的驻点或不可导点，且 $f(x)$ 在 x_0 的某一去心邻域内可导，

（1）若当 $x<x_0$ 时，$f'(x)>0$；当 $x>x_0$ 时，$f'(x)<0$，则 $f(x_0)$ 为函数 $f(x)$ 的极大值，x_0 为函数 $f(x)$ 的极大值点.

（2）若当 $x<x_0$ 时，$f'(x)<0$；当 $x>x_0$ 时，$f'(x)>0$，则 $f(x_0)$ 为函数 $f(x)$ 的极小值，x_0 为函数 $f(x)$ 的极小值点.

(3) 若当 $x<x_0$ 和 $x>x_0$ 时，$f'(x)$ 的符号相同，则 $f(x_0)$ 不是函数 $f(x)$ 的极值.

于是得求函数 $f(x)$ 的极值点和极值的一般步骤如下：

(1) 确定函数的定义域；

(2) 求函数的驻点和 $f'(x)$ 不存在的点，并利用这些点将函数的定义域分成若干子区间；

(3) 列表考察 $f'(x)$ 在各个子区间内的符号，从而判断函数的单调性，也就得到了函数的极值点；

(4) 求出各极值点处的函数值，得到函数 $f(x)$ 的极值.

学习小贴士： 请同学们牢记判断函数极值的一般步骤并熟练应用.

例 3.3.3 求函数 $f(x)=1-(x-2)^{\frac{2}{3}}$ 的极值.

解 函数的定义域为 $(-\infty,+\infty)$，求导，得

$$f'(x)=-\frac{2}{3(x-2)^{\frac{1}{3}}}=-\frac{2}{3\cdot\sqrt[3]{x-2}},$$

令 $f'(x)=0$，无解. 当 $x=2$ 时，$f'(x)$ 不存在. 于是 $x=2$ 将 $(-\infty,+\infty)$ 分成两个子区间：

$$(-\infty,2),(2,+\infty).$$

列表 3-3 判定如下：

表 3-3

x	$(-\infty,2)$	2	$(2,+\infty)$
$f'(x)$	+	不存在	−
$f(x)$	↗	极大值 1	↘

所以函数 $f(x)$ 在 $x=2$ 处有极大值 $f(2)=1$.

练一练

求函数 $f(x)=x^3-6x^2+9x+5$ 的极值.

若 $f(x)$ 在驻点 x_0 处的二阶导数 $f''(x_0)$ 存在且不等于零，则也可用下列方法判断函数的极值.

定理 3.3.3（极值存在的第二充分条件） 设函数 $f(x)$ 在点 x_0 处具有二阶导数，且 $f'(x_0)=0$，$f''(x_0)\neq0$，那么：

(1) 当 $f''(x_0)<0$ 时，函数 $f(x)$ 在 x_0 处取得极大值；

(2) 当 $f''(x_0)>0$ 时，函数 $f(x)$ 在 x_0 处取得极小值.

定理 3.3.3 说明，如果 $f(x)$ 在驻点 x_0 处 $f''(x_0)\neq0$，那么该驻点一定是函数极值点，并且可用二阶导数的符号来判定 $f(x_0)$ 是极大值还是极小值，但当 $f''(x_0)=0$ 时，这个判定法失效，此时需应用极值的第一充分条件判定.

例 3.3.4 求函数 $f(x)=(x-3)^2(x-2)$ 的极值.

解 求导，得

$$f'(x)=2(x-3)(x-2)+(x-3)^2=(x-3)(3x-7).$$

令 $f'(x)=0$，解得 $f(x)$ 的驻点为 $x_1=\frac{7}{3}$，$x_2=3$. 二次求导，得

$$f''(x)=(3x-7)+3(x-3)=6x-16.$$

因为

$$f''\left(\frac{7}{3}\right)=-2<0,\ f''(3)=2>0,$$

所以函数 $f(x)$ 在 $x_1=\frac{7}{3}$ 处取得极大值，极大值为 $f\left(\frac{7}{3}\right)=\frac{4}{27}$；在 $x_2=3$ 处取得极小值，极小值为 $f(3)=0$.

练一练

求函数 $f(x)=(x^2-1)^3+1$ 的极值.

3.3.3 函数的最值

函数的极值是一个局部性的概念，它总是在某点的一个邻域内讨论. 而函数的最大值和最小值是全局性的概念，由闭区间上连续函数的性质可知，若函数 $f(x)$ 在 $[a,b]$ 上连续，则其最大值和最小值一定存在，而且很明显，函数在闭区间 $[a,b]$ 上的最大值和最小值只能在区间 $[a,b]$ 内的极值点和端点处达到. 因此可先直接求出一切可能的极值点（驻点和一阶导数不存在的点）和端点处的函数值，再比较这些数值的大小，即可得出函数的最大值和最小值.

扫一扫

3.3.3 函数的最值

例 3.3.5 求函数 $f(x)=x^3-3x+2$ 在闭区间 $\left[-3,\frac{3}{2}\right]$ 上的最大值和最小值.

解 求导，得

$$f'(x)=3x^2-3=3(x^2-1).$$

令 $f'(x)=0$，解得驻点 $x_1=-1$，$x_2=1$. 因为

$$f(-1)=4,\ f(1)=0,\ f(-3)=-16,\ f\left(\frac{3}{2}\right)=\frac{7}{8},$$

所以函数 $f(x)$ 在闭区间 $\left[-3,\frac{3}{2}\right]$ 上的最大值为 $f(-1)=4$，最小值为 $f(-3)=-16$.

练一练

求函数 $f(x)=x^3-3x^2-9x+30$ 在 $[-2,2]$ 上的最大值和最小值.

3.3.4 曲线的凹凸性

扫一扫

3.3.4 曲线的凹凸性和拐点

函数 $y=f(x)$ 的单调性反映在图形上，就是曲线 $y=f(x)$ 沿 x 轴正方向的上升或下降. 但是，曲线 $y=f(x)$ 在上升或下降的过程中，还有一个弯曲方向的问题. 曲线的弯曲方向在几何上用曲线弧的凹凸性来描述.

定义 3.3.2 设函数 $y=f(x)$ 在区间 I 上连续，对 I 上的任意两点 x_1, x_2，若恒有

$$f\left(\frac{x_1+x_2}{2}\right)<\frac{f(x_1)+f(x_2)}{2},$$

则称曲线 $y=f(x)$ 在区间 I 上是**凹的**（或**凹弧**）；若恒有

$$f\left(\frac{x_1+x_2}{2}\right)>\frac{f(x_1)+f(x_2)}{2},$$

则称曲线 $y=f(x)$ 在区间 I 上是**凸的**（或**凸弧**）.

从图 3-7 上来看，若曲线 $y=f(x)$ 在区间 I 上的曲线弧总是位于其上任一点切线的上方，即为区间 I 上是凹的，如图 3-7(a) 所示；若曲线 $y=f(x)$ 在区间 I 上的曲线弧总是位于其上任一点切线的下方，即为区间 I 上是凸的，如图 3-7(b) 所示.

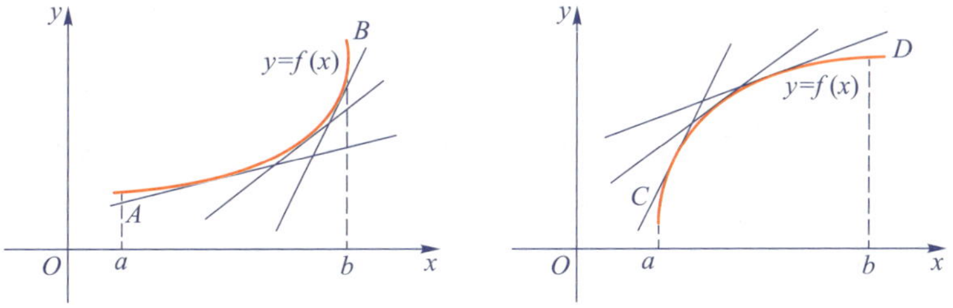

(a) (b)

图 3-7

定理 3.3.4 设函数 $y=f(x)$ 在 $[a,b]$ 上连续，在 (a,b) 内具有一阶导数和二阶导数.

(1) 如果在 (a,b) 内，$f''(x)>0$，则曲线 $y=f(x)$ 在 $[a,b]$ 上是凹的；

(2) 如果在 (a,b) 内，$f''(x)<0$，则曲线 $y=f(x)$ 在 $[a,b]$ 上是凸的.

定义 3.3.3 连续曲线上凹弧与凸弧的分界点称为曲线的**拐点**.

注：拐点是曲线上的点，即为曲线凹凸性的分界点，因此，拐点的表示需用坐标形式表示.

由 $f''(x)$ 的符号可以判定曲线的凹凸性，如果 $f''(x)=0$，且 $f''(x)$ 在 x_0 的左、右邻近异号，那么点 $(x_0, f(x_0))$ 就是曲线 $y=f(x)$ 上的一个拐点. 除此以外，在 $f(x)$ 二阶导数不存在的点处，曲线 $y=f(x)$ 也可能存在拐点.

一般地，确定曲线凹凸性的步骤如下：

(1) 确定函数 $y=f(x)$ 的定义域，并求出 $f'(x)$ 和 $f''(x)$；

(2) 求 $f''(x)=0$ 的点和 $f''(x)$ 不存在的点，并利用这些点将函数的定义域分成若干子区间；

学习小贴士： 请同学们牢记判断曲线凹凸性的一般步骤并熟练应用.

(3) 列表考察$f''(x)$在各个子区间内的符号,从而判断曲线$y=f(x)$的凹凸性(通常用符号"∪""∩"分别表示曲线在指定区间的凹和凸).

例 3.3.6 判定曲线$y=\sqrt[3]{x}$的凹凸性.

解 所给函数$y=f(x)$的定义域为$(-\infty,+\infty)$,且

$$y'=(\sqrt[3]{x})'=\left(x^{\frac{1}{3}}\right)'=\frac{1}{3}x^{-\frac{2}{3}},$$

$$y''=\left(\frac{1}{3}x^{-\frac{2}{3}}\right)'=\frac{1}{3}\cdot\left(-\frac{2}{3}\right)x^{-\frac{5}{3}}=-\frac{2}{9x\cdot\sqrt[3]{x^2}}.$$

令$y''=0$,无解.但函数$y=f(x)$有一个y''不存在的点$x=0$.利用$x=0$把定义域$(-\infty,+\infty)$分为两个子区间:

$$(-\infty,0),(0,+\infty).$$

列表 3-4 判定如下:

表 3-4

x	$(-\infty,0)$	0	$(0,+\infty)$
y''	+	不存在	−
曲线 $y=f(x)$	∪	拐点$(0,0)$	∩

所以曲线$y=\sqrt[3]{x}$的凹区间为$(-\infty,0)$,凸区间为$(0,+\infty)$,拐点为$(0,0)$.

练一练

求曲线$y=x^4-2x^3+1$的凹凸区间及拐点.

评一评

姓名：__________ 班级：__________ 学号：__________ 得分：__________

1. 求函数 $f(x)=x^3-3x^2-9x+30$ 的单调区间与极值.

2. 求曲线 $f(x)=3x-x^3$ 的凹凸区间及拐点.

3. 求函数 $f(x)=x^4-8x^2+2$ 在 $[-1,3]$ 上的最值.

评语:

测一测

姓名:__________ 班级:__________ 学号:__________ 得分:__________

一、基础测试

1. 求 $y=-x^3+6x^2-9x+1$ 的单调区间、极值、凹凸区间及拐点.

二、提升测试

2. 利用函数的单调性证明:当 $x>1$ 时,$2\sqrt{x}>3-\frac{1}{x}$.

3. 设函数 $f(x)=ax^3+bx^2+cx+d$,已知 -1 是极大值点,极大值是 8,2 是极小值点,极小值是 -19,求 a,b,c,d.

学习反思:

用一用

案例 3.3.1【最优问题】 某职业学院为了培养学生的创业能力,鼓励学生在校园里开展多种营销活动.旅游专业学生李强利用业余时间在学校内的创意店打工.经过一段时间的统计,他发现某种商品以每个 2 元的价格销售时,每天能卖 500 个;价格每提高 0.1 元,销量会减少 10 个.另外,创意店每天的固定开销为 40 元,每个商品的成本为 1.5 元.问:应如何确定商品的价格,才能够使获得的利润最大?

分析

这类实际问题,在数学上可归纳为求函数的最值问题.在实际问题中,如果函数 $f(x)$ 在区间 (a,b) 内只有一个驻点 x_0,而从该实际问题本身又可以判定在区间 (a,b) 内函数的最大(小)值确实存在,那么这唯一的驻点就是最值点,$f(x_0)$ 就是所要求的最大(小)值.于是得求最优问题的一般步骤如下:

(1) 根据题意,列出目标函数;

(2) 通过求目标函数的导数,求出驻点,如果是唯一驻点,那么该点就是所要求的最值点;

(3) 通过二阶导数在驻点的符号,判断是最大值还是最小值.

(4) 求出驻点处的函数值,即为所求问题的最值.

解 设 p 为该商品的销售价格,q 为该商品每天的销售量,L 为每天的利润.根据题意,得

$$\frac{q-500}{490-500}=\frac{p-2}{2.1-2},$$

解得 $q=700-100p$.所以每天的收入为

$$R=pq=p(700-100p)=700p-100p^2.$$

每天的成本为

$$C=40+1.5q=40+1.5(700-100p)=1\ 090-150p.$$

所以每天的利润为

$$L=R-C=-100p^2+850p-1\ 090.$$

因为 $L'=-200p+850$,令 $L'=0$,得唯一驻点 $p=4.25$.又 $L''=-200<0$,所以唯一的驻点 $p=4.25$ 是利润函数 L 的最大值点.

因此应将商品的价格定为 4.25 元/个,才能使获得的利润最大.

案例 3.3.2 在如图 3-8 所示电路中,设电源电动势为 E,内电阻为 r(E,r 均为常量).问:负载电阻 R 多大时,输出功率 P 最大?

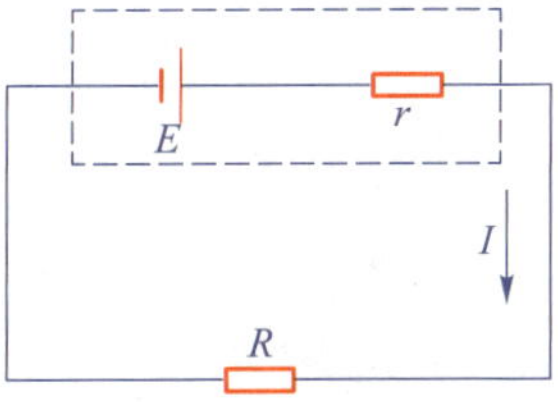

图 3-8

解 由电学的知识知,消耗在负载电阻 R 上的功率 $P=I^2R$,其中 I 是回路中的电流,由欧姆定律,知

$$I=\frac{E}{R+r}.$$

所以

$$P=\frac{E^2R}{(R+r)^2}\quad(0<R<+\infty),$$

则

$$\frac{\mathrm{d}P}{\mathrm{d}R}=\frac{E^2(r-R)}{(R+r)^3}.$$

令 $\frac{\mathrm{d}P}{\mathrm{d}R}=0$,解得唯一驻点

$$R=r.$$

所以在 $(0,+\infty)$ 内输出功率 P 的最大值存在,且驻点唯一,因此,当 $R=r$ 时,输出功率最大.

单元小结

- 导数的应用
  - 中值定理
    - 罗尔定理
    - 拉格朗日中值定理
  - 洛必达法则
    - 洛必达法则Ⅰ
    - 洛必达法则Ⅱ
    - 其他形式的未定式
  - 导数的几何应用
    - 函数的单调性
    - 函数的极值
    - 函数的最值
    - 曲线的凹凸性

单元测试题

一、选择题（每题 2 分，共 9 题，共计 18 分）

1. 函数 $y=x^2+3x$ 在点$[-3,0]$上满足罗尔中值定理的条件，则结论中的 $\xi=$(　　).

A. 0　　B. 1　　C. $-\frac{3}{2}$　　D. 2

2. 求下列极限时，能直接使用洛必达法则的是(　　).

A. $\lim\limits_{x\to\infty}\frac{\sin x}{x}$　　B. $\lim\limits_{x\to 0}\frac{\sin x}{x}$

C. $\lim\limits_{x\to\frac{\pi}{2}}\frac{\tan 5x}{\sin 3x}$　　D. $\lim\limits_{x\to 0}\frac{x^2\sin\frac{1}{x}}{\sin x}$

3. 函数 $y=x-\ln x$ 的单调增区间为(　　).

A. $(0,+\infty)$　　B. $(-\infty,0)$

C. $(0,1)$　　D. $(1,+\infty)$

4. 函数 $y=x^4+2x^2$ 在$(-\infty,+\infty)$上的极小值点为(　　).

A. $x=0$　　B. $x=1$　　C. $x=2$　　D. 不存在

5. 曲线 $y=x^3-3x$ 的拐点为(　　).

A. $(1,-2)$　　B. $(-1,2)$

C. $(0,0)$　　D. 没有拐点

6. 下列结论正确的是(　　).

A. 函数的驻点一定是它的极值点

B. 如果函数 $f(x)$ 在点 x_0 取得极值，那么必有 $f'(x_0)=0$

C. 函数 $f(x)$ 的极大值一定大于它的极小值

D. 函数的极值可能在它的区间端点处取得

7. 曲线 $y=x^3-3x$ 的凸区间为(　　).

A. $(-\infty,+\infty)$　　B. $(-\infty,0]$

C. $[0,+\infty)$　　D. $[-1,1]$

8. 函数 $y=3x^5-5x^3$ 在 $\mathbf{R}$ 上有(　　).

A. 四个极值点　　B. 三个极值点

C. 两个极值点　　D. 一个极值点

9. 若函数 $f(x)$ 在 (a,b) 内满足 $f'(x)>0$，$f''(x)<0$，则 $f(x)$ 在 (a,b) 内(　　).

A. 单调减少，曲线凹　　B. 单调增加，曲线凸

C. 单调减少，曲线凸　　D. 单调增加，曲线凹

二、填空题（每题 2 分，共 6 题，共计 12 分）

10. 函数 $y=\ln(x+1)$ 在区间$[0,1]$上满足拉格朗日中值定理的条件的 $\xi=$________.

11. 满足方程 $f'(x_0)=0$ 的点 x_0 是函数 $y=f(x)$ 的________.

12. 设函数 $y=x^2-8\ln x$，则函数的单调增加区间是________，单调减少区间是________.

13. 极限 $\lim\limits_{x\to 0}\frac{e^x-1}{\sin x}=$________.

14. 曲线 $y=x^3-2x+3$ 的凸区间为________，拐点为________.

15. 函数 $f(x)=x^3-12x$ 的极小值点为________，极小值为________.

三、判断题(每题 1 分，共 8 题，共计 8 分)

16. 函数 $y=x+\sqrt[3]{x}$ 在 $[-1,1]$ 上满足拉格朗日中值定理的条件. ( )

17. 函数 $y=\ln \sin x$ 在 $\left[-\frac{\pi}{6},\frac{5}{6}\pi\right]$ 上满足罗尔中值定理的条件. ( )

18. 如果函数 $y=f(x)$ 在 (a,b) 内单调增加，且在 (a,b) 内可导，则在 (a,b) 内恒有 $f'(x)>0$. ( )

19. 如果函数 $y=f(x)$ 在 (a,b) 内仅有一个驻点，则该驻点一定是函数 $y=f(x)$ 的极值点. ( )

20. 设 x_1,x_2 分别是函数 $y=f(x)$ 的极大值点和极小值点，则必有 $f(x_1)>f(x_2)$. ( )

21. 函数 $y=x+\sin x$ 在 $(-\infty,+\infty)$ 内没有极值. ( )

22. 曲线 $y=x^6$ 没有拐点. ( )

23. 如果函数 $y=f(x)$ 在点 x_0 处取得极值，且 $f'(x_0)$ 存在，则必有 $f'(x_0)=0$. ( )

四、解答题(共 62 分)

24. 求下列极限(每题 4 分，共 16 分)：

(1) $\lim\limits_{x\to 0}\frac{\tan 2x}{\tan 3x}$;

(2) $\lim\limits_{x\to 1}\left(\frac{2}{x^2-1}-\frac{1}{x-1}\right)$;

(3) $\lim\limits_{x\to 0}\frac{\ln(1-3x)}{\sin 2x}$;

(4) $\lim\limits_{x\to 1}\frac{x^3-1}{\sqrt{x-1}}$.

25. 判定函数 $f(x)=x-\sin x$ 在 $[0,2\pi]$ 上的单调性.（11 分）

26. 求函数 $y=2x^3-9x^2+12x-3$ 的单调区间与极值.（11 分）

27. 求曲线 $y=x^4-2x^2-5$ 的凹凸区间与拐点.（11 分）

28. 求函数 $y=e^{2x-x^2}$ 的单调区间、极值、曲线的凹凸区间及拐点.（13 分）

教学反馈

学习单元	追寻天才的脚步 解密导数之用途		学习积分		
序号	调查内容		是	否	理由陈述
1	了解罗尔中值定理和拉格朗日中值定理的含义及它们之间的关系吗？				
2	了解洛必达法则的含义吗？				
3	能够正确运用洛必达法则求未定式的极限吗？				
4	能够正确运用导数方法判断函数的单调性，并求驻点吗？				
5	能够正确运用导数方法判断曲线的凹凸性，并求拐点吗？				
6	能够运用导数知识求函数的极值和最值吗？				
7	了解优化的应用吗？				
8	对此学习单元的教学方式满意吗？				

你的意见对改进教学非常重要，请写出你的建议和意见.

调查信息	被调查人签名		调查时间	

第4单元

探寻微分的逆运算
踏上积分之大旅程

单元描述

数学在自然科学中的作用，就如同哲学家在整个科学体系中的作用是一样的——研究整个世界的普遍规律．数学总结自然界普遍存在的空间形式和数量关系，从而指导自然科学的发展．从微积分理论的形成和发展的进程来看，微积分里蕴含着许多哲学思想，如量变与质变、有限与无限、离散与连续、特殊与一般，这些关系既对立又统一，其内在的哲学思想是人类心灵智慧的结晶，为人类解决实际问题提供正确的方法论，对人类的思维发展提供更大的启迪．

第 2 单元所描述的微分与本单元所学习的不定积分是一对逆运算，是一种对立与统一的关系．

微分与积分就是矛盾对立统一的两方面在斗争和统一的过程中不断渗透、不断影响，从而促进了微积分的不断进步与发展．

名人名言

宇宙之大，粒子之微，火箭之速，化工之巧，地球之变，生物之谜，日用之繁，无处不用数学．

——华罗庚（1910—1985）

4.1 揭开不定积分的神秘面纱——不定积分

读一读

业精于勤，笔耕不断，成就大业

祖冲之(429—500)，南北朝时期伟大的数学家、天文学家，他有许多卓越的成就，其中之一就是圆周率的计算.

通常在计算的时候，我们把圆周率定为 3.141 6，这个数字实际上比圆周率稍微大一点.祖冲之在一千五百年前就确定了圆周率在 3.141 592 6 与 3.141 592 7 之间，这比 3.141 6 精确得多.在他之后一千年，阿拉伯数学家才打破了这个精确程度的纪录.

计算圆周率是一件很不容易的事.我们知道，在一个圆里内接正多边形，计算这个正多边形的周长，就可以得到圆周长的近似值.正多边形的边数越多，其周长跟圆周长就越接近.祖冲之从圆的内接正六边形开始，先算圆内接正十二边形的边长，再算圆内接正二十四边形的边长，再算圆内接正四十八边形的边长……边数一倍又一倍地增加，直到算出了圆内接正 12 280 边形的边长，才能得到这样精密的圆周率.

这样的计算看起来简单，其实不然.边数每翻一番，至少要进行七次运算，其中除了加和减，还有两次是乘方、两次是开方.祖冲之算出来的结果有六位小数，估计他在运算的过程中，小数至少要保留十二位.加和减还好计算，而十二位小数的乘方，尤其是开方，运算起来就极其麻烦.没有熟练的技巧和坚强的毅力，是无法完成这上百次的复杂的运算的，最终祖冲之算出圆周率介于 3.141 592 6 与 3.141 592 7 之间！一千年之后，德国人奥托和荷兰人安托尼茨才先后提出这个近似值.祖冲之在天文、历法方面也取得了卓越成就.他考虑了计算日月运行周期的岁差问题，修正了当时所采用的《元嘉历》中的许多错误，编制了《大明历》.为了更符合天象的实际，他还改进了闰法，把 19 年有 7 个闰月，改为 391 年有 144 个闰月.他首次求出了历法中通常称为交点月的日数为 27.212 23 日，这与近代测得交点月的日数 27.212 22 日仅差不到 1 秒.他求出木星的恒星周期为 11.859 年，与现代值仅有 0.026%的误差.

祖冲之还是一位机械制造专家.他曾根据当时农业生产、交通运输的需要，制造了“千里船”和“水碓磨”，制作了结构复杂的指南车.

祖冲之的科学成就，在世界科学技术发展史上占有很重要的地位.他的刻苦学习、认真钻研、勇于创造和坚持真理的精神，是值得我们学习的.

阅读感悟：

学习目标

在本节中你将完成以下学习目标：

（1）理解原函数的概念；

（2）了解原函数族定理；

（3）理解不定积分的定义，熟练运用不定积分的性质解决问题；

（4）提高接受新事物的能力，锻炼逆向思维的方法.

重点：原函数的概念.

难点：不定积分的理解.

学一学

扫一扫

4.1.1 原函数与不定积分

4.1.1 原函数与不定积分的概念

定义 4.1.1 设 $f(x)$ 是定义在区间 (a,b) 上的函数，如果存在一个函数 $F(x)$，使得对 $\forall x\in(a,b)$，有

$$F'(x)=f(x) \text{ 或 } \mathrm{d}F(x)=f(x)\mathrm{d}x,$$

则称函数 $F(x)$ 是 $f(x)$ 在该区间上的一个**原函数**.

例如，对于区间 $(0,+\infty)$ 内的每一点 t，因为 $\left(\dfrac{1}{2}gt^2\right)'=gt$，所以 $\dfrac{1}{2}gt^2$ 就是 gt 在区间 $(0,+\infty)$ 内的一个原函数. 又如，因为 $(x^3)'=3x^2$，所以 x^3 是 $3x^2$ 的一个原函数.

可以看出，求已知函数 $f(x)$ 的原函数就是找到这样一个函数 $F(x)$，使得

$$F'(x)=f(x).$$

定理 4.1（原函数族定理） 如果函数 $f(x)$ 有原函数，那么它就有无穷多个原函数，并且任意两个原函数之间仅相差一个常数.

定理 4.1 说明，如果 $F(x)$ 是 $f(x)$ 的原函数，那么 $F(x)+C$（C 为任意常数）就是 $f(x)$ 的全部原函数. 于是，我们给出下面的定义.

定义 4.1.2 把函数 $f(x)$ 的全部原函数 $F(x)+C$（C 为任意常数）叫作 $f(x)$ 的不定积分. 记作 $\int f(x)\mathrm{d}x$，即

$$\int f(x)\mathrm{d}x=F(x)+C.$$

其中，记号"$\int$"称为**积分号**，$f(x)$ 称为**被积函数**，$f(x)\mathrm{d}x$ 称为**被积表达式**，x 称为**积分变量**，C 称为**积分常数**.

学习小贴士： 采用小组互助式学习，在教师举例后，小组成员分别举出导数及求导结果的实例，其他成员说出对应的原函数.

例 4.1.1 求 $\int \sin x\mathrm{d}x$.

解 因为 $(-\cos x)'=\sin x$，所以 $-\cos x$

是 $\sin x$ 的一个原函数，再加上任意常数 C，即得

$$\int \sin x\mathrm{d}x=-\cos x+C.$$

例 4.1.2 求 $\int 3x^2\mathrm{d}x$.

解 由于 $(x^3)'=3x^2$，所以 x^3 是 $3x^2$ 的一个原函数，因此

$$\int 3x^2\mathrm{d}x=x^3+C.$$

例 4.1.3 求 $\int \frac{1}{x}\mathrm{d}x$.

解 当 $x>0$ 时，

$$(\ln|x|)'=(\ln x)'=\frac{1}{x};$$

当 $x<0$ 时，

$$(\ln|x|)'=[\ln(-x)]'=\frac{1}{-x}(-x)'=\frac{1}{x}.$$

所以

$$\int \frac{1}{x}\mathrm{d}x=\ln|x|+C.$$

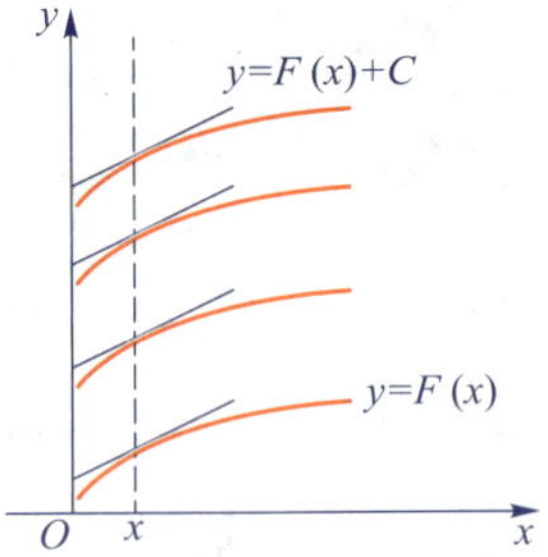

图 4-1

当积分常数 C 变动时，不定积分表示的不是一个函数，而是一族函数.从几何上看，它们代表一族曲线，称为函数 $f(x)$ 的积分曲线族.其中任何一条积分曲线都可以由某一条积分曲线沿 y 轴方向向上或向下平移得到.另外，在积分曲线族上横坐标相同的点 x 作切线，这些切线都是彼此平行的，其斜率都是 $f(x)$，如 4-1 所示.

例 4.1.4 求过点 $(1,2)$，且在任意一点 $P(x,y)$ 处切线的斜率都为 $2x$ 的曲线方程.

解 因为 $(x^2)'=2x$，所以 $\int 2x\mathrm{d}x=x^2+C$，于是得积分曲线族

$$y=x^2+C.$$

将 $x=1,y=2$ 代入该式，得 $2=1+C$，解得

$$C=1.$$

所以所求的曲线方程是 $y=x^2+1$.

扫一扫

4.1.2 不定积分的几何意义

扫一扫

4.1.3 不定积分的性质

4.1.2 不定积分的性质和运算

1. 不定积分的性质

性质 积分与微分之间有如下关系：

(1) $\left[\int f(x)\mathrm{d}x\right]'=f(x)$，或 $\mathrm{d}\left[\int f(x)\mathrm{d}x\right]=f(x)\mathrm{d}x$；

(2) $\int f'(x)\mathrm{d}x=f(x)+C$，或 $\int \mathrm{d}[f(x)]=$

学习小贴士： 本部分内容建议采用问答式学习方法，教师书写几例有关性质的习题，部分学生书写运算结果，部分学生点评与纠错.另外，初次接触不定积分，注意书写的规范性.

$f(x)+C$.

2. 不定积分的运算法则

法则 1 不为零的常数因子可以提到积分号之前，即

$$\int kf(x)\,\mathrm{d}x=k\int f(x)\,\mathrm{d}x \quad (\text{常数 } k\neq 0).$$

例如，

$$\int 3\cos x\,\mathrm{d}x=3\int \cos x\,\mathrm{d}x=3\sin x+C.$$

法则 2 两个函数代数和的不定积分等于各个函数不定积分的代数和，即

$$\int [f(x)\pm g(x)]\,\mathrm{d}x=\int f(x)\,\mathrm{d}x\pm\int g(x)\,\mathrm{d}x.$$

例如，

$$\int (4x+\cos x)\,\mathrm{d}x=\int 4x\,\mathrm{d}x+\int \cos x\,\mathrm{d}x.$$

法则 2 可以推广到任意有限多个函数的代数和的情形，即

$$\int [f_1(x)\pm f_2(x)\pm\cdots\pm f_n(x)]\,\mathrm{d}x$$

$$=\int f_1(x)\,\mathrm{d}x\pm\int f_2(x)\,\mathrm{d}x\pm\cdots\int f_n(x)\,\mathrm{d}x.$$

学习小贴士： 教师举例说明运算法则后(本处不必写出运算结果)，书写三道关于法则的使用习题(含有错误习题)，学生讨论后判断正误并求解.

练一练

求下列不定积分：

(1) $\int x^3\,\mathrm{d}x$；　(2) $\int \frac{1}{x^2}\,\mathrm{d}x$；　(3) $\int \frac{1}{1+x^2}\,\mathrm{d}x$；　(4) $\int \frac{1}{x}\,\mathrm{d}x$.

评一评

姓名：__________ 班级：__________ 学号：__________ 得分：__________

1. 利用求导运算验证下列等式：

(1) $\int \frac{x}{\sqrt{x^2+1}}\mathrm{d}x=\sqrt{x^2+1}+C$；

(2) $\int x\cos x\mathrm{d}x=x\sin x+\cos x+C$.

2. 求下列不定积分：

(1) $\int x^2\sqrt{x}\,\mathrm{d}x$；

(2) $\int \frac{1}{x^2\sqrt{x}}\mathrm{d}x$.

3. 求满足下列两个条件的曲线方程 $y=f(x)$：

(1) 曲线上任意一点 $P(x,y)$ 处切线的斜率等于 x^2；

(2) 曲线经过坐标原点.

4. 设$f(x)=x\ln x$,则$\int f'(x)\mathrm{d}x$等于(　　).

A. $x\ln x$　　B. $1+\ln x$　　C. $x\ln x+C$　　D. $\frac{1}{2}x^2\ln x+\frac{1}{4}x^2+C$

评语:

测一测　　姓名：__________ 班级：__________ 学号：__________ 得分：__________

一、基础测试

1. $\sqrt{x}$是(　　)的一个原函数.

A. $\frac{1}{2x}$　　B. $\frac{1}{2\sqrt{x}}$　　C. $\ln x$　　D. $\sqrt{x^3}$

2. 若$\int f(x)\mathrm{d}x=x^2\mathrm{e}^{2x}+C$,则$f(x)=$(　　).

A. $2x\mathrm{e}^{2x}$　　B. $2x^2\mathrm{e}^{2x}$　　C. $x\mathrm{e}^{2x}$　　D. $2x\mathrm{e}^{2x}(1+x)$

3. 计算$\left(\int \arcsin x\mathrm{d}x\right)'=$(　　).

A. $\frac{1}{\sqrt{1-x^2}}+C$　　B. $\frac{1}{\sqrt{1-x^2}}$　　C. $\arcsin x+C$　　D. $\arcsin x$

4. 设$f(x)=\sin x$,则$\int f'(x)\mathrm{d}x=$(　　).

A. $\sin x$　　B. $\cos x$　　C. $\sin x+C$　　D. $\cos x+C$

5. 下列不定积分的计算正确的是(　　).

A. $\int 0\mathrm{d}x=C$　　B. $\int x^2\mathrm{d}x=x^3+C$

C. $\int \frac{1}{x^2}\mathrm{d}x=\frac{1}{x}+C$　　D. $\int \sin x\mathrm{d}x=\cos x+C$

6. 若曲线$y=f(x)$在任一点的切线斜率为$-x+2$,且曲线经过点$(2,5)$,求该曲线方程.

二、提升测试

7. 设$f(x)=\frac{1}{1-x^2}$,则$f(x)$的一个原函数为(　　).

A. $\arcsin x$　　B. $\arctan x$　　C. $\frac{1}{2}\ln\left|\frac{1-x}{1+x}\right|$　　D. $\frac{1}{2}\ln\left|\frac{1+x}{1-x}\right|$

8. 下列函数为同一函数的原函数的是(　　).

A. x^3与$4-x^3$　　B. x^3与$4-\frac{1}{2}x^3$

C. $\frac{1}{2}\sin^2 x+C$与$C-\frac{1}{4}\cos 2x$　　D. $\ln x$与$\ln x^2$

学习反思：

用一用

案例 4.1.1 在机械类、汽车类、工程类、飞行航海类专业中常常需要描述物体的运动状况，如要确定刀具、汽车、电梯等的速度、加速度、位移、时间等情况，必须与运动学相结合，这与导数和积分的知识是相关联的.例如，已知物体由静止开始运动，经过 t s 后的速度为 $3t^2$(m/s)，问：

(1) 3 s 后物体离开出发点的距离是多少？

(2) 该物体走完 343 m 需要多长时间？

解 (1) 假设物体发生的位移是随时间变化的函数，令此函数为 $s(t)$，由运动学知识可知，位移与速度的关系为

$$s'(t)=v(t)=3t^2.$$

两边求不定积分，得

$$s(t)=t^3+C. \tag{4-1}$$

由于运动的初始位置为 0，即当时间 $t=0$ 时，位移 $s(0)=0$.代入式(4-1)中，得 $0=0^3+C$，从而

$$C=0.$$

所以物体的运动规律(位移函数)为

$$s(t)=t^3.$$

当 $t=3$ 时，$s(3)=3^3=27$，即 3 s 后物体离开出发点的距离为 27 m.

(2) 当 $s(t)=343$ 时，即 $s(t)=t^3=343$，解得 $t=7$(s).

所以该物体走完 343 m 需要 7 s.

案例 4.1.2 在经济学和金融学中，边际成本指的是每一单位新增生产的产品(或者购买的产品)带来的总成本的增量. 这个概念表明每一单位的产品的成本与总产量有关.比如，仅生产一辆汽车的成本是极其巨大的，而生产第 101 辆汽车的成本就低得多，而生产第 10 000 辆汽车的成本就更低了(这是由规模经济带来的效益). 若已知某产品的成本函数为 $C'(q)=2q+3$，其中 q 是产量数，已知生产该产品的固定成本为 3，求生产该产品的成本函数.

解 设所求的成本函数为 $C(q)$，依题意，可知

$$C'(q)=2q+3.$$

因为 $(q^2+3q)'=2q+3$，所以

$$C(q)=\int(2q+3)\,\mathrm{d}x=q^2+3q+C. \tag{4-2}$$

因为生产该产品的固定成本为 3，即当 $q=0$ 时，$C(q)=3$，代入式(4-2)，解得 $C=3$.代回式(4-2)中，得到成本函数为

$$C(q)=q^2+3q+3. \tag{4-3}$$

由式(4-3)可以计算任何产量下的成本.请读者思考：当产量是多少时成本最低？

4.2 初踏积分之旅——直接积分法

读一读

爱国忧民　躬耕不辍　科学救国　置身教育——近代科学的传播者李善兰

李善兰(1811—1882),字竟芳,号秋纫,别号壬叔,浙江海宁人.他是中国清代数学家、教育家.

李善兰在数学研究方面的成就,主要有尖锥术、垛积术和素数论三项.尖锥术理论主要见于《方圆阐幽》《弧矢启秘》和《对数探源》三部著作,成书年代约为1845年,当时解析几何与微积分学尚未传入中国.李善兰创立的"尖锥"概念,是一种处理代数问题的几何模型,他对"尖锥曲线"的描述实质上相当于给出了直线、抛物线、立方抛物线等方程.他创造的"尖锥求积术",相当于幂函数的定积分公式和逐项积分法则.他用"分离元数法"独立地得出了二项平方根的幂级数展开式,结合"尖锥求积术",得到了 π 的无穷级数表达式、各种三角函数和反三角函数的展开式,以及对数函数的展开式.在使用微积分方法处理数学问题方面取得了创造性的成就.李善兰从研究中国传统的垛积问题入手,获得了一些相当于现代组合数学中的成果,提出了著名的李善兰不等式.例如,"三角垛有积求高开方廉隅表"和"乘方垛各廉表"实质上就是组合数学中著名的第一种斯特林数和欧拉数.他证明了著名的费马素数定理,并指出了它的逆定理不真.1868年,李善兰被荐任北京同文馆天文算学总教习,直至1882年他逝世,他从事数学教育十余年,其间审定了《同文馆算学课艺》《同文馆珠算金踌针》等数学教材,培养了一大批数学人才,是中国近代数学教育的鼻祖.

在19世纪把西方近代物理学知识翻译为中文的传播工作中,李善兰做出了重大贡献.他的译书也为中国近代物理学的发展起了启蒙作用.同治七年(1868年),李善兰到北京担任同文馆天文、算学部长,执教达13年之久,为造就中国近代第一代科学人才做出了贡献.李善兰为近代科学在中国的传播和发展做出了开创性的贡献.

阅读感悟:

学习目标

在本节中你将完成以下学习目标：

（1）熟记基本积分公式表；

（2）熟练应用不定积分的运算法则；

（3）能够运用积分公式和运算法则求解积分；

（4）掌握灵活的变形技巧，提高敏锐的观察能力，训练灵活巧妙的计算能力，培养举一反三的思辨能力.

重点：不定积分公式与运算法则的运用.

难点：被积函数的变形技巧.

学一学

1. 基本积分表

我们知道积分与微分互为逆运算，因此由第 2 单元的导数的基本公式可以相应地得出不定积分的基本公式如下：

（1）$\int k\mathrm{d}x=kx+C$　（k 是常数）；

（2）$\int x^{\alpha}\mathrm{d}x=\dfrac{1}{\alpha+1}x^{\alpha+1}+C$　（$\alpha\neq-1$）；

（3）$\int \dfrac{1}{x}\mathrm{d}x=\ln|x|+C$；

（4）$\int a^{x}\mathrm{d}x=\dfrac{1}{\ln a}a^{x}+C$　（$a>0,a\neq1$）；

（5）$\int \mathrm{e}^{x}\mathrm{d}x=\mathrm{e}^{x}+C$；

（6）$\int \sin x\mathrm{d}x=-\cos x+C$；

（7）$\int \cos x\mathrm{d}x=\sin x+C$；

（8）$\int \dfrac{1}{\cos^{2}x}\mathrm{d}x=\int \sec^{2}x\mathrm{d}x=\tan x+C$；

（9）$\int \dfrac{1}{\sin^{2}x}\mathrm{d}x=\int \csc^{2}x\mathrm{d}x=-\cot x+C$；

（10）$\int \dfrac{1}{\sqrt{1-x^{2}}}\mathrm{d}x=\arcsin x+C$；

（11）$\int \dfrac{1}{1+x^{2}}\mathrm{d}x=\arctan x+C$；

（12）$\int \sec x\tan x\mathrm{d}x=\sec x+C$；

(13) $\int \csc x \cot x \mathrm{d}x = -\csc x + C$.

以上13个基本积分公式是求不定积分的基础，对不定积分的运算起到了关键性的作用.

学习小贴士： 小组互助式学习方式，互相提问，默写公式互相改错.

2. 不定积分的运算法则

根据不定积分的定义，可以得到如下运算法则.

扫一扫

4.2.1 基本积分表和不定积分的运算法则

性质1 两个函数和(差)的不定积分等于这两个函数的不定积分的和(差)，即

$$\int [f(x) \pm g(x)] \mathrm{d}x = \int f(x) \mathrm{d}x \pm \int g(x) \mathrm{d}x.$$

注：性质1可以推广到被积函数是有限多个函数代数和的情形.

性质2 不为零的常数因子可以移到积分号前，即

$$\int kf(x) \mathrm{d}x = k \int f(x) \mathrm{d}x \quad (k \text{ 为常数}, k \neq 0).$$

3. 直接积分法

利用不定积分的运算法则和基本积分公式直接求不定积分的方法，叫作**直接积分法**.

扫一扫

4.2.2 直接积分法

例 4.2.1 求 $\int x \cdot \sqrt[3]{x} \mathrm{d}x$.

解
$$\int x \cdot \sqrt[3]{x} \mathrm{d}x = \int x^{\frac{4}{3}} \mathrm{d}x = \frac{1}{\frac{4}{3}+1} x^{\frac{4}{3}+1} + C = \frac{3}{7} x^{\frac{7}{3}} + C.$$

例 4.2.2 求 $\int (2x - 3\mathrm{e}^x) \mathrm{d}x$.

解
$$\begin{aligned}\int (2x - 3\mathrm{e}^x) \mathrm{d}x &= \int 2x \mathrm{d}x - \int 3\mathrm{e}^x \mathrm{d}x \\ &= (x^2 + C_1) - 3\int \mathrm{e}^x \mathrm{d}x \\ &= x^2 + C_1 - 3(\mathrm{e}^x + C_2) \\ &= x^2 - 3\mathrm{e}^x + C \quad (C = C_1 - 3C_2).\end{aligned}$$

例 4.2.3 求 $\int (2^x - 3\cos x + 4) \mathrm{d}x$.

解
$$\begin{aligned}&\int (2^x - 3\cos x + 4) \mathrm{d}x \\ &= \int 2^x \mathrm{d}x - \int 3\cos x \mathrm{d}x + \int 4 \mathrm{d}x \\ &= \int 2^x \mathrm{d}x - 3\int \cos x \mathrm{d}x + \int 4 \mathrm{d}x \\ &= \frac{1}{\ln 2} 2^x - 3\sin x + 4x + C.\end{aligned}$$

学习小贴士： 在分项积分后，每个不定积分的结果都应有一个积分常数，但任意常数的和仍是任意常数，因此最后结果只要写一个任意常数即可.

练一练

求下列不定积分：

(1) $\int \frac{1}{x^2\sqrt{x}}\mathrm{d}x$；

(2) $\int (2^x+x^2)\mathrm{d}x$；

(3) $\int x^2(x-1)\mathrm{d}x$；

(4) $\int \left(3-2x+\frac{1}{x^2}-5\sin x\right)\mathrm{d}x$.

例 4.2.4 求 $\int \frac{x^2}{1+x^2}\mathrm{d}x$.

解 $$\begin{aligned}\int \frac{x^2}{1+x^2}\mathrm{d}x &= \int \frac{x^2+1-1}{1+x^2}\mathrm{d}x\\ &= \int \left(1-\frac{1}{1+x^2}\right)\mathrm{d}x\\ &= \int \mathrm{d}x-\int \frac{1}{1+x^2}\mathrm{d}x\\ &= x-\arctan x+C.\end{aligned}$$

例 4.2.5 求 $\int \frac{x^4}{1+x^2}\mathrm{d}x$.

解 $$\begin{aligned}\int \frac{x^4}{1+x^2}\mathrm{d}x &= \int \frac{x^4-1+1}{1+x^2}\mathrm{d}x\\ &= \int \frac{(x^2+1)(x^2-1)+1}{1+x^2}\mathrm{d}x\\ &= \int \left(x^2-1+\frac{1}{1+x^2}\right)\mathrm{d}x\\ &= \int x^2\mathrm{d}x-\int \mathrm{d}x+\int \frac{1}{1+x^2}\mathrm{d}x\\ &= \frac{x^3}{3}-x+\arctan x+C.\end{aligned}$$

例 4.2.6 求 $\int \frac{(x-1)^2}{x}\mathrm{d}x$.

解 $$\begin{aligned}\int \frac{(x-1)^2}{x}\mathrm{d}x &= \int \frac{x^2-2x+1}{x}\mathrm{d}x\\ &= \int \left(x-2+\frac{1}{x}\right)\mathrm{d}x\\ &= \frac{1}{2}x^2-2x+\ln|x|+C.\end{aligned}$$

练一练

求下列不定积分：

(1) $\int \frac{(x-2)^2}{x^2}dx$； (2) $\int \frac{1+x+x^2}{x(1+x^2)}dx$；

(3) $\int \frac{1}{x^2(1+x^2)}dx$； (4) $\int \frac{2x^4+2x^2+3}{1+x^2}dx$.

例 4.2.7 求 $\int e^{x+2}dx$.

解 $\int e^{x+2}dx=\int e^x e^2 dx=e^2\int e^x dx=e^2 e^x+C=e^{x+2}+C$.

例 4.2.8 求 $\int 3^x e^x dx$.

解
$$\int 3^x e^x dx=\int (3e)^x dx=\frac{1}{\ln(3e)}(3e)^x+C$$
$$=\frac{3^x e^x}{\ln 3+\ln e}+C=\frac{3^x e^x}{1+\ln 3}+C.$$

例 4.2.9 求 $\int \cos^2\frac{x}{2}dx$.

解
$$\int \cos^2\frac{x}{2}dx=\int \frac{1+\cos x}{2}dx$$
$$=\frac{1}{2}\int (1+\cos x)dx$$
$$=\frac{1}{2}(x+\sin x)+C.$$

练一练

求下列不定积分：

(1) $\int e^{2x+1}dx$； (2) $\int (e^x-3\cos x+2^x e^x)dx$.

(3) $\int \frac{\sin 2x}{\cos x}dx$； (4) $\int \frac{1}{\cos^2 x\sin^2 x}dx$.

评一评

姓名:__________ 班级:__________ 学号:__________ 得分:__________

1. 求下列不定积分:

(1) $\int\left(x^{2}+\sqrt{x}+\frac{2}{x}\right)\mathrm{d}x$;

(2) $\int \sec x(\sec x-\tan x)\mathrm{d}x$;

(3) $\int 4^{x}\mathrm{e}^{x}\mathrm{d}x$;

(4) $\int \frac{3x^{2}}{1+x^{2}}\mathrm{d}x$;

(5) $\int \frac{1}{1+\cos 2x}\mathrm{d}x$.

2. 证明：$\int \sin^2 \frac{x}{2} = \frac{1}{2}(x-\sin x)+C.$

评语：

测一测

姓名:__________ 班级:__________ 学号:__________ 得分:__________

一、基础测试

1. 计算 $\int\sqrt{\sqrt{x}}\,dx=$ (　　).

A. $x^{\frac{5}{4}}+C$　　B. $\frac{4}{5}x^{\frac{5}{4}}+C$　　C. $x^{\frac{3}{2}}+C$　　D. $\frac{2}{3}x^{\frac{3}{2}}+C$

2. 计算 $\int\frac{\sin 2x}{\sin x}dx=$ (　　).

A. $\sin x+C$　　B. $2\sin x+C$　　C. $\cos x+C$　　D. $-2\cos x+C$

3. 设 $I=\int\frac{1}{x^4}dx$,则 $I=$ (　　).

A. $-4x^{-5}+C$　　B. $-\frac{1}{3x^3}+C$　　C. $-\frac{1}{3}x^3+C$　　D. $\frac{1}{3}x^{-3}+C$

4. 计算 $\int\frac{1+x^3}{1+x}dx=$ (　　).

A. $1-x+x^2+C$　　B. $x-\frac{x^2}{2}+C$　　C. $x-\frac{x^2}{2}+\frac{x^3}{3}+C$　　D. $x-x^2+x^3+C$

二、提升测试

5. 计算下列不定积分:

(1) $\int x(1-x)^2dx$　　　　(2) $\int\frac{x^2-1}{x^2+1}dx$

学习反思：

用一用

案例 4.2.1 按照“冰天雪地也是金山银山”的理念，坚持治山、治水、治气、治城等系统化治理.冻土也是环境治理的重要内容.冻土是指 0 ℃以下，含有冰的各种岩石和土壤，一般可分为短时冻土(数小时、数日以至半月)、季节冻土(半月至数月)及多年冻土(又称永久冻土，指的是持续两年或两年以上的冻结不融的土层).在冻土区修筑工程等构筑物时须面临两大危险：冻胀和融沉.因此研究冻土厚度问题非常重要.

结冻的速度由经验公式：$\frac{\mathrm{d}y}{\mathrm{d}t}=k\sqrt{t}$来确定，其中 y(单位：cm)是从结冻起到时刻 t(单位：h)的冻层厚度，k 为正常数.那么，当 $k=\frac{3}{2}$时，9 h 冻土的厚度是多少？

解 由$\frac{\mathrm{d}y}{\mathrm{d}t}=k\sqrt{t}$，求不定积分，得

$$y(t)=\int k\sqrt{t}\,\mathrm{d}t=k\cdot\frac{2}{3}t^{\frac{3}{2}}+C. \tag{4-4}$$

由于 $t=0$ 时土层开始结冻，此时冻土厚度为 0，即

$$y(0)=0,$$

代入式(4-4)，得

$$C=0.$$

所以

$$y(t)=\frac{2}{3}kt\sqrt{t}=\frac{2}{3}\times\frac{3}{2}t\sqrt{t}=t\sqrt{t}.$$

当 $t=9$ h 时，$y(9)=27$(cm).

所以当 $k=\frac{3}{2}$时，9 h 冻土的厚度为 27 cm.

案例 4.2.2 在电学中，常常要研究电流随时间变化的规律，已知在某电学实验中，某电路电流关于时间的变化率为$\frac{\mathrm{d}i}{\mathrm{d}t}=4t-0.6t^2$，若 $t=0$，$i=2\mathrm{A}$，求电流 i 关于时间 t 的函数.

解 由$\frac{\mathrm{d}i}{\mathrm{d}t}=4t-0.6t^2$，求不定积分，得

$$i(t)=\int(4t-0.6t^2)\,\mathrm{d}t=2t^2-0.2t^3+C. \tag{4-5}$$

将 $i(0)=2$ 代入式(4-5)，得

$$C=2.$$

所以

$$i(t)=2t^2-0.2t^3+2.$$

4.3 寻找通关秘籍——换元积分法

读一读

伯乐识马、身先垂范、慧眼卓识——一代数学宗师熊庆来

熊庆来(1893—1969),中国数学家,云南省弥勒人,字迪之.1911 年进入云南省高等学堂学习,1913 年赴比利时学习采矿.1915 年至 1920 年间先后就读于法国格伦诺布尔大学和蒙彼利埃大学,并获得理学硕士学位.1921 年回国,任南京东南大学、南京高等师范大学和清华大学教授.1931 年再次赴法学习,专攻函数论,获博士学位后于 1934 年回国,仍在清华大学任教.1937 年任云南大学校长.

熊庆来是我国著名的数学家、教育家,是现代数学的耕耘者,为我国的数学教学和研究做了许多开创性的工作,不愧为数学界的一代宗师.他曾用法文撰写发表了《无穷极之函数问题》等多篇论文,以其独特精辟严谨的论证获得法国数学界的称赞.1921 年熊庆来学成归国,这期间他潜心于学术研究与著述,编写的《高等数学分析》等 10 多种大学教材是当时第一次用中文写成的数学教科书.熊庆来的论文《关于整函数与无穷极的亚纯函数》中定义的无穷极,被数学界称为"熊氏无穷极",又称"熊氏定理",被载入世界数学史册,奠定了他在国际数学界的地位.

熊庆来既是千里马又是伯乐,除自己在数学研究领域内攀登上科学高峰之外,还着意提携后进,让后者站在自己的肩膀上攀上另一个数学高峰,为我国数学界创建了一种识才、爱才、育才的优良传统,他的慧眼卓识是我国科学家的典范.我国许多著名科学家,如数学家华罗庚、徐宝禄、段学复、庄圻泰,物理学家严济慈、赵忠尧、钱三强、赵九章,化学家柳大纲等均是他的学生.在 20 世纪 60 年代,他已 70 多岁,仍抱病指导两个后来也成为著名数学家的年轻人,他们是杨乐和张广厚.所以他既是中国近代数学的先驱,同时也是识千里马的伯乐.

1949 年熊庆来在巴黎参加联合国教科文组织的一次会议期间,不幸患脑出血而致右半身瘫痪,但他并未向病魔屈服,以顽强的毅力学会用左手写字,艰难地投入数学研究工作中.1957 年熊庆来在周恩来总理的亲切关怀下,不顾台湾当局的引诱与威胁,毅然回到祖国,任中国科学院数学研究所研究员、函数论研究室主任,以及全国政协委员.古稀之年的熊庆来以残而不废之身"尽瘁于祖国的学术事业".

阅读感悟:

学习目标

在本节中你将完成以下学习目标：

(1) 理解第一类换元积分法、第二类换元积分法的基本原理；

(2) 能够运用第一类换元积分法、第二类换元积分法解决积分问题；

(3) 通过学习换元积分法熟练掌握被积函数的变形技巧，培养观察能力；

(4) 在通过大量练习的基础上达到能够敏锐识别题目的类型及可使用的积分法.

重点：两种换元积分法的运用.

难点：被积函数的变形技巧.

扫一扫

4.3.1 第一类换元积分法（定理）

学一学

不定积分的直接积分法所能计算的不定积分是非常有限的.本节我们介绍不定积分的换元积分法.换元积分法分为第一类换元积分法（凑微分法）和第二类换元积分法（去根号法）.下面首先介绍第一类换元积分法（凑微分法）.

4.3.1 第一类换元积分法（凑微分法）

例 4.3.1 求 $\int \cos 2x\mathrm{d}x$.

解 $\int \cos 2x\mathrm{d}x=\int \frac{1}{2}\cos 2x(2\mathrm{d}x)$

$$=\frac{1}{2}\int \cos 2x\mathrm{d}(2x)$$

$$\xlongequal[\text{换元}]{\text{令 } 2x=u} \frac{1}{2}\int \cos u\mathrm{d}u$$

$$=\frac{1}{2}\sin u+C$$

$$\xlongequal[\text{回代}]{u=2x} \frac{1}{2}\sin 2x+C.$$

$$\left(\frac{1}{2}\sin 2x\right)'=\frac{1}{2}(\sin 2x)'=\frac{1}{2}\cos 2x\cdot(2x)'$$

$$=\frac{1}{2}\cos 2x\cdot 2=\cos 2x.$$

由此可见，例 4.3.1 的计算结果是正确的.针对这种不定积分的计算方法，我们给出定理 4.3.1.

学习小贴士： 小组互助式开展学习，由组长（或教师）仿照例 4.3.1 出一道类似题目，其他成员仿照例题写出过程，组长批改.

定理 4.3.1（第一类换元积分法） 如果 $\int f(u)\mathrm{d}u=F(u)+C$，且 $u=\varphi(x)$ 可导，则有

$$\int f[\varphi(x)]\varphi'(x)\,\mathrm{d}x = F(u)+C = F[\varphi(x)]+C. \tag{4-6}$$

第一类换元积分法又称为**凑微分法**，其运算过程如下：

$$\begin{aligned}
\int f[\varphi(x)]\varphi'(x)\,\mathrm{d}x &= \int f[\varphi(x)][\varphi'(x)\,\mathrm{d}x] \\
&\xlongequal{\text{凑微分}} \int f[\varphi(x)]\,\mathrm{d}[\varphi(x)] \\
&\xlongequal[\text{换元}]{\varphi(x)=u} \int f(u)\,\mathrm{d}u \\
&\xlongequal{\text{积分公式}} F(u)+C \\
&\xlongequal[\text{回代}]{u=\varphi(x)} F[\varphi(x)]+C.
\end{aligned}$$

扫一扫

4.3.2 第一类换元积分法（举例）

下面我们举例说明第一类换元积分法（凑微分法）的应用.

例 4.3.2 求 $\int \frac{1}{5x+1}\mathrm{d}x$.

解 令 $5x+1=u$，则 $x=\frac{1}{5}u-\frac{1}{5}$，$\mathrm{d}x=\frac{1}{5}\mathrm{d}u$，于是

$$\begin{aligned}
\int \frac{1}{5x+1}\mathrm{d}x &= \int \frac{1}{u}\cdot\frac{1}{5}\mathrm{d}u = \frac{1}{5}\int\frac{1}{u}\mathrm{d}u = \frac{1}{5}\ln|u|+C \\
&\xlongequal{u=5x+1} \frac{1}{5}\ln|5x+1|+C.
\end{aligned}$$

例 4.3.3 求 $\int 2\mathrm{e}^{2x}\mathrm{d}x$.

解 令 $2x=u$，则 $x=\frac{1}{2}u$，$\mathrm{d}x=\frac{1}{2}\mathrm{d}u$，于是

$$\begin{aligned}
\int 2\mathrm{e}^{2x}\mathrm{d}x &= \int 2\mathrm{e}^{u}\cdot\frac{1}{2}\mathrm{d}u \\
&= \int \mathrm{e}^{u}\mathrm{d}u \\
&= \mathrm{e}^{u}+C \\
&\xlongequal{u=2x} \mathrm{e}^{2x}+C.
\end{aligned}$$

在对换元（变量代换）比较熟练以后，可不写出中间变量 u.

例 4.3.4 求 $\int 2x\mathrm{e}^{x^2}\mathrm{d}x$.

解

$$\begin{aligned}
\int 2x\mathrm{e}^{x^2}\mathrm{d}x &= \int \mathrm{e}^{x^2}(2x\,\mathrm{d}x) \\
&= \int \mathrm{e}^{x^2}\mathrm{d}(x^2) \\
&= \mathrm{e}^{x^2}+C.
\end{aligned}$$

例 4.3.5 求 $\int \sin^2 x\cos x\,\mathrm{d}x$.

解 $\int \sin^2 x\cos x\,\mathrm{d}x = \int \sin^2 x(\cos x\,\mathrm{d}x)$

$$=\int \sin^2 x\mathrm{d}(\sin x)$$

$$=\frac{1}{3}\sin^3 x+C.$$

练一练

求下列不定积分：

(1) $\int (x-1)^{10}\mathrm{d}x$；

(2) $\int (3x+1)^8\mathrm{d}x$；

(3) $\int \sin 3x\mathrm{d}x$；

(4) $\int \frac{1}{3x+8}\mathrm{d}x$.

常见的凑微分的形式如下：

(1) $\int f(ax+b)\mathrm{d}x=\frac{1}{a}\int f(ax+b)\mathrm{d}(ax+b)\quad (a\neq 0)$；

(2) $\int f(x^2)\cdot x\mathrm{d}x=\frac{1}{2}\int f(x^2)\mathrm{d}(x^2)$；

(3) $\int f(x^3)\cdot x^2\mathrm{d}x=\frac{1}{3}\int f(x^3)\mathrm{d}(x^3)$；

(4) $\int f(\sqrt{x})\cdot \frac{1}{\sqrt{x}}\mathrm{d}x=2\int f(\sqrt{x})\mathrm{d}(\sqrt{x})$；

(5) $\int f\left(\frac{1}{x}\right)\cdot \frac{1}{x^2}\mathrm{d}x=-\int f\left(\frac{1}{x}\right)\mathrm{d}\left(\frac{1}{x}\right)$；

(6) $\int f(\ln x)\cdot \frac{1}{x}\mathrm{d}x=\int f(\ln x)\mathrm{d}(\ln x)\quad (x>0)$；

(7) $\int f(\mathrm{e}^x)\cdot \mathrm{e}^x\mathrm{d}x=\int f(\mathrm{e}^x)\mathrm{d}(\mathrm{e}^x)$；

(8) $\int f(\sin x)\cdot \cos x\mathrm{d}x=\int f(\sin x)\mathrm{d}(\sin x)$；

(9) $\int f(\cos x)\cdot \sin x\mathrm{d}x=-\int f(\cos x)\mathrm{d}(\cos x)$；

(10) $\int f(\tan x)\cdot \sec^2 x\mathrm{d}x=\int f(\tan x)\mathrm{d}(\tan x)$；

(11) $\int f(\cot x)\cdot \csc^2 x\mathrm{d}x=-\int f(\cot x)\mathrm{d}(\cot x)$；

(12) $\int f(\arcsin x)\cdot \frac{1}{\sqrt{1-x^2}}\mathrm{d}x=\int f(\arcsin x)\mathrm{d}(\arcsin x)$；

(13) $\int f(\arctan x)\cdot \frac{1}{1+x^2}\mathrm{d}x=\int f(\arctan x)\mathrm{d}(\arctan x)$.

例 4.3.6 求下列不定积分：

(1) $\int \frac{x}{1+x}\mathrm{d}x$；　　(2) $\int \frac{x}{1+x^2}\mathrm{d}x$；　　(3) $\int \frac{x^3}{1+x^2}\mathrm{d}x$.

解 (1)
$$\begin{aligned}\int \frac{x}{1+x}\mathrm{d}x &= \int \frac{(x+1)-1}{1+x}\mathrm{d}x\\ &= \int \left(1-\frac{1}{1+x}\right)\mathrm{d}x\\ &= \int \mathrm{d}x-\int \frac{1}{1+x}\mathrm{d}x\\ &= x-\int \frac{1}{1+x}\mathrm{d}(x+1)\\ &= x-\ln|1+x|+C.\end{aligned}$$

(2)
$$\begin{aligned}\int \frac{x}{1+x^2}\mathrm{d}x &= \int \frac{1}{1+x^2}(x\mathrm{d}x)\\ &= \frac{1}{2}\int \frac{1}{1+x^2}\mathrm{d}(x^2)\\ &= \frac{1}{2}\int \frac{1}{1+x^2}\mathrm{d}(1+x^2)\\ &= \frac{1}{2}\ln(1+x^2)+C.\end{aligned}$$

(3)
$$\begin{aligned}\int \frac{x^3}{1+x^2}\mathrm{d}x &= \int \frac{x^2}{1+x^2}(x\mathrm{d}x)\\ &= \frac{1}{2}\int \frac{x^2}{1+x^2}\mathrm{d}(x^2)\\ &\overset{(1)}{=\!=} \frac{1}{2}x^2-\frac{1}{2}\ln(1+x^2)+C.\end{aligned}$$

或

$$\begin{aligned}\int \frac{x^3}{1+x^2}\mathrm{d}x &= \int \frac{(x^3+x)-x}{1+x^2}\mathrm{d}x\\ &= \int \left(x-\frac{x}{1+x^2}\right)\mathrm{d}x\\ &= \int x\mathrm{d}x-\int \frac{x}{1+x^2}\mathrm{d}x\\ &\overset{(2)}{=\!=} \frac{1}{2}x^2-\frac{1}{2}\ln(1+x^2)+C.\end{aligned}$$

学习小贴士： 请读者自己由(1)或(2)推得(3)，体会凑微分法的运算过程与运算步骤.

例 4.3.7 求下列不定积分：

(1) $\int \frac{\mathrm{e}^x}{1+\mathrm{e}^x}\mathrm{d}x$；　　(2) $\int \frac{1}{1+\mathrm{e}^x}\mathrm{d}x$.

解 (1) $\int \frac{\mathrm{e}^x}{1+\mathrm{e}^x}\mathrm{d}x = \int \frac{1}{1+\mathrm{e}^x}(\mathrm{e}^x\mathrm{d}x) = \int \frac{1}{1+\mathrm{e}^x}\mathrm{d}(\mathrm{e}^x)$

$$= \int \frac{1}{1+e^x} d(1+e^x) = \ln(1+e^x)+C.$$

(2) $\int \frac{1}{1+e^x} dx = \int \frac{(1+e^x)-e^x}{1+e^x} dx$

$$= \int \left(1-\frac{e^x}{1+e^x}\right) dx$$

$$= \int dx - \int \frac{e^x}{1+e^x} dx$$

$$\xlongequal{(1)} x-\ln(1+e^x)+C.$$

例 4.3.8 求下列不定积分：

(1) $\int \cos^2 x dx$；　　　　(2) $\int \sec^6 x dx$.

解 (1) $\int \cos^2 x dx = \int \frac{1}{2}(1+\cos 2x) dx$

$$= \frac{1}{2}\int (1+\cos 2x) dx$$

$$= \frac{1}{2}\int dx + \frac{1}{2}\int \cos 2x dx$$

$$= \frac{1}{2}x + \frac{1}{4}\int \cos 2x d(2x)$$

$$= \frac{1}{2}x + \frac{1}{4}\sin 2x + C.$$

(2) $\int \sec^6 x dx = \int (\sec^2 x)^2(\sec^2 x dx)$

$$= \int (1+\tan^2 x)^2 d(\tan x)$$

$$= \int (1+2\tan^2 x+\tan^4 x) d(\tan x)$$

$$= \int d(\tan x) + 2\int \tan^2 x d(\tan x) + \int \tan^4 x d(\tan x)$$

$$= \tan x + \frac{2}{3}\tan^3 x + \frac{1}{5}\tan^5 x + C.$$

例 4.3.9 求 $\int \tan x dx$.

解 $\int \tan x dx = \int \frac{\sin x}{\cos x} dx$

$$= \int \frac{1}{\cos x}(\sin x dx)$$

$$= -\int \frac{1}{\cos x} d(\cos x)$$

$$= -\ln|\cos x| + C.$$

请自行推导：

$$\int \cot x\mathrm{d}x=\ln|\sin x|+C.$$

学习小贴士： 体会凑微分法的运算过程与运算步骤，学生之间要互相检查正误.

练一练

求下列不定积分：

(1) $\int x\sqrt{1-x^2}\,\mathrm{d}x$；

(2) $\int x^2(1+x^3)\,\mathrm{d}x$；

(3) $\int \cot x\mathrm{d}x$；

(4) $\int \frac{x}{1+2x^2}\mathrm{d}x$.

例 4.3.10 求 $\int \frac{1}{a^2+x^2}\mathrm{d}x$.

解

$$\int \frac{1}{a^2+x^2}\mathrm{d}x=\int \frac{1}{a^2}\cdot\frac{1}{1+\left(\frac{x}{a}\right)^2}\mathrm{d}x$$

$$=\frac{1}{a}\int \frac{1}{1+\left(\frac{x}{a}\right)^2}\left(\frac{1}{a}\mathrm{d}x\right)$$

$$=\frac{1}{a}\int \frac{1}{1+\left(\frac{x}{a}\right)^2}\mathrm{d}\left(\frac{x}{a}\right)$$

$$=\frac{1}{a}\arctan\frac{x}{a}+C.$$

例 4.3.11 求 $\int \frac{1}{\sqrt{a^2-x^2}}\mathrm{d}x \quad (a>0)$.

解

$$\int \frac{1}{\sqrt{a^2-x^2}}\mathrm{d}x=\int \frac{1}{\sqrt{a^2\left[1-\left(\frac{x}{a}\right)^2\right]}}\mathrm{d}x$$

$$=\int \frac{1}{a\sqrt{1-\left(\frac{x}{a}\right)^2}}\mathrm{d}x=\int \frac{1}{\sqrt{1-\left(\frac{x}{a}\right)^2}}\left(\frac{1}{a}\mathrm{d}x\right)$$

$$=\int \frac{1}{\sqrt{1-\left(\frac{x}{a}\right)^2}}\mathrm{d}\left(\frac{x}{a}\right)=\arcsin\frac{x}{a}+C.$$

练一练

求下列不定积分：

(1) $\int \frac{1}{9+x^2}\mathrm{d}x$；　　　　(2) $\int \frac{\mathrm{d}x}{\sqrt{4-x^2}}$.

例 4.3.12 求 $\int \sec x\mathrm{d}x$.

解
$$\begin{aligned}\int \sec x\mathrm{d}x &= \int \frac{\sec x(\sec x+\tan x)}{\sec x+\tan x}\mathrm{d}x\\ &= \int \frac{\sec^2 x+\sec x\tan x}{\sec x+\tan x}\mathrm{d}x\\ &= \int \frac{1}{\sec x+\tan x}[(\sec x\tan x+\sec^2 x)\mathrm{d}x]\\ &= \int \frac{1}{\sec x+\tan x}\mathrm{d}(\sec x+\tan x)\\ &= \ln|\sec x+\tan x|+C.\end{aligned}$$

请自行推导：

$$\int \csc x\mathrm{d}x = \ln|\csc x-\cot x|+C.$$

例 4.3.9～例 4.3.12 中的结论，也可以作为基本积分公式使用，现归纳如下：

(14) $\int \tan x\mathrm{d}x = -\ln|\cos x|+C$；

(15) $\int \cot x\mathrm{d}x = \ln|\sin x|+C$；

(16) $\int \sec x\mathrm{d}x = \ln|\sec x+\tan x|+C$；

(17) $\int \csc x\mathrm{d}x = \ln|\csc x-\cot x|+C$；

(18) $\int \frac{1}{a^2+x^2}\mathrm{d}x = \frac{1}{a}\arctan\frac{x}{a}+C$；

(19) $\int \frac{1}{\sqrt{a^2-x^2}}\mathrm{d}x = \arcsin\frac{x}{a}+C(a>0)$.

扫一扫

4.3.3 第二类换元积分法（定理）

4.3.2 第二类换元积分法

以上介绍的各例是利用第一类换元积分法，通过换元（变量代换）$\varphi(x)=u$，将不定积分 $\int f[\varphi(x)]\varphi'(x)\mathrm{d}x$ 化为 $\int f(u)\mathrm{d}u$，即

学习小贴士： 讨论第二类换元积分法与第一类换元积分法在原理、步骤上有哪些不同？

$$\int f[\varphi(x)]\varphi'(x)\,\mathrm{d}x=\int f(u)\,\mathrm{d}u.$$

下面将介绍第二类换元积分法，即适当地选择换元（变量代换）$x=\varphi(t)$，将不定积分 $\int f(x)\,\mathrm{d}x$ 化为 $\int f[\varphi(t)]\varphi'(t)\,\mathrm{d}t$.

例 4.3.13 求 $\int \frac{1}{1+\sqrt{x}}\,\mathrm{d}x$.

解 令 $\sqrt{x}=t$，则 $x=t^2$，$\mathrm{d}x=2t\mathrm{d}t$，于是

$$\begin{aligned}
\int \frac{1}{1+\sqrt{x}}\,\mathrm{d}x &= \int \frac{1}{1+t}\cdot 2t\mathrm{d}t=2\int \frac{t}{1+t}\,\mathrm{d}t\\
&=2\int \frac{(t+1)-1}{1+t}\,\mathrm{d}t\\
&=2\int \left(1-\frac{1}{1+t}\right)\mathrm{d}t\\
&=2\int \mathrm{d}t-2\int \frac{1}{1+t}\,\mathrm{d}t\\
&=2t-2\int \frac{1}{1+t}\,\mathrm{d}(1+t)\\
&=2t-2\ln(1+t)+C\\
&\xlongequal{t=\sqrt{x}}2\sqrt{x}-2\ln(1+\sqrt{x})+C.
\end{aligned}$$

容易验证：

$$[2\sqrt{x}-2\ln(1+\sqrt{x})+C]'=\frac{1}{1+\sqrt{x}}.$$

由此可见，例 4.3.13 的计算结果是正确的.针对这种不定积分的计算方法，我们给出定理 4.3.2.

定理 4.3.2（第二类换元积分法） 如果在不定积分 $\int f(x)\,\mathrm{d}x$ 中，令 $x=\varphi(t)$，$\varphi(t)$ 单调可导且存在反函数，$\varphi'(t)\neq 0$，则有

$$\int f(x)\,\mathrm{d}x=\int f[\varphi(t)]\varphi'(t)\,\mathrm{d}t.$$

如果 $f[\varphi(t)]\varphi'(t)$ 具有原函数 $F(t)$，则有

$$\int f(x)\,\mathrm{d}x=\int f[\varphi(t)]\varphi'(t)\,\mathrm{d}t=F(t)+C=F[\varphi^{-1}(x)]+C. \tag{4-7}$$

其中，$t=\varphi^{-1}(x)$ 是 $x=\varphi(t)$ 的反函数.

下面我们举几个简单例子说明第二类换元积分法的应用.

扫一扫

4.3.4 第二类换元积分法举例

例 4.3.14 求 $\int \frac{\sqrt{1+x}}{1+\sqrt{1+x}}\,\mathrm{d}x$.

解 令 $\sqrt{1+x}=t$，则 $x=t^2-1$，$\mathrm{d}x=2t\mathrm{d}t$，于是

$$\int \frac{\sqrt{1+x}}{1+\sqrt{1+x}}\,\mathrm{d}x=\int \frac{t}{1+t}\cdot 2t\mathrm{d}t=2\int \frac{t^2}{1+t}\,\mathrm{d}t$$

$$=2\int\frac{(t^2-1)+1}{1+t}\mathrm{d}t=2\int\left(t-1+\frac{1}{1+t}\right)\mathrm{d}t$$

$$=2\int t\mathrm{d}t-2\int\mathrm{d}t+2\int\frac{1}{1+t}\mathrm{d}t$$

$$=2\cdot\frac{1}{2}t^2-2t+2\int\frac{1}{1+t}\mathrm{d}(1+t)$$

$$=t^2-2t+2\ln(1+t)+C_1$$

$$\xlongequal{t=\sqrt{1+x}}(1+x)-2\sqrt{1+x}+2\ln(1+\sqrt{1+x})+C_1$$

$$=x-2\sqrt{1+x}+2\ln(1+\sqrt{1+x})+C\quad(C=1+C_1).$$

例 4.3.15 求 $\int\frac{1}{\sqrt{x}(1+\sqrt[3]{x})}\mathrm{d}x$.

解 换元时，必须同时消去被积函数中的根式$\sqrt{x}$和$\sqrt[3]{x}$，故令$\sqrt[6]{x}=t$，则 $x=t^6$，$\mathrm{d}x=6t^5\mathrm{d}t$，$\sqrt{x}=t^3$，$\sqrt[3]{x}=t^2$，于是

$$\int\frac{1}{\sqrt{x}(1+\sqrt[3]{x})}\mathrm{d}x=\int\frac{1}{t^3(1+t^2)}\cdot 6t^5\mathrm{d}t$$

$$=6\int\frac{t^2}{1+t^2}\mathrm{d}t$$

$$=6\int\frac{(t^2+1)-1}{1+t^2}\mathrm{d}t$$

$$=6\int\left(1-\frac{1}{1+t^2}\right)\mathrm{d}t$$

$$=6\left(\int\mathrm{d}t-\int\frac{1}{1+t^2}\mathrm{d}t\right)$$

$$=6(t-\arctan t)+C$$

$$\xlongequal{t=\sqrt[6]{x}}6(\sqrt[6]{x}-\arctan\sqrt[6]{x})+C.$$

练一练

求下列不定积分：

(1) $\int\frac{1}{1+\sqrt{x+1}}\mathrm{d}x$； (2) $\int\frac{x+4}{\sqrt{2x+1}}\mathrm{d}x$； (3) $\int\frac{x}{\sqrt{x+1}}\mathrm{d}x$.

学习小贴士： 学生分组讨论，当被积函数含有$\sqrt{a^2-x^2}$，$\sqrt{a^2+x^2}$，$\sqrt{x^2-a^2}$等表达式时，用以上的方法还能去掉根号吗？请动手试一试.

例 4.3.16 求 $\int \sqrt{a^2-x^2}\,dx\,(a>0)$

解 作变量替换 $x=a\sin t\left(-\frac{\pi}{2}\leqslant t\leqslant\frac{\pi}{2}\right)$，则 $\sqrt{a^2-x^2}=a\cos t$，$dx=a\cos t\,dt$，于是，有

$$\int \sqrt{a^2-x^2}\,dx=\int a\cos t\cdot a\cos t\,dt=a^2\int\cos^2 t\,dt=a^2\int\frac{1+\cos 2t}{2}\,dt$$

$$=\frac{a^2}{2}\left(t+\frac{1}{2}\sin 2t\right)+C=\frac{a^2}{2}(t+\sin t\cos t)+C.$$

因为 $x=a\sin t$，所以 $t=\arcsin\frac{x}{a}$，为了将 $\sin t$ 与 $\cos t$ 换成 x 的函数，根据变换 $\sin t=\frac{x}{a}$ 作直角三角形，如图 4-2 所示.这时显然有 $\cos t=\frac{\sqrt{a^2-x^2}}{a}$.代入上面的结果，有

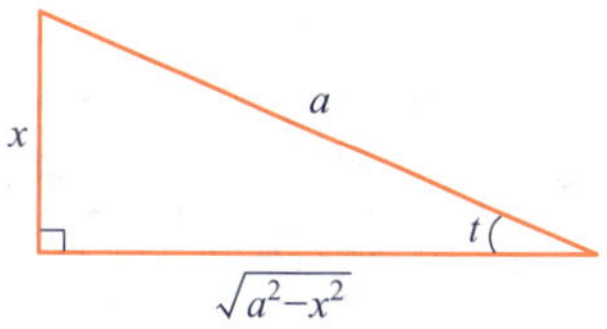

图 4-2

$$\int\sqrt{a^2-x^2}\,dx=\frac{a^2}{2}\arcsin\frac{x}{a}+\frac{x}{2}\sqrt{a^2-x^2}+C.$$

例 4.3.17 求 $\int\frac{dx}{\sqrt{x^2-a^2}}\,(a>0)$.

解 为了去掉被积函数中的根号，利用 $\sec^2 t-1=\tan^2 t$，令 $x=a\sec t\left(0<t<\frac{\pi}{2}\right)$，则 $dx=a\sec t\tan t\,dt$，于是，有

$$\int\frac{dx}{\sqrt{x^2-a^2}}=\int\frac{a\sec t\tan t}{a\tan t}\,dt=\int\sec t\,dt$$

$$=\ln|\sec t+\tan t|+C_1.$$

根据 $\sec t=\frac{x}{a}$，作辅助三角形，如图 4-3 所示，得

$$\int\frac{dx}{\sqrt{x^2-a^2}}=\ln|\sec t+\tan t|+C_1=\ln\left|\frac{x}{a}+\frac{\sqrt{x^2-a^2}}{a}\right|+C_1$$

$$=\ln\left|x+\sqrt{x^2-a^2}\right|+C_1-\ln a=\ln\left|x+\sqrt{x^2-a^2}\right|+C,$$

其中，$C=C_1-\ln a$.

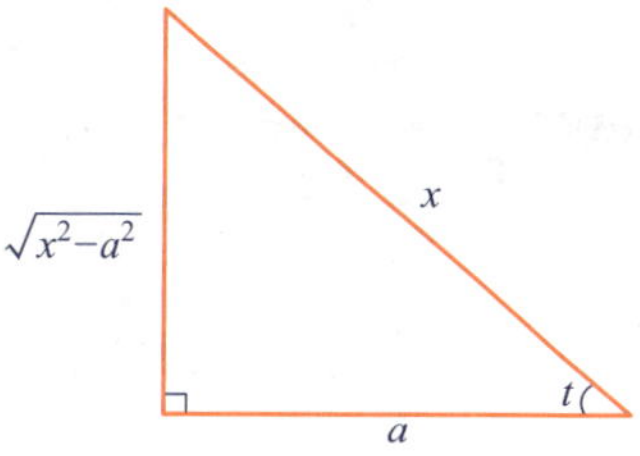

图 4-3

例 4.3.18 求 $\int\frac{dx}{\sqrt{x^2+a^2}}\,(a>0)$.

解 作变量替换 $x=a\tan t\left(-\frac{\pi}{2}<t<\frac{\pi}{2}\right)$，则 $dx=a\sec^2 t\,dt$，$\sqrt{x^2+a^2}=a\sec t$，于是，有

$$\int\frac{dx}{\sqrt{x^2+a^2}}=\int\frac{a\sec^2 t\,dt}{a\sec t}=\int\sec t\,dt=\ln|\sec t+\tan t|+C_1.$$

$$=\ln\left|\frac{\sqrt{x^2+a^2}}{a}+\frac{x}{a}\right|+C_1=\ln\left|x+\sqrt{x^2+a^2}\right|+C$$

$$=\ln\left(x+\sqrt{x^2+a^2}\right)+C,$$

其中，$C=C_1-\ln a$. 在上面的计算中，$\sec t=\dfrac{\sqrt{x^2+a^2}}{a}$是根据变换 $\tan t=\dfrac{x}{a}$作直角三角形（图 4-4）而得到的.

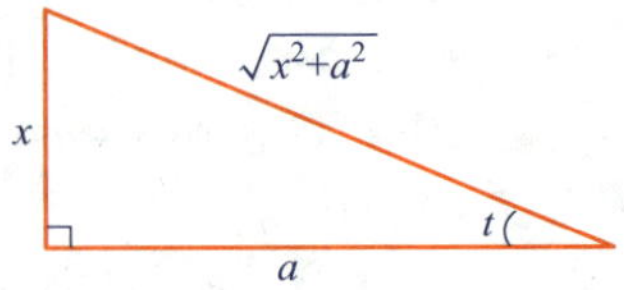

图 4-4

练一练

求下列不定积分：

（1）$\displaystyle\int\frac{x^2}{\sqrt{x^2-4}}\mathrm{d}x$；（2）$\displaystyle\int\frac{\mathrm{d}x}{\sqrt{4x^2+9}}$；（3）$\displaystyle\int\frac{\mathrm{d}x}{x\sqrt{x^2+4}}$.

评一评

姓名：__________ 班级：__________ 学号：__________ 得分：__________

计算下列不定积分：

(1) $\int e^{5x+1}dx$；

(2) $\int \frac{1}{(1+2x)^2}dx$；

(3) $\int \frac{\ln^4 x}{x}dx$；

(4) $\int \frac{x}{x^2+5}dx$；

(5) $\int \frac{e^{\frac{1}{x}}}{x^2}dx$；

(6) $\int e^{\cos x}\sin x dx$；

（7）$\int \frac{\mathrm{d}x}{36+x^2}$；

（8）$\int \frac{3x^2-2}{x^3-2x+1}\mathrm{d}x$；

（9）$\int \frac{1}{\sqrt{x}(1+\sqrt[4]{x})}\mathrm{d}x$；

（10）$\int \frac{x^2}{\sqrt{4-x^2}}\mathrm{d}x$.

评语：

测一测　　姓名：________ 班级：________ 学号：________ 得分：________

一、基础测试

1\. 计算 $\int \sin 4x\mathrm{d}x=($　　$)$.

A. $\cos 4x+C$　　B. $\frac{1}{4}\cos 4x+C$　　C. $-\cos 4x+C$　　D. $-\frac{1}{4}\cos 4x+C$

2\. 计算 $\int \frac{f'(x)}{f(x)}\mathrm{d}x=($　　$)$.

A. $\ln|f(x)|+C$　　B. $\frac{1}{2}[f'(x)]^2+C$　　C. $\frac{f'(x)}{f(x)}+C$　　D. $\frac{1}{2}[f(x)]^2+C$

3\. 若 $F(x)$ 是 $f(x)$ 的原函数，$a\neq 0$，C 为任意常数，则 $\int f(ax+b)\mathrm{d}x=($　　$)$.

A. $F(ax+b)+C$　　B. $\frac{1}{a}F(x)+C$　　C. $F(x)$　　D. $\frac{1}{a}F(ax+b)+C$

4\. 求下列积分：

(1) $\int \cos(5x-2)\mathrm{d}x$；　　(2) $\int x\cos(x^2)\mathrm{d}x$；

(3) $\int \frac{1}{x\ln x}\mathrm{d}x$；　　(4) $\int (3x+5)^4\mathrm{d}x$.

二、提升测试

5. 求解不定积分 $\int \frac{1}{\sqrt{a^2+x^2}}\mathrm{d}x(a>0)$ 时，利用第二换元积分法，可令 $x=a\tan t\left(-\frac{\pi}{2}<t<\frac{\pi}{2}\right)$. (　　)

6. 关于不定积分 $\int \frac{x}{\sqrt{1-x^2}}\mathrm{d}x$ 的求法不正确的是(　　).

A. 用第一换元积分法，凑成微分 $\mathrm{d}(1-x^2)$

B. 用第二换元积分法，令 $\sqrt{1-x^2}=t$

C. 用第二换元积分法，令 $x=\sin t, t\in\left[-\frac{\pi}{2},\frac{\pi}{2}\right]$

D. 积分结果是 $-\sqrt{1-x^2}+C$

7. 计算：$\int \frac{1}{x\sqrt{1-x^2}}\mathrm{d}x$.

学习反思：

用一用

案例 4.3.1【能源消耗量统计(以石油消耗量为例)】 近年来,世界范围内每年的石油消耗量呈指数增长,增长指数大约为 0.07,1970 年初,石油消耗量大约为 161 亿桶,设 $R(t)$ 表示从 1970 年起第 t 年的石油消耗率,则 $R(t)=161e^{0.07t}$(亿桶),试用此式估算从 1970 年到 2020 年间石油消耗的总量.

解 设 $T(t)$ 表示从 1970 年起($t=0$)直到第 t 年的石油消耗总量.我们要求从 1970 年到 2020 年间的石油消耗总量,即求 $T(50)$.由于 $T(t)$ 是石油消耗的总量,所以 $T'(t)$ 就是石油消耗率,即 $T'(t)=R(t)$,那么 $T(t)$ 就是 $R(t)$ 的一个原函数,所以.

$$T(t)=\int R(t)\,dt=\int 161e^{0.07t}\,dt = \frac{161}{0.07}e^{0.07t}+C. \tag{4-8}$$

由 $T(0)=0$,代入式(4-8),得

$$C=-2\ 300.$$

所以

$$T(t)=2\ 300(e^{0.07t}-1).$$

所以

$$T(50)=2\ 300(e^{0.07\times 40}-1)\approx 73\ 865.5(\text{亿桶}).$$

根据以上结论,你能计算出从 2021 年到 2022 年的石油消耗量吗?

案例 4.3.2 在科研、工程、力学实验、车辆测试、物理计算及实际生活中常常涉及力与运动的相关计算,关于力与运动的计算需要知道力学的定律及位移、速度与加速度的积分关系.例如,力与速度的关系:$F=m\dfrac{dv}{dt}$,加速度与速度的关系:$a=\dfrac{dv}{dt}$,速度与位移的关系:$v=\dfrac{ds}{dt}$.

这些关系式非常重要,在今后的学习和生活中经常能够遇到,需要同学们记住!例如,在研究车辆在某固定道路紧急刹车的速度和位移情况时,就会遇到以上关系式.假设一个质量为 m,速度为 v_0 的汽车,在遇到紧急情况刹车后沿直线滑行,已知汽车所受的阻力为

$$f=-kv(k>0).$$

求:(1) 汽车在任意时刻的速度;

(2) 汽车在任意时刻的位移及最大刹车距离.

解 (1) 在刹车后,汽车做减速运动,外力为阻力,即

$$f=m\frac{dv}{dt}=-kv,$$

整理,得

$$\frac{dv}{dv}=-\frac{k}{m}dt.$$

两边同时积分,得

$$\int\frac{1}{v}dv=\int -\frac{k}{m}dt,$$

计算,得

$$\ln v=-\frac{k}{m}t+C. \tag{4-9}$$

当 $t=0$ 时,$v=v_0$,代入式(4-9)中可以计算出

$$C=\ln v_0.$$

代回式(4-9)中,并整理可以得到速度函数为

$$v=v_0 e^{-\frac{k}{m}t}.$$

由此表达式就可以求出汽车在任意时刻的速度,当速度为 0 时计算出的时间就是停止时间.

(2) 由 $v=\frac{ds}{dt}$,可知

$$\frac{ds}{dt}=v_0 e^{-\frac{k}{m}t}$$

整理后,得

$$ds=v_0 e^{-\frac{k}{m}t}dt$$

两边同时积分,得

$$\int ds=\int v_0 e^{-\frac{k}{m}t}dt$$

即

$$s=-\frac{mv_0}{k}e^{-\frac{k}{m}t}+C. \tag{4-10}$$

将 $t=0$ 时,$s=0$,代入式(4-10)中,可以计算出

$$C=\frac{mv_0}{k}.$$

并代回位移方程(4-10)中,可以得到

$$s=\frac{mv_0}{k}(1-e^{-\frac{k}{m}t}).$$

依据此式可以求出汽车任一时刻的位移.当 $t\to+\infty$ 时,得到最大位移即最大刹车距离为 $s_{\max}=\frac{mv_0}{k}$.

4.4 战胜最后一只拦路虎——分部积分法

读一读

古为今用自主创新的典范：吴文俊

吴文俊 1919 年出生于上海，1940 年本科毕业于上海交通大学，1949 年在法国获博士学位，1951 年回国，先后在北京大学、中科院数学所、中科院系统所、中科院数学与系统科学研究院任职.他曾任中国数学会理事长、中科院数理学部主任、全国政协常委、2002 年国际数学家大会主席、中国科学院系统所名誉所长，1957 年当选为中科院学部委员(院士)，2017 年 5 月 7 日在北京逝世，享年 98 岁.

吴文俊对拓扑学做出了重大贡献.拓扑学主要研究几何形体的连续性，是许多数学分支的重要基础，被认为是现代数学的两个支柱之一.吴文俊把当时在世界范围内基本上陷入困境的拓扑学研究继续推进，取得一系列重要成果.其中最著名的是“吴示性类”与“吴示嵌类”的引入，并有许多重要应用被编入名著.数学界公认，在拓扑学的研究中，吴文俊起到了承前启后的作用，极大地推进了拓扑学的发展.他导出的示性类之间的关系式被称为“吴公式”，是拓扑学的重大突破之一，成为影响深远的经典性成果.

吴文俊对数学的另一个重大贡献在数学机械化领域.20 世纪 70 年代后期，他开创了崭新的数学机械化领域，1977 年他在初等几何定理的机械化证明方面首先取得成功，提出了几何定理机器证明的“吴方法”.此后，相继提出微分几何的定理机械化证明方法，方程组符号求解的吴消元法，全局优化的有限核定理，建立了数学机械化体系.他不仅建立数学机械化的基础，而且将这一理论应用于多个高技术领域，解决了曲面拼接、机构设计、计算机视觉、机器人等领域的核心问题，在这个领域走出了完全是中国人自己开拓的新的数学道路，产生了巨大的国际影响，被认为是自动推理领域的先驱性工作.在很多人看来，“靠这些成就都可以吃一辈子了”，但功成名就的吴文俊并没有就此停滞不前，而是不断地向数学的未知领域进发.

吴文俊具有强烈的爱国心，于 1951 年放弃在法国的优越条件，回到祖国参加社会主义建设.他对中国文化有着深刻的认识，并通过自己的科研工作为复兴中国文化做出了重要贡献.几十年来，吴文俊一贯重视人才的培养.他在中科院数学所和中国科学技术大学培养的学生很多成为有名的数学家和所在领域的领军人物，并涌现出多名国际著名学者.吴文俊在数学上得到的奖项不胜枚举，很多奖金捐出来作为科学基金，吴文俊一生淡泊名利，大巧若拙，爱创新，不盲从，在数学研究中孕育人生真经.浩瀚宇宙中，有一颗被命名为“吴文俊星”的小行星，是对他科学贡献和科学精神的纪念和褒奖.那颗璀璨的“吴文俊星”也将时刻照耀和激励我们向科学的高峰奋进！

阅读感悟：

学习目标

在本节中你将完成以下学习目标：

（1）了解分部积分法的推导，熟记分部积分公式；

（2）熟练运用分部积分法计算定积分；

（3）熟练掌握 u,v 选取的原则；

（4）能够与其他积分法结合解决积分问题，会分辨不同类型题对应的积分办法.

重点：分部积分法的运用.

难点：分部积分法的运用.

扫一扫

4.4 分部积分法

学一学

学习小贴士： 计算 $\int xe^{x^2}dx$，分组讨论 $\int xe^{x}dx$ 该如何计算.

前面介绍的换元积分法虽然可以解决很多的积分计算问题，但有些积分，如 $\int xe^{x}dx$，$\int x\sin x dx$ 等等，利用换元积分法还是无法计算.本节我们介绍另一种积分方法——分部积分法.

设 $u=u(x)$，$v=v(x)$ 具有连续导数，则由函数求导法则，得

$$(uv)'=u'v+uv',$$

移项，得

$$uv'=(uv)'-u'v,$$

所以，有

$$\int u dv=uv-\int v du, \tag{4-11}$$

式(4-11)称为**分部积分公式**.

例 4.4.1 求 $\int \ln x dx$.

解 设 $u=\ln x$，$v=x$，则

$$\begin{aligned}\int \ln x dx &= \int u dv=uv-\int v du\\ &=x\ln x-\int x d(\ln x)\\ &=x\ln x-\int x\cdot\frac{1}{x}dx\\ &=x\ln x-\int dx\\ &=x\ln x-x+C.\end{aligned}$$

练一练

求下列不定积分：

(1) $\int \arcsin x\mathrm{d}x$；　　(2) $\int \arctan x\mathrm{d}x$.

例 4.4.2 求 $\int x\cos x\mathrm{d}x$.

解 设

$$u=x, v=\sin x,$$

则

$$\mathrm{d}u=\mathrm{d}x, \mathrm{d}v=\cos x\mathrm{d}x.$$

利用分部积分公式，得

$$\begin{aligned}\int x\cos x\mathrm{d}x &= \int x\mathrm{d}(\sin x)=x\sin x-\int \sin x\mathrm{d}x \\ &=x\sin x+\cos x+C.\end{aligned}$$

熟练后，可不写出 u, v 的表达式.

例 4.4.3 求 $\int x\cdot \ln x\mathrm{d}x$.

解

$$\begin{aligned}\int x\cdot\ln x\mathrm{d}x &=\frac{1}{2}\int \ln x\mathrm{d}(x^2) \\ &=\frac{1}{2}\left[x^2\ln x-\int x^2\mathrm{d}(\ln x)\right] \\ &=\frac{1}{2}\left(x^2\ln x-\int x^2\cdot\frac{1}{x}\mathrm{d}x\right) \\ &=\frac{1}{2}\left(x^2\ln x-\int x\mathrm{d}x\right) \\ &=\frac{1}{2}\left(x^2\ln x-\frac{1}{2}x^2\right)+C \\ &=\frac{1}{2}x^2\ln x-\frac{1}{4}x^2+C.\end{aligned}$$

例 4.4.4 求 $\int x\cdot\arctan x\mathrm{d}x$.

解

$$\begin{aligned}\int x\cdot\arctan x\mathrm{d}x &=\frac{1}{2}\int \arctan x\mathrm{d}(x^2) \\ &=\frac{1}{2}\left[x^2\arctan x-\int x^2\mathrm{d}(\arctan x)\right] \\ &=\frac{1}{2}\left(x^2\arctan x-\int\frac{x^2}{1+x^2}\mathrm{d}x\right) \\ &=\frac{1}{2}\left[x^2\arctan x-\int\left(1-\frac{1}{1+x^2}\right)\mathrm{d}x\right] \\ &=\frac{1}{2}(x^2\arctan x-x+\arctan x)+C.\end{aligned}$$

练一练

求下列不定积分：

(1) $\int x\sin x\mathrm{d}x$； (2) $\int x\mathrm{e}^x\mathrm{d}x$.

例 4.4.5 求 $\int x^2\cdot \mathrm{e}^x\mathrm{d}x$.

解
$$\begin{aligned}\int x^2\cdot \mathrm{e}^x\mathrm{d}x &= \int x^2\mathrm{d}(\mathrm{e}^x)\\&= x^2\mathrm{e}^x-\int \mathrm{e}^x\mathrm{d}(x^2)\\&= x^2\mathrm{e}^x-2\int x\cdot \mathrm{e}^x\mathrm{d}x\\&= x^2\mathrm{e}^x-2\int x\mathrm{d}(\mathrm{e}^x)\\&= x^2\mathrm{e}^x-2\left(x\mathrm{e}^x-\int \mathrm{e}^x\mathrm{d}x\right)\\&= x^2\mathrm{e}^x-2(x\mathrm{e}^x-\mathrm{e}^x)+C\\&= x^2\mathrm{e}^x-2x\mathrm{e}^x+2\mathrm{e}^x+C.\end{aligned}$$

例 4.4.6 求 $\int x^2\cdot \ln x\mathrm{d}x$.

解
$$\begin{aligned}\int x^2\cdot \ln x\mathrm{d}x &= \frac{1}{3}\int \ln x\mathrm{d}(x^3)\\&= \frac{1}{3}x^3\ln x-\frac{1}{3}\int x^3\mathrm{d}(\ln x)\\&= \frac{1}{3}x^3\ln x-\frac{1}{3}\int x^2\mathrm{d}x\\&= \frac{1}{3}x^3\ln x-\frac{1}{9}x^3+C.\end{aligned}$$

练一练

求下列不定积分：

(1) $\int x^3\ln x\mathrm{d}x$； (2) $\int x^2\sin x\mathrm{d}x$.

例 4.4.7 求 $\int e^{\sqrt{x}}dx$.

解 令 $\sqrt{x}=t$，则 $x=t^2$，$dx=2tdt$，因此

$$\begin{aligned}\int e^{\sqrt{x}}dx &= \int e^t \cdot 2tdt=2\int t\cdot e^t dt\\ &=2\int td(e^t)=2te^t-2\int e^t dt\\ &=2te^t-2e^t+C=2e^t(t-1)+C\\ &=2e^{\sqrt{x}}(\sqrt{x}-1)+C.\end{aligned}$$

例 4.4.8 求 $\int e^x\cdot \sin x dx$.

解

$$\begin{aligned}\int e^x\cdot\sin xdx &= \int \sin xd(e^x)\\ &=e^x\sin x-\int e^x d(\sin x)\\ &=e^x\sin x-\int e^x\cdot\cos xdx\\ &=e^x\sin x-\int \cos xd(e^x)\\ &=e^x\sin x-e^x\cos x+\int e^x d(\cos x)\\ &=e^x(\sin x-\cos x)-\int e^x\cdot\sin xdx,\end{aligned}$$

所以

$$2\int e^x\cdot\sin xdx=e^x(\sin x-\cos x)+C_1,$$

即

$$\int e^x\cdot\sin xdx=\frac{1}{2}e^x(\sin x-\cos x)+C \quad \left(C=\frac{1}{2}C_1\right).$$

注：两次连续使用分部积分法时，两次选取的 u 应为同一类型函数.

练一练

求 $\int \sin\sqrt{x}\,dx$.

评一评

姓名：__________ 班级：__________ 学号：__________ 得分：__________

计算下列不定积分：

(1) $\int x^2\sin x\mathrm{d}x$；　　(2) $\int x\mathrm{e}^{3x}\mathrm{d}x$；

(3) $\int x\ln(x+1)\mathrm{d}x$；　　(4) $\int x^4\ln x\mathrm{d}x$；

(5) $\int x^2\cos x\mathrm{d}x$;

(6) $\int \frac{x}{\sin^2 x}\mathrm{d}x$.

评语：

测一测

姓名：__________班级：__________学号：__________得分：__________

一、基础测试

1. 在下列求不定积分的过程中，不能用分部积分法的是（　　）.

A. $\int x\sin x\mathrm{d}x$　　B. $\int xe^{x}\mathrm{d}x$　　C. $\int xe^{x^2}\mathrm{d}x$　　D. $\int \ln x\mathrm{d}x$

2. 在下列求不定积分的过程中，能用分部积分法的是（　　）.

A. $\int x\sin x^2\mathrm{d}x$　　B. $\int \cos 2x\mathrm{d}x$　　C. $\int xe^{x^2}\mathrm{d}x$　　D. $\int \ln x\mathrm{d}x$

3. 计算 $\int \frac{x}{\cos^2 x}\mathrm{d}x=$（　　）.

A. $x\tan x-\ln|\cos x|+C$　　B. $x\tan x+\ln|\cos x|+C$

C. $x\tan x-\ln|\sin x|+C$　　D. $x\tan x+\ln|\sin x|+C$

二、提升测试

4. 已知 $f(x)$ 的一个原函数为 e^{x}，则 $\int xf''(x)\mathrm{d}x=$________________.

5. 若 $\frac{\ln x}{x}$ 为 $f(x)$ 的一个原函数，则 $\int xf'(x)\mathrm{d}x=$________________.

6. 计算：$\int x\ln(1+2x)\mathrm{d}x$.

学习反思：

用一用

案例 4.4.1 在研究内燃机活塞的运动规律时，常常需要知道活塞在某时刻的位置，此时需要用到积分的知识.假设活塞的质量为 m，受到沿 x 正方向的力，力的大小为 $f(x)=\frac{A}{x}$，其中 A 为正常数.如图 4-5 所示，若活塞在气缸的 x_0 处以速度 v_0 向左压缩气体，问：气缸最终会停在什么位置？

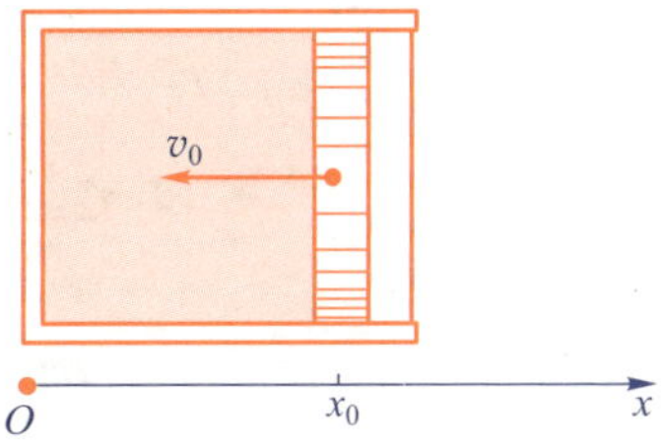

图 4-5

解 将活塞看作质点，设压缩的距离为 x，则根据质点动力学方程，可知

$$\frac{\mathrm{d}v_x}{\mathrm{d}t}=\frac{A}{mx},$$

将此式变形为

$$\frac{\mathrm{d}v_x}{\mathrm{d}t}=\frac{\mathrm{d}v_x}{\mathrm{d}x}\cdot\frac{\mathrm{d}x}{\mathrm{d}t}=v_x\frac{\mathrm{d}v_x}{\mathrm{d}x}=\frac{A}{mx},$$

即

$$v_x\mathrm{d}v_x=\frac{A}{mx}\mathrm{d}x,$$

两端同时积分，得

$$\frac{1}{2}v_x^2=\frac{A}{m}\ln x+C. \tag{4-12}$$

当 $t=0$，$v_x=v_0$，$x=x_0$，代入式(4-12)，可以得到

$$C=\frac{1}{2}v_0^2-\frac{A}{m}\ln x_0,$$

当 $v_x=0$ 时，再次代入式(4-12)，可得

$$-\frac{1}{2}v_0^2=\frac{A}{m}\ln\frac{x}{x_0}$$

从而

$$x=x_0\mathrm{e}^{-\frac{mv_0^2}{2A}},$$

对此结果加以分析：当活塞的初速度越大，压缩越深，活塞停止时气缸内容积越小；当 $v_0\to\infty$ 时，气体体积趋于零.

单元小结

- 原函数
  - 原函数存在定理
  - 不定积分
    - 基本积分公式
    - 不定积分的性质及运算法则
    - 积分法
      - 直接积分法
      - 第一换元积分法（凑微分法）
      - 第二换元积分法
      - 分部积分法

单元测试题

一、选择题(每题 2 分,共 10 题,共计 20 分)

1. 下列关系式正确的是(　　).

A. $d\left[\int f(x)dx\right]=f(x)$　　B. $\int f'(x)dx=f(x)$

C. $\left[\int f(x)dx\right]'=f(x)$　　D. $\left[\int f(x)dx\right]'=f(x)+C$

2. 设 $f'(x)$ 为连续函数,则不定积分 $\int f'(x)dx=$(　　).

A. $f'(x)$　　B. $f'(x)+C$

C. $f(x)$　　D. $f(x)+C$

3. 下列不定积分的计算中,正确的是(　　).

A. $\int 0dx=C$　　B. $\int x^2dx=x^3+C$

C. $\int \frac{1}{x^2}dx=\frac{1}{x}+C$　　D. $\int \sin xdx=\cos x+C$

4. 下列不定积分的计算中,不正确的是(　　).

A. $\int \cos 3xdx=\frac{1}{3}\sin 3x+C$　　B. $\int xe^{x^2}dx=e^{x^2}+C$

C. $\int (2x+1)^3dx=\frac{1}{8}(2x+1)^4+C$　　D. $\int \frac{1}{x+1}dx=\ln|x+1|+C$

5. 已知 $\int x\sin xdx=\sin x-x\cos x+C$,则 $(\sin x-x\cos x+C)'=$(　　).

A. 0　　B. $x\sin x$

C. $\sin x-x\cos x$　　D. $\sin x-x\cos x+C$

6. 不定积分 $\int e^{5x+1}dx=$(　　).

A. e^{5x+1}　　B. $e^{5x+1}+C$

C. $\frac{1}{5}e^{5x+1}$　　D. $\frac{1}{5}e^{5x+1}+C$

7. 下列不定积分的计算中,正确的是(　　).

A. $\int 2^xdx=2^x+C$　　B. $\int \cos xdx=-\sin x+C$

C. $\int \frac{1}{1+x^2}dx=\arctan x+C$　　D. $\int \frac{1}{1+x^3}dx=\arctan x+C$

8. 不定积分 $\int(-\sin x)dx=$(　　).

A. $\cos x+C$　　B. $-\cos x+C$

C. $\sin x+C$　　D. $-\sin x+C$

9. 设在 (a,b) 内,$f'(x)=g'(x)$,则下列关系式正确的是(　　).

A. $f(x)=g(x)$　　B. $f(x)=g(x)+1$

C. $\left[\int f(x)\mathrm{d}x\right]'=\left[\int g(x)\mathrm{d}x\right]'$　　D. $f(x)=g(x)+C$

10. 不定积分 $\int\left(\frac{1}{\sin^2 x}+1\right)\mathrm{d}(\sin x)=$（　　）.

A. $-\frac{1}{\sin x}+\sin x+C$　　B. $\frac{1}{\sin x}+\sin x+C$

C. $-\cot x+\sin x+C$　　D. $\cot x+\sin x+C$

二、填空题（每题 2 分，共 10 题，共计 20 分）

11. $\left[\int x^3\mathrm{e}^{2x}\sin 4x\mathrm{d}x\right]'=$__________.

12. $\int\frac{1}{x-1}\mathrm{d}x=$__________.

13. 已知 $x^2+\mathrm{e}^x+10$ 是 $f(x)$ 的原函数，则 $f'(x)=$__________.

14. $\int\frac{x}{4-x^2}\mathrm{d}x=$__________.

15. $\int x(x^2-5)^4\mathrm{d}x=$__________.

16. $\int xe^{x^2}\mathrm{d}x=$__________.

17. 已知 $\int f(x)\mathrm{d}x=\arcsin x+C$，则 $f(x)=$__________.

18. 已知 $\int\frac{1}{1+\sqrt{x}}\mathrm{d}x=2\sqrt{x}-2\ln(1+\sqrt{x})+C$，则 $\int\frac{\sqrt{x}}{1+\sqrt{x}}\mathrm{d}x=$__________.

19. 已知 $\int\frac{\mathrm{e}^x}{1+\mathrm{e}^x}\mathrm{d}x=\ln(1+\mathrm{e}^x)+C$，则 $\int\frac{1}{1+\mathrm{e}^x}\mathrm{d}x=$__________.

20. 不定积分的第一类换元积分法、第二类换元积分法又分别称为__________.

三、判断题（每题 2 分，共 5 题，共计 10 分）

21. 若函数 $f(x)$ 有原函数，则必有无限多个原函数.（　　）

22. 当 α 为任意实数时，都有 $\int x^\alpha\mathrm{d}x=\frac{1}{\alpha+1}x^{\alpha+1}+C$.（　　）

23. 若 $F'(x)$ 为连续函数，则 $\int F'(x)\mathrm{d}x=F(x)+C$.（　　）

24. 当 k 为任意常数时，都有 $\int kf(x)\mathrm{d}x=k\int f(x)\mathrm{d}x$.（　　）

25. 不定积分的分部积分公式为 $\int u\mathrm{d}v=uv+\int v\mathrm{d}u$.（　　）

四、解答题（每题 5 分，共 10 题，共计 50 分）

26. 求 $\int(4x^3-3x^2+2x-1)\mathrm{d}x$.

27. 求 $\int \frac{1}{x(x+1)}\mathrm{d}x$.

28. 求 $\int \frac{x-1}{\sqrt{1-x^2}}\mathrm{d}x$.

29. 求 $\int \frac{1}{4+x^2}\mathrm{d}x$.

30. 求 $\int \sin^3 x\mathrm{d}x$.

31. 已知函数 $f(x)=2x+3$ 的一个原函数为 y,且满足条件 $y|_{x=1}=2$,求此函数 y.

32. 求 $\int \frac{\sqrt{x-1}}{x}\mathrm{d}x$.

33. 求 $\int x^3\ln x\mathrm{d}x$.

34. 求 $\int \frac{\mathrm{e}^x-1}{\mathrm{e}^x+1}\mathrm{d}x$.

35. 求 $\int x\mathrm{e}^{10x}\mathrm{d}x$.

教 学 反 馈

学习单元	探寻微分的逆运算 踏上积分之大旅程	学习积分			
序号	调查内容	是	否	理由陈述	
1	了解什么是原函数吗？				
2	了解不定积分的概念吗？				
3	记住不定积分的基本公式并熟练运用了吗？				
4	记住不定积分的性质了吗？				
5	是否记住了不定积分的运算法则？				
6	直接积分法是什么？能够灵活运算吗？				
7	换元积分法包括哪几类？分别是什么？你会灵活运用换元积分法吗？				
8	掌握分部积分法吗？各部的选取原则是什么？会灵活运用分部积分法吗？				
9	你对此学习单元的教学方式满意吗？				
你的意见对改进教学非常重要，请写出你的建议和意见.					
调查信息	被调查人签名		调查时间		

第5单元

体会化曲为直的思想
探究定积分的应用

单元描述

很多人都以为导数概念的产生历史悠久，却不知道定积分的思想比它还要早，甚至可以追溯到古希腊时代．古希腊人在丈量形状不规则的土地面积时，先尽可能地用规则图形，如矩形和三角形，把丈量的土地分割成若干小块，忽略那些零碎的不规则的小块，计算出每一小块规则图形的面积，然后将它们相加，就得到了土地面积的近似值．到了牛顿那个年代，数学家们已经初步建立了定积分的概念，并能够计算许多简单的函数的定积分了．但是，有关定积分的种种结果还是孤立零散的，直到牛顿、莱布尼茨之后的两百年，严格的现代积分学理论才逐步诞生．严格的定积分定义始于柯西，但是柯西对于积分的定义仅限于连续函数．1854 年黎曼指出可积函数不一定是连续的或者分段连续的，从而推广了积分学．现代教科书中定积分的定义就是由黎曼给出的，因此人们也称之为黎曼积分． 任何数学概念都离不开基本的思想方法，定积分也不例外，定积分的基本数学思想是化曲为直、无限分割、无穷累加，所蕴涵的辩证思想主要是对立统一思想，包含直与曲、整体与局部、近似与精确、有限与无限、特殊与一般、常量与变量等方面．在本单元中将完成以下内容的学习：认识定积分、牛顿－莱布尼茨公式的使用、积分法的使用、应用定积分解决问题．

名人名言

一门科学，只有当它成功地运用数学时，才能达到真正完善的地步．

——马克思（1818—1883）

5.1 人生若只如初见——初识定积分

读一读

辉煌灿烂、继往开来的中国数学

科学向来都是循序渐进、不断积累进步的. 中国清朝之前(不包括清朝)的几千年里, 科技和经济一度是领先于世界的, 英国的李约瑟也著书做过说明(《李约瑟:中国科学技术史》). 在数学文化发展的道路上中国也出现了很多世界之最:

(1) 最早应用十进制;

(2) 最早提出负数的概念(比欧洲早 1 500 年);

(3) 最早论述了分数运算(比欧洲早 1 500 年);

(4) 最早提出联立一次方程的解法(比欧洲早 1 000 年);

(5) 最早论述了最小公倍数(比欧洲早 1 200 年);

(6) 最早研究不定方程(比欧洲早 300 年);

(7) 最早运用极限概念(比欧洲早 1 400 年);

(8) 最早得出小数点后有七位准确数字的 π 值(比欧洲早 1 100 年);

(9) 最早创立增乘开方法和创造二项式定理的系数表(比欧洲早 500 年);

(10) 最早提出高次方程的数值解法(比欧洲早 800 年);

(11) 最早发现"等积原理"(比欧洲早 1 100 年);

(12) 最早发现二次方程求根公式;

(13) 最早引用"内插法"(比欧洲早 1 100 年);

(14) 最早运用消元法解多元高次方程组(比欧洲早 500 年);

(15) 最早研究解同余式组的问题(比欧洲早 500 年);

(16) 最早研究高阶等差数列并创造"逐差法"(比欧洲早 400 年);

(17) 最早使用位置计数法.

中国古代在其他学科的成就一样优秀, 但数学是一切学科的基础, 因此作为中国人, 在看待历史、现在和未来时, 一定要做到心中有"数".

阅读感悟:

学习目标

在本节中你将完成以下学习目标：

(1) 理解定积分的定义，学习定积分的定义方法；

(2) 掌握定积分的几何意义，会用几何意义计算定积分；

(3) 掌握定积分的性质，会用几何意义解释定积分的性质，能够用性质解决实际问题.

重点：定积分的性质.

难点：定积分定义的理解.

扫一扫

5.1.1 定积分的概念

学一学

5.1.1 定积分问题举例：求曲边梯形的面积

在初等数学中，我们已经学习了计算特殊多边形和圆的面积，至于任意曲线所围成的平面图形的面积，该如何计算呢？

学习小贴士： 对于形状规则的几何图形往往有公式可以求得图形的面积；对于形状不规则的几何图形，我们能不能求出该图形的精确面积呢？请同学们展开讨论.

所谓曲边梯形，就是在直角坐标系中，由直线 $x=a$，$x=b$，$y=0$ 及曲线 $y=f(x)$ 所围成的图形，如图 5-1 所示都是曲边梯形.

现在求 $f(x)\geqslant 0$ 时，曲线 $y=f(x)$ 在连续区间 $[a,b]$ 上围成的曲边梯形的面积 A，如图 5-1(a)、(b) 所示. 为了求得它的面积，我们按下述步骤来计算.

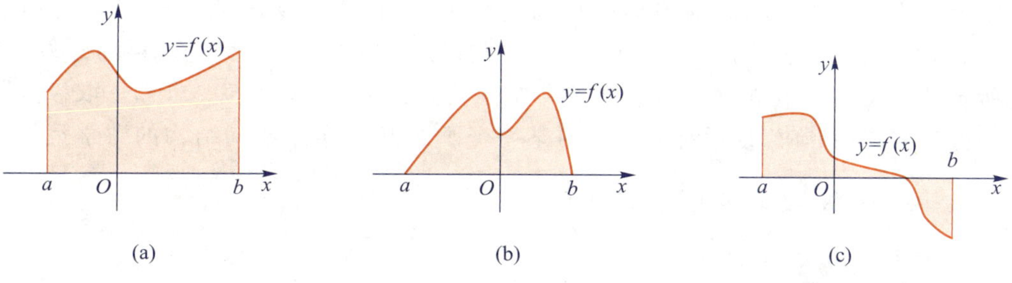

图 5-1

1. 分割——将曲边梯形分割成小曲边梯形

在区间 $[a,b]$ 内任意插入 $n-1$ 个分点：$a=x_0<x_1<x_2<\cdots<x_{n-1}<x_n=b$，把区间 $[a,b]$ 分成 n 个小区间：

$$[x_0,x_1],[x_1,x_2],\cdots,[x_{i-1},x_i],\cdots,[x_{n-1},x_n].$$

第 i 个小区间的长度为 $\Delta x_i=x_i-x_{i-1}(i=1,\cdots,n)$，过每个分点作垂直于 x 轴的直线段，把曲边梯形分成 n 个小曲边梯形，如图 5-2 所示，小曲边梯形的面积记为 $\Delta A_i(i=1,2,\cdots n)$.

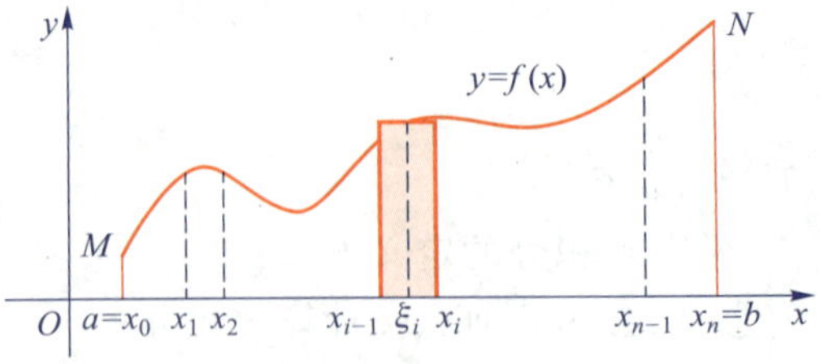

图 5-2

2. 近似代替——用小矩形面积近似代替小曲边梯形面积

在小区间$[x_{i-1},x_i]$上任取一点$\xi_i(i=1,2,\cdots,n)$，作以$[x_{i-1},x_i]$为底，$f(\xi_i)$为高的小矩形，用该小矩形的面积近似代替小曲边梯形的面积，即

$$\Delta A_i\approx f(\xi_i)\Delta x_i(i=1,2,\cdots,n).$$

3. 求和——求 n 个小矩形面积之和

n 个小矩形的面积之和近似等于 n 个小曲边梯形的面积之和 A，即

$$\begin{aligned}A&=\Delta A_1+\Delta A_2+\cdots+\Delta A_n\\&\approx f(\xi_1)\Delta x_1+f(\xi_2)\Delta x_2+\cdots+f(\xi_n)\Delta x_n\\&=\sum_{i=1}^{n}f(\xi_i)\Delta x_i.\end{aligned}$$

4. 取极限

令 $\lambda=\max\{\Delta x_i\}$，当 $\lambda\to 0$ 时，和式 $\sum\limits_{i=1}^{n}f(\xi_i)\Delta x_i$ 的极限便是曲边梯形的面积 A，即

$$A=\lim_{\lambda\to 0}\sum_{i=1}^{n}f(\xi_i)\Delta x_i.$$

以上是几何学中求不规则图形面积的问题，先把整体问题通过“分割”化为局部问题，在局部上通过“以直代曲”作近似代替，由此得到整体的一个近似值，再通过取极限，得到所求的量.这个方法的过程我们可简单描述为“分割—近似代替—求和—取极限”.采用这种方法解决问题时，最后都归结为对某一个函数 $f(x)$ 实施相同结构的数学运算——求 $\sum\limits_{i=1}^{n}f(\xi_i)\Delta x_i$ 的极限.事实上，在自然科学和工程技术中，有很多问题，如变力做功、不规则物体的质量、平均值、弧长等，都需要用类似的方法去解决，这就促使人们对这种和式的极限问题加以抽象的研究，由此产生了定积分的概念.

学习小贴士： 请同学们讨论求曲边梯形的面积共分为几个步骤？每个步骤完成了哪些任务？注意识记这些步骤，并与下面的定积分的定义进行比较.

5.1.2 定积分的概念

定义 5.1.1 设函数 $f(x)$ 在$[a,b]$上有界，在$[a,b]$内任取 $n-1$ 个分点：

$$a=x_0<x_1<x_2<\cdots<x_{n-1}<x_n=b,$$

把$[a,b]$分成 n 个子区间$[x_0,x_1]$，$[x_1,x_2]$，…，$[x_{n-1},x_n]$，每个子区间的长度为 $\Delta x_i=x_i-x_{i-1}(i=1,2,\cdots,n)$. 在每个子区间$[x_i-x_{i-1}]$$(i=1,2,\cdots,n)$上任取一点 ξ_i，作和式 $\sum_{i=1}^{n}f(\xi_i)\Delta x_i$，并记 $\lambda=\max\{\Delta x_i\}$. 如果不论对$[a,b]$怎样划分子区间，也不论在子区间$[x_i-x_{i-1}]$上怎样取点 ξ_i，只要当 $\lambda\to 0$ 时，和式 $\sum_{i=1}^{n}f(\xi_i)\Delta x_i$ 就趋于确定的值 I，则称这个极限值 I 为函数 $f(x)$ 在区间$[a,b]$上的**定积分**，记作 $\int_a^b f(x)\mathrm{d}x$，即

$$\int_a^b f(x)\mathrm{d}x=I=\lim_{\lambda\to 0}\sum_{i=1}^{n}f(\xi_i)\Delta x_i,$$

其中，$f(x)$称为**被积函数**，x 称为**积分变量**，$[a,b]$称为**积分区间**，a，b 分别称为积分的**下限**和**上限**. 此时也称 $f(x)$ 在$[a,b]$上可积.

关于定积分的定义作以下几点说明：

(1) 闭区间上的连续函数是可积的，闭区间上只有有限个间断点的有界函数也是可积的.

(2) 定积分是一个确定的常数，它取决于被积函数 $f(x)$ 和积分区间$[a,b]$，而与积分变量用哪个字母表示无关，即有

$$\int_a^b f(x)\mathrm{d}x=\int_a^b f(t)\mathrm{d}t=\cdots=\int_a^b f(u)\mathrm{d}u.$$

(3) 在定积分的定义中，有 $a<b$，为了今后计算方便，我们规定：

$$\int_b^a f(x)\mathrm{d}x=-\int_a^b f(x)\mathrm{d}x.$$

规定 $\int_a^a f(x)\mathrm{d}x=0$.

5.1.3 定积分的几何意义

扫一扫

5.1.2 定积分的几何意义

设 $f(x)$ 是$[a,b]$上的连续函数，由曲线 $y=f(x)$ 及直线 $x=a$，$x=b$，$y=0$ 所围成的曲边梯形的面积记为 A. 由定积分的定义及实例，容易知道定积分有如下几何意义：

(1) 当 $f(x)\geqslant 0$ 时(如图 5-3)，$\int_a^b f(x)\mathrm{d}x=A$.

(2) 当 $f(x)\leqslant 0$ 时(如图 5-4)，$\int_a^b f(x)\mathrm{d}x=-A$.

(3) 如果 $f(x)$ 在$[a,b]$上有时取正值，有时取负值时，那么以$[a,b]$的长度为底边，以曲线 $y=f(x)$ 为曲边的曲边梯形可分成几个部分，使得每一部分都位于 x 轴的上方或下方(如图 4-5). 这时定积分等于 x 轴上方的曲边梯形的面积减去 x 轴下方的曲边梯形的面积，即

$$\int_a^b f(x)\mathrm{d}x=A_1-A_2+A_3,$$

其中，A_1，A_2，A_3 分别是图 5-5 中三部分曲边梯形的面积，它们都是正数.

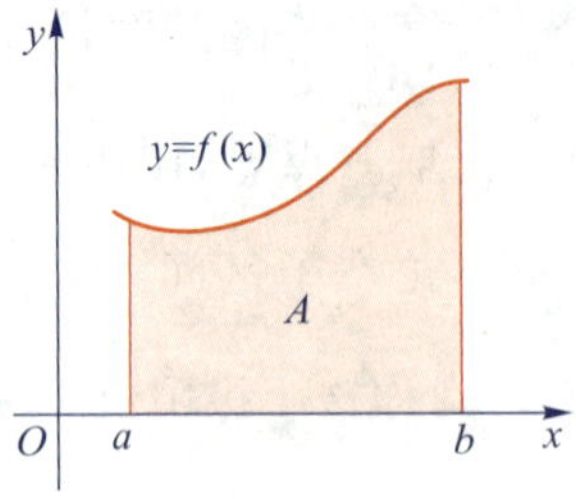

图 5-3

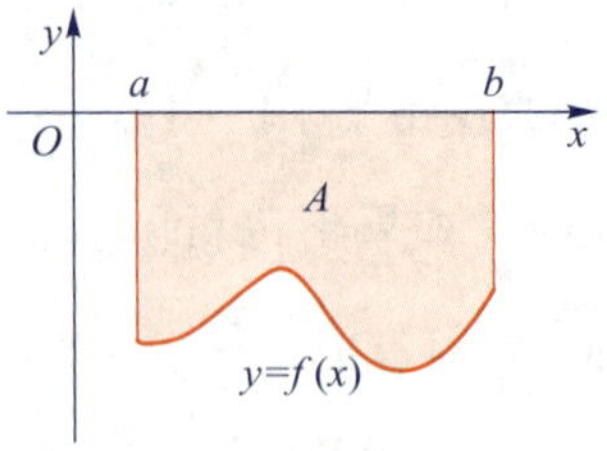

图 5-4

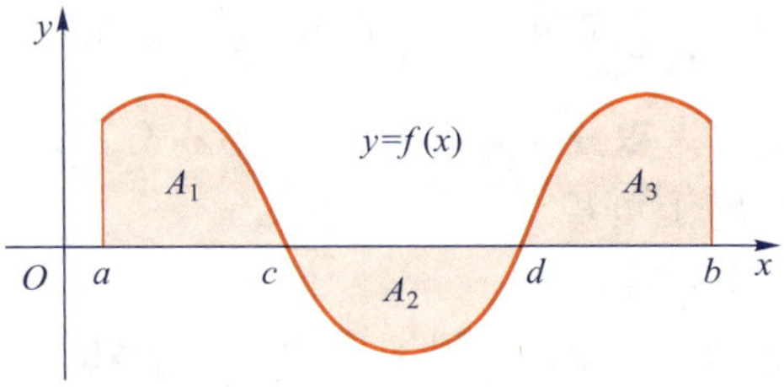

图 5-5

例 5.1.1 说明下列定积分的几何意义,并根据几何意义求出定积分的值:

(1) $\int_a^b 1\mathrm{d}x$;　　(2) $\int_0^2 x\mathrm{d}x$.

解 (1) 由定积分的几何意义知,由 $y=1$,$x=a$,$x=b$ 及 x 轴所围成的曲边梯形是一个矩形(如图 5-6),其面积 $A=b-a$,所以

$$\int_a^b 1\mathrm{d}x=b-a.$$

(2) 由定积分的几何意义知,由 $y=x$,$x=0$,$x=2$ 及 x 轴所围成的曲边梯形是一个直角三角形(如图 5-7),其面积 $A=2$,所以

$$\int_0^2 x\mathrm{d}x=A=2.$$

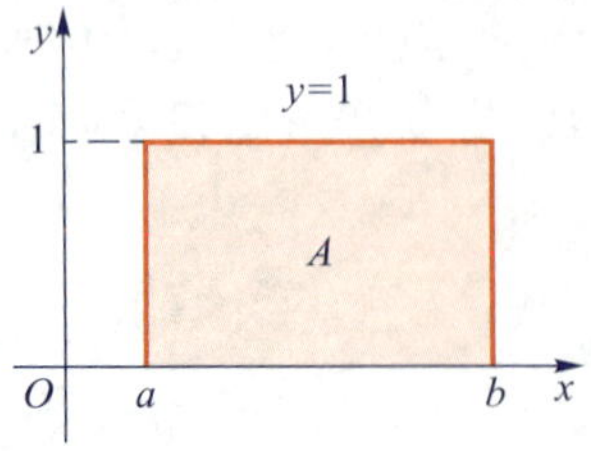

图 5-6

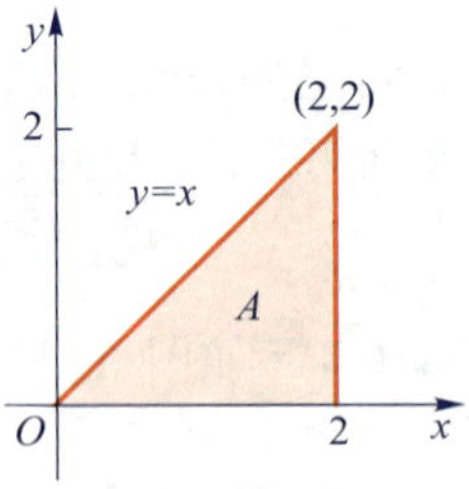

图 5-7

练一练

根据定积分几何意义计算定积分:

(1) $\int_0^1 2x\mathrm{d}x$;　　(2) $\int_0^1 \sqrt{1-x^2}\mathrm{d}x$;　　(3) $\int_1^2 (x+1)\mathrm{d}x$.

5.1.4 定积分的性质

由定积分的定义,可推证定积分的下述性质,其中所涉及的函数在讨论的区间上都是可积的.

扫一扫

5.1.3 定积分的性质

性质 1 被积函数中的常数因子可以提到积分号前,即

$$\int_a^b kf(x)\,dx = k\int_a^b f(x)\,dx.$$

性质 2 两个函数代数和的定积分等于各函数定积分的代数和,即

$$\int_a^b [f(x)\pm g(x)]\,dx = \int_a^b f(x)\,dx \pm \int_a^b g(x)\,dx.$$

这一结论可以推广到有限多个函数的情形.

性质 3(积分的可加性) 对任意的点 c,有

$$\int_a^b f(x)\,dx = \int_a^c f(x)\,dx + \int_c^b f(x)\,dx.$$

注:c 的任意性意味着不论 c 是在$[a,b]$之内,还是 c 在$[a,b]$之外,这一性质均成立.

性质 4 如果被积函数 $f(x)=c$(c 为常数),则

$$\int_a^b c\,dx = c(b-a).$$

特别地,当 $c=1$ 时,有 $\int_a^b dx = b-a$.

性质 5(积分的保序性) 如果在区间$[a,b]$上,恒有 $f(x)\geqslant g(x)$,则

$$\int_a^b f(x)\,dx \geqslant \int_a^b g(x)\,dx.$$

性质 6(积分估值定理) 如果函数 $f(x)$ 在区间$[a,b]$上有最大值 M 和最小值 m,则

$$m(b-a) \leqslant \int_a^b f(x)\,dx \leqslant M(b-a).$$

性质 7(积分中值定理) 如果函数 $f(x)$ 在区间$[a,b]$上连续,则在(a,b)内至少有一点 ξ,使得

$$\int_a^b f(x)\,dx = f(\xi)(b-a),\ \xi\in(a,b).$$

上述性质均可通过定积分几何意义进行说明.例如,性质 7 的几何解释如下:

由曲线 $y=f(x)$,直线 $x=a$,$x=b$ 和 x 轴所围成曲边梯形的面积等于区间$[a,b]$上某个矩形的面积(如图 5-8),这个矩形的底是区间$[a,b]$的长度,矩形的高为区间$[a,b]$内某一点 ξ 处的函数值 $f(\xi)$.

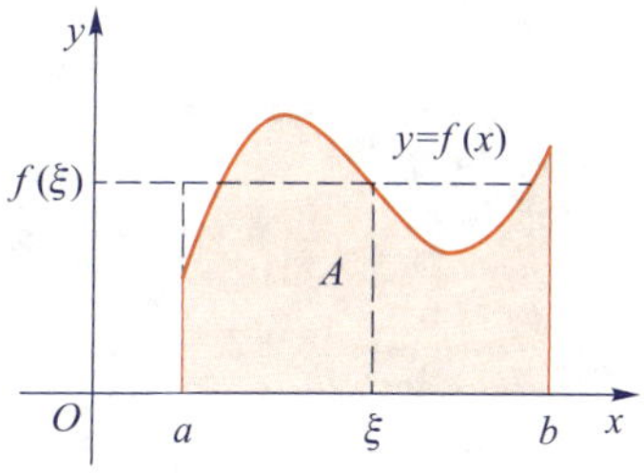

图 5-8

例 5.1.2 比较定积分 $\int_0^1 x^2\,dx$ 与 $\int_0^1 x^3\,dx$ 的大小.

解 因为在区间$[0,1]$上,有 $x^2\geqslant x^3$,由定积分的性质 5,得

$$\int_0^1 x^2\,dx \geqslant \int_0^1 x^3\,dx.$$

练一练

比较下列定积分的大小：

（1）$\int_0^1 x\mathrm{d}x$ 与 $\int_0^1 x^2\mathrm{d}x$；（2）$\int_2^3 x\mathrm{d}x$ 与 $\int_2^3 x^2\mathrm{d}x$.

评一评

姓名:__________ 班级:__________ 学号:__________ 得分:__________

1. 定积分 $\int_a^b f(x)\mathrm{d}x$ 的值(　　).

A. 与积分变量有关　　B. 与区间[a,b]的分法及点 ξ_i 的取法有关

C. 为曲边梯形的面积　　D. 仅与被积函数及积分区间有关

2. 设 $f(x)$ 在[a,b]上连续,则下列各式中,不成立的是(　　).

A. $\int_a^b f(x)\mathrm{d}x=\int_a^b f(t)\mathrm{d}t$　　B. $\int_a^b f(x)\mathrm{d}x=-\int_b^a f(x)\mathrm{d}x$

C. $\int_a^a f(x)\mathrm{d}x=0$　　D. 若 $\int_a^b f(x)\mathrm{d}x=0$,则 $f(x)=0$

3. 由曲线 $y=x^3$,直线 $x=-1$,$x=1$ 及 x 轴所围成的图形的面积用定积分表示为(　　).

A. $\int_{-1}^1 x^3\mathrm{d}x$　　B. $\int_{-1}^0 x\mathrm{d}x+\int_0^1 x^3\mathrm{d}x$

C. $\int_{-1}^0 x\mathrm{d}x-\int_0^1 x^3\mathrm{d}x$　　D. $\int_0^1 x^3\mathrm{d}x-\int_{-1}^0 x^3\mathrm{d}x$

4. 函数 $y=f(x)$ 在闭区间[2,4]上连续,且最大值 $M=3$,最小值 $m=1$,则 $\int_2^4 f(x)\mathrm{d}x$ 值的范围为(　　).

A. [1,3]　　B. [2,4]　　C. [1,4]　　D. [2,6]

5. 下列不等式中,正确的是(　　).

A. $\int_0^1 x\mathrm{d}x\leqslant\int_0^1 x^2\mathrm{d}x$　　B. $\int_1^3 x^3\mathrm{d}x\geqslant\int_1^3 x^2\mathrm{d}x$

C. $\int_1^2 x^3\mathrm{d}x\leqslant\int_1^2 x^2\mathrm{d}x$　　D. $\int_1^2 \ln x\mathrm{d}x\leqslant\int_1^2 \ln^2 x\mathrm{d}x$

6. 下列定积分中,值为正的是(　　).

A. $\int_{-\frac{\pi}{2}}^0 \sin x\mathrm{d}x$　　B. $\int_{-\frac{\pi}{2}}^0 \cos x\mathrm{d}x$　　C. $\int_{-3}^{-2} x^3\mathrm{d}x$　　D. $\int_{-3}^{-2} x\mathrm{d}x$

评语:

测一测　　姓名：________ 班级：________ 学号：________ 得分：________

一、基础测试

1. 定积分 $\int_a^b f(x)\mathrm{d}x$ 的值只与被积函数 $f(x)$ 和积分区间 $[a,b]$ 有关，而与积分变量用哪个字母表示________.（填“有关”或“无关”）

2. 由定积分的几何意义，知 $\int_{\frac{\pi}{2}}^{\pi}\cos x\mathrm{d}x$________0.（填>，<或=）

3. 用定积分表示由曲线 $y=\sin x$，直线 $x=0$，$x=\dfrac{\pi}{2}$ 及 x 轴所围成的图形面积为________.

4. 利用定积分的几何意义计算：$\int_0^2\sqrt{4-x^2}\mathrm{d}x=$________.

5. 比较大小：$\int_3^4\ln x\mathrm{d}x$________$\int_3^4(\ln x)^2\mathrm{d}x$.

6. 估值：________$\leqslant\int_0^{\frac{\pi}{2}}\mathrm{e}^{\sin x}\mathrm{d}x\leqslant$________.

7. 如果在区间 $[a,b]$ 上，$f(x)\equiv1$，则 $\int_a^b f(x)\mathrm{d}x=$________.

二、提升测试

8. 估计定积分的值：$\int_{\frac{\pi}{4}}^{\frac{5\pi}{4}}(1+\sin^2x)\mathrm{d}x$.

9. 已知 $\int_a^b f(x)\mathrm{d}x=p$，$\int_a^b [f(x)]^2\mathrm{d}x=q$，求下列定积分的值：

(1) $\int_a^b [4f(x)+3]\mathrm{d}x$；　　(2) $\int_a^b [4f(x)+3]^2\mathrm{d}x$；　　(3) $\int_a^b \{[4f(x)]^2-3\}\mathrm{d}x$.

学习反思：

用一用

案例 5.1.1【变速直线运动的路程问题】 设某物体以速度 $v=v(t)$ 做变速直线运动.已知速度 $v=v(t)$ 是时间间隔 $[T_1,T_2]$ 上的连续函数,求该物体从时刻 $t=T_1$ 到 $t=T_2$ 这段时间内所经过的路程 s.

解 我们知道,对于匀速直线运动,有计算公式:

$$路程=速度\times时间.$$

但是,在此问题中,速度 $v=v(t)$ 是随时间 t 的变化而变化的变量,所以不能简单地按匀速直线运动的路程公式 $s=vt$ 来计算.然而,物体做变速直线运动的速度 $v=v(t)$ 是连续变化的,在整个时间间隔 $[T_1,T_2]$ 内,速度 $v=v(t)$ 可能有较大的变化,但在很短的一段时间内,速度 $v=v(t)$ 的变化是很小的.由此得到启发,在每一个很短时间内,可以近似地把变速直线运动视为匀速直线运动来处理.因此,仿照曲边梯形面积 A 的计算方法,得到如下解决问题的步骤.

(1) **分割** 在时间区间 $[T_1,T_2]$ 中任意插入 $n-1$ 个分点:

$$T_1=t_0<t_1<t_2<\cdots<t_{i-1}<t_i<\cdots<t_{n-1}<t_n=T_2,$$

把时间区间 $[T_1,T_2]$ 划分成 n 个子区间:$[t_0,t_1],[t_1,t_2],\cdots,[t_{i-1},t_i],\cdots,[t_{n-1},t_n]$,即

$$[t_{i-1},t_i]\quad(i=1,2,3,\cdots,n).$$

各个子区间的长度依次记为

$$\Delta t_1=t_1-t_0,\Delta t_2=t_2-t_1,\cdots,\Delta t_i=t_i-t_{i-1},\cdots,\Delta t_n=t_n-t_{n-1},$$

即

$$\Delta t_i=t_i-t_{i-1}\quad(i=1,2,3,\cdots,n).\tag{5-1}$$

同时,将在各个子区间上运动物体经过的分路程依次记为 $\Delta s_1,\Delta s_2,\cdots,\Delta s_i,\cdots,\Delta s_n$,即

$$\Delta s_i\quad(i=1,2,3,\cdots,n),$$

则有

$$s=\Delta s_1+\Delta s_2+\cdots+\Delta s_i+\cdots+\Delta s_n=\sum_{i=1}^{n}\Delta s_i.\tag{5-2}$$

(2) **近似代替** 在各个子区间 $[t_{i-1},t_i]$ $(i=1,2,3,\cdots,n)$ 上任取一个时刻 $\tau_i(t_{i-1}\leqslant\tau_i\leqslant t_i)$,以 τ_i 时刻的速度 $v=v(\tau_i)$ 来代替 $[t_{i-1},t_i]$ 上各个时刻的速度,从而得到 Δs_i 的近似值,即

$$\Delta s_1\approx v(\tau_1)\Delta t_1,\quad \Delta s_2\approx v(\tau_2)\Delta t_2,\cdots,\Delta s_i\approx v(\tau_i)\Delta t_i,\cdots,\Delta s_n\approx v(\tau_n)\Delta t_n,$$

即

$$\Delta s_i\approx v(\tau_i)\Delta t_i\quad(i=1,2,3,\cdots,n).\tag{5-3}$$

(3) **求和** 将由式(5-3)所得的 n 个分路程的近似值代入式(5-2)中,可得所要求的路程 s 的近似值:

$$s\approx v(\tau_1)\Delta t_1+v(\tau_2)\Delta t_2+\cdots+v(\tau_i)\Delta t_i+\cdots+v(\tau_n)\Delta t_n=\sum_{i=1}^{n}v(\tau_i)\Delta t_i.\tag{5-4}$$

(4) **取极限** 记 $\lambda=\max\{\Delta t_1,\Delta t_2,\cdots,\Delta t_i,\cdots,\Delta t_n\}$,当 $\lambda\to0$ 时,对式(5-4)中的和式 $\sum\limits_{i=1}^{n}v(\tau_i)\Delta t_i$ 取极限,即得所要求的路程 s 的精确值,即 $s=\lim\limits_{\lambda\to0}\sum\limits_{i=1}^{n}v(\tau_i)\Delta t_i$.

案例 5.1.2【电容器极板上电荷量的积累问题】 在如图 5-9 所示的电路中,当开关 S 闭合后,电源 E 就对电容 C 充电,经过时间 T 后,电容器极板上积累的电荷量 Q 是多少?

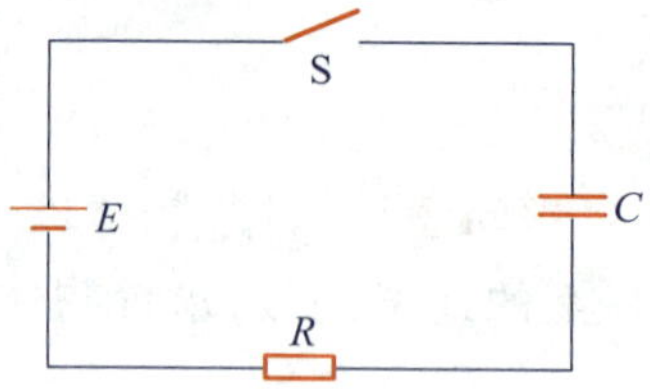

图 5-9

解 对此问题，我们可以用定积分来处理，把时间区间任意划分成 n 个小区间 Δt_i，在每个小区间上的电流 i 可以近似看作不变，因此，有 $\Delta Q \approx i(t_i)\Delta t_i$. 所有这些 $i(t_i)\Delta t_i$ 的和就是从 0 到 T 这段时间内积累的电荷量 Q 的近似值. 当 $\lambda = \max\{\Delta t_i\} \to 0$ 时，得到

$$Q = \lim_{\lambda \to 0} \sum_{i=1}^{n} i(t_i)\ \Delta t_i = \int_0^T i(t)\,\mathrm{d}t.$$

类似的例子在物理、工程技术上还有很多，如变力做功问题、发电机的功率问题等，都可以归结为定积分的计算问题.

5.2

工欲善其事，必先利其器——应用微积分基本公式

读一读

身方气正骨铮铮，起落铿锵和璧声

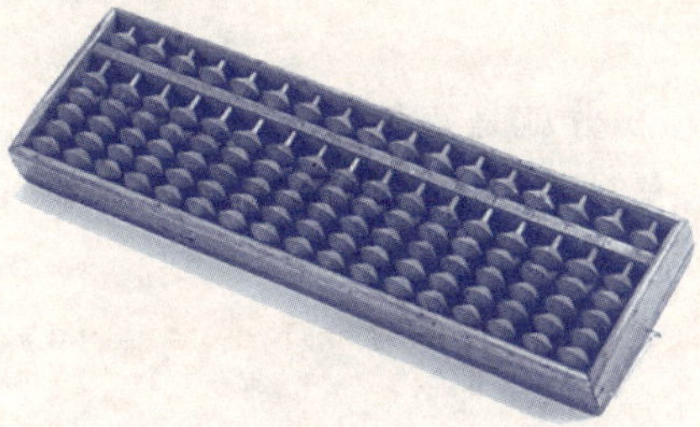

诗云：

七子之家隔两行，十全归一道沧桑.
五湖四海盘中算，三教九流珠上忙.
柴米油盐小黎庶，江山社稷大朝堂.
八方天地经营手，六六无穷今古章.

一、珠算文化的形成与发展

珠算是一种文化，就像中国的茶文化、戏曲文化和服装文化一样，有着浓厚而鲜明的东方色彩，精巧而深邃，具有相当高的美学价值和哲学价值.

珠算的形成始于古代的“筹算”，没有确切的年代与发明者，这说明它完全是中国劳动人民集体智慧的结晶，具有广泛的群众基础和社会实践性.珠算形成的年代最早可以追溯到汉代末期，东汉末年徐岳所撰写的《数术记遗》中就有关于珠算的记载：“控带四时，经纬三才.”到了明代，出现了伟大的珠算学家程大位.程大位先生穷毕生精力所著《直指算法统宗》和《算法纂要》，开创了中国珠算新的里程碑.他的《直指算法统宗》成书并刊印出版于1592年5月，此书广泛流传300多年不衰，并在1600年流传到日本，开创了日本珠算的先河，珠算文化的内容包括物化的计算工具——算盘和一系列计算原理及计算方法，也包括由此产生的一些文化现象，如思维方式、研究方法、价值观念等.

二、珠算文化的历史意义

算盘是我国古代重大的科学成就之一，它具有结构简单、运算简易、携带方便等优点，因而被广泛采用，历久不衰.珠算文化是一个不断发展的动态过程，明清以后特别到近代更有了空前规模的发展，新中国成立以后，珠算由民间应用转向课堂学习，并与财经会计学紧密结合，成为此类学校的必修课.珠算在我国大显身手之后，又漂洋过海，流传到朝鲜、日本、东南亚和阿拉伯，对世界文明做出了重要的贡献.联合国教科文组织在阿塞拜疆首都巴库通过决议，将中国珠算项目列入教科文组织人类非物质文化遗产名录，这也是我国第30项被列为非物质文化遗产的项目.

阅读感悟：

学习目标

在本节中你将完成以下学习目标：

（1）掌握牛顿-莱布尼茨公式；

（2）了解牛顿-莱布尼茨公式在微积分中重要地位；

（3）学会牛顿-莱布尼茨公式的使用方法.

重点：牛顿-莱布尼茨公式的运用.

难点：熟练运用牛顿-莱布尼茨公式解决定积分问题.

学一学

扫一扫

5.2 牛顿-莱布尼茨公式

定积分就是一种特定形式的极限，直接利用定义计算定积分是十分繁杂的，有时甚至无法计算.本节将介绍定积分计算的有力工具——微积分基本公式.

定理 5.2（微积分基本定理） 如果函数 $f(x)$ 在区间 $[a,b]$ 上连续，且 $F(x)$ 是 $f(x)$ 的任意一个原函数，那么

$$\int_a^b f(x)\,dx=F(b)-F(a). \tag{5-5}$$

在计算积分时，常常用记号 $F(x)\big|_a^b$ 来表示 $F(b)-F(a)$，于是式（5-5）可写作：

$$\int_a^b f(x)\,dx=F(x)\big|_a^b=F(b)-F(a). \tag{5-6}$$

式（5-6）称为微积分基本公式或牛顿-莱布尼茨公式，简称 N-L 公式.它指出了求连续函数定积分的一般方法，即把求定积分的问题，转化成求原函数的问题，是微分学与积分学之间联系的桥梁.微积分基本定理不仅揭示了导数和定积分之间的内在联系，同时也提供计算定积分的一种有效方法，因此，是微积分学中最重要的定理，它使微积分学蓬勃发展起来，成为一门影响深远的学科.

学习小贴士： 建议通过查阅资料自学积分上限函数的相关知识，能够独立推导牛顿-莱布尼茨公式.

例 5.2.1 求 $\int_0^1 x^2\,dx$.

解 因为

$$\int x^2\,dx=\frac{1}{3}x^3+C,$$

所以

$$\begin{aligned}\int_0^1 x^2\,dx&=\frac{1}{3}x^3\Big|_0^1\\&=\frac{1}{3}\times1^3-\frac{1}{3}\times0^3\end{aligned}$$

$$=\frac{1}{3}.$$

练一练

求下列定积分：

(1) $\int_1^2 (x^2+x-1)\,dx$；　(2) $\int_0^1 (2^x+x^2)\,dx$；　(3) $\int_1^2 \frac{1}{\sqrt{x}}\,dx$.

例 5.2.2 求 $\int_{-1}^3 |2-x|\,dx$.

解 根据定积分性质 3，得

$$\begin{aligned}\int_{-1}^3 |2-x|\,dx &= \int_{-1}^2 |2-x|\,dx+\int_2^3 |2-x|\,dx\\ &=\int_{-1}^2 (2-x)\,dx+\int_2^3 (x-2)\,dx\\ &=\left(2x-\frac{1}{2}x^2\right)\Big|_{-1}^2+\left(\frac{1}{2}x^2-2x\right)\Big|_2^3\\ &=\frac{9}{2}+\frac{1}{2}=5.\end{aligned}$$

练一练

求下列定积分：

(1) $\int_0^2 |1-x|\,dx$；　(2) $\int_0^{2\pi} |\sin x|\,dx$.

例 5.2.3 求 $\int_0^1 \frac{x^2}{1+x^2}\,dx$.

解
$$\begin{aligned}\int_0^1 \frac{x^2}{1+x^2}\,dx &= \int_0^1 \frac{x^2+1-1}{1+x^2}\,dx\\ &=\int_0^1\left(1-\frac{1}{1+x^2}\right)dx\\ &=(x-\arctan x)\Big|_0^1=1-\frac{\pi}{4}.\end{aligned}$$

例 5.2.4 求 $\int_0^1 xe^x\,dx$.

解 由不定积分的分部积分法，可知

$$\int x\mathrm{e}^x\mathrm{d}x=\mathrm{e}^x(x-1)+C,$$

所以

$$\begin{aligned}\int_0^1 x\mathrm{e}^x\mathrm{d}x &= [\mathrm{e}^x(x-1)]\Big|_0^1\\ &=0-(-1)\\ &=1.\end{aligned}$$

评一评

姓名:__________ 班级:__________ 学号:__________ 得分:__________

计算下列定积分:

(1) $\int_{1}^{3}\left(2x-\frac{1}{x^{2}}\right)\mathrm{d}x$;

(2) $\int_{0}^{\pi}|\cos x|\mathrm{d}x$;

(3) $\int_{0}^{\frac{\pi}{2}}\cos x\mathrm{d}x$;

(4) $\int_{1}^{2}\mathrm{e}^{x}\mathrm{d}x$;

(5) $\int_{0}^{6}(2x-4)\,dx$;

(6) $\int_{1}^{2}\frac{1}{x}\,dx$.

评语:

测一测

姓名:________ 班级:________ 学号:________ 得分:________

一、基础测试

1. $\int_0^1 f'(2x)\,dx=($　　$)$.

A. $2[f(2)-f(0)]$　　B. $2[f(1)-f(0)]$

C. $\frac{1}{2}[f(2)-f(0)]$　　D. $\frac{1}{2}[f(1)-f(0)]$

2. 设定积分 $\int_0^1 x(a-x)\,dx=1$,则常数 $a=($　　$)$.

A. $\frac{1}{3}$;　　B. $\frac{2}{3}$;　　C. $\frac{4}{3}$;　　D. $\frac{8}{3}$.

3. 下列定积分的值等于 1 的是(　　).

A. $\int_0^1 x\,dx$　　B. $\int_0^1 (x+1)\,dx$　　C. $\int_0^1 1\,dx$　　D. $\int_0^1 \frac{1}{2}\,dx$

4. 由 $y=\cos x, x=0, x=\frac{\pi}{2}, y=0$ 所围成的图形的面积为________.

5. 由曲线 $y=e^x, x=2, x=4, y=0$ 所围成的图形的面积等于________.

6. 定积分 $\int_1^3 |x-2|\,dx=$________.

二、提升测试

7. 一辆汽车正以 10 m/s 的速度匀速行驶,突然发现一障碍物,于是以 $-1\ m/s^2$ 的加速度匀减速停车,求汽车的刹车路程.

学习反思:

用一用

案例 5.2.1【阿基米德穷竭法】 阿基米德最早使用穷竭法进行了积分运算,这是微积分学的先驱,穷竭法被后人称为阿基米德原理.

例如,计算 $y=x^2$ 与 x 轴在 $x=0$ 和 $x=1$ 之间围成的曲边三角形的面积,把底边$[0,1]$分成 n 等分,分点分别是$\frac{1}{n},\frac{2}{n},\cdots,\frac{n-1}{n}$,然后在每个分点处作底边的垂线,这样曲边三角形就被分成了 n 个窄条,对每个窄条,近似用矩形条替代.每个矩形条的底宽$\frac{1}{n}$,高$\left(\frac{i}{n}\right)^2$$(i=0,1,2,\cdots,n-1)$,把这些矩形条的面积加起来,就得到 S 的近似 S_n,即

$$\begin{aligned}S_n&=0\cdot\left(\frac{1}{n}\right)+\left(\frac{1}{n}\right)^2\cdot\left(\frac{1}{n}\right)+\left(\frac{2}{n}\right)^2\cdot\left(\frac{1}{n}\right)+\cdots+\left(\frac{n-1}{n}\right)^2\cdot\left(\frac{1}{n}\right)\\&=\left(\frac{1}{n}\right)^3\cdot\frac{n(n-1)(2n-1)}{6}\\&=\frac{1}{6}\cdot\left(1-\frac{1}{n}\right)\left(2-\frac{1}{n}\right).\end{aligned}$$

对每个 n 都可以算出相应的 S_n 的值.一方面,随着 n 的增大,S_n 的值越来越接近 S.但另一方面,S_n 所得的始终都是 S 的近似值,为了得到 S 的精确值,可使 n 无限制的增大.从几何上看,多边形越来越贴近曲边三角形,即阿基米德所说的穷竭曲边三角形;从数值上看,S_n 无限接近一个确定的数,这个数就是曲边三角形的面积 S,这个数等于$\frac{1}{3}$,当年,阿基米德就是通过这个方法求得的结果.

用穷竭法计算曲边形的面积时,对不同的曲边形,采用不同的直边形去逼近,并且计算的过程中采用了特殊的技巧,因而不具有一般性,无法向一般的曲边形推广.

现在,我们用积分思想并运用牛顿-莱布尼茨公式,这个问题就很简单了,即

$$S=\int_0^1 x^2\mathrm{d}x=\frac{1}{3}x^3\Big|_0^1=\frac{1}{3}\times(1^3-0^3)=\frac{1}{3}.$$

案例 5.2.2【在经济学中的应用】 已知生产某产品 x 件时,总收益的变化率(边际收益)为 $R'(x)=200-\frac{x}{100}(x\geqslant 0)$.求生产该产品 50 件时的总收益.

解 当 $x=50$ 时,总收益可表示为

$$R(50)=\int_0^{50}\left(200-\frac{x}{100}\right)=\left(200x-\frac{x^2}{200}\right)\Big|_0^{50}=200\times 50-\frac{2\ 500}{200}=9\ 987.5(\text{元}).$$

5.3 操千曲而后晓声，观千剑而后识器——操练积分法

读一读

知行统一　曲线发展　螺旋上升　百花齐放

数学史上的重大事件不胜枚举：著名问题的提出、进展和解决；新思想的萌芽，新理论的提出，以及新学科的建立；数学危机和数学的争论；数学学会、学派、杂志等社会团体建设等等.

1. 无理数的发现

在公元前 500 年无理数由毕达哥拉斯学派发现，通过勾股定理(毕达哥拉斯定理)，认识到无理数的存在，使得人们对数开始重新思考，引发了数学史上的第一次数学危机.

2. 欧几里得著《几何原本》

欧几里得在整理、归纳前人工作的基础上，将几何建立在几个公理之上所著的《几何原本》，是数学史上的首个公理体系，对后世的影响不言而喻.

3. 阿拉伯数字

约公元 870 年，印度出现包括零号的十进制数码，后传入阿拉伯演变为现今的印度-阿拉伯数码. 十进制阿拉伯数字的使用，极大地方便了数学的研究和使用，以及在世界范围内的传播.

4. 解析几何的建立

1637 年，笛卡儿的《几何学》出版，标志着解析几何的诞生. 而解析几何的诞生，使得代数与几何相联系，将数学的发展带入一片新的天地，数学由常量数学进入变量数学时代.

5. 分析学的严密化

微积分的发明，绝对是数学史上的一个里程碑式的重大事件. 在取得大量丰富成果之后，人们开始关注分析的严格化、精细化. 尤其在柯西、魏尔斯特拉斯的工作后，给出了函数、极限、导数、微分等概念的精确定义，使得分析学得到严密化.

6. 伽罗瓦的“群”论

群论是现代抽象代数中的一个概念，引发自多项式的研究. 天才的数学家伽罗瓦用一种全新的视角，解决了一个世界大难题，即“5 次及以上代数方程的可解性问题”.

7. 集合思想的渗透

康托尔的集合论被广泛应用于数学的各个分支领域，同时又引发了数学家对数学基础的思考，并因此产生了数学危机.

以上所列举的事件不是以“难”“繁”为尺度，而是看能不能影响全局，转变方向，甚至带来革命的变化. 我国数学有着悠久的历史，14 世纪以前一直是世界上数学最为发达的国家，出现过许多杰出数学家，取得了很多辉煌成就. 但 16 世纪以后我国就落后了，经历了漫长而艰难的发展历程才渐渐汇入现代数学的潮流. 受现代数学文明熏陶的我们，不要对祖国的传统科学一无所知. 数学史可以使我们了解中国古代数学的辉煌成就，了解中国近代数学落后的原因，中国现代数学研究的现状以及与发达国家数学的差距，以激发我们的爱国热情，振兴民族科学.

阅读感悟：

学习目标

在本节中你将完成以下学习目标：

（1）理解第一类换元积分法凑微分法的原理，并能够熟练运用第一类换元积分法解决问题；

（2）理解第二类换元积分法的原理，并能够熟练运用第二类换元积分法解决问题；

（3）理解分部积分法的原理，并能够熟练运用分部积分法解决问题.

重点：定积分积分法的使用.

难点：定积分积分法的使用.

学一学

扫一扫

5.3.1 定积分的凑微分法（一）

扫一扫

5.3.2 定积分的凑微分法（二）

5.3.1 第一类换元积分法（凑微分法）

例 5.3.1 求 $\int_0^1 x\mathrm{e}^{-x^2}\mathrm{d}x$.

解
$$\begin{aligned}\int_0^1 x\mathrm{e}^{-x^2}\mathrm{d}x &= -\frac{1}{2}\int_0^1 \mathrm{e}^{-x^2}\mathrm{d}(-x^2)\\ &= -\frac{1}{2}(\mathrm{e}^{-x^2})\Big|_0^1\\ &= \frac{1}{2}(1-\mathrm{e}^{-1}).\end{aligned}$$

可见，这种计算方法对应于不定积分的第一类换元积分法，即凑微分法.

例 5.3.2 求 $\int_1^{\mathrm{e}} \frac{\ln x}{x}\mathrm{d}x$.

解
$$\begin{aligned}\int_1^{\mathrm{e}} \frac{\ln x}{x}\mathrm{d}x &= \int_1^{\mathrm{e}} \ln x\,\mathrm{d}(\ln x)\\ &= \frac{1}{2}(\ln x)^2\Big|_1^{\mathrm{e}}\\ &= \frac{1}{2}(\ln^2\mathrm{e}-\ln^2 1) = \frac{1}{2}.\end{aligned}$$

例 5.3.3 求 $\int_0^2 x\sqrt{4-x^2}\,\mathrm{d}x$.

解
$$\begin{aligned}\int_0^2 x\sqrt{4-x^2}\,\mathrm{d}x &= -\frac{1}{2}\int_0^2 \sqrt{4-x^2}\,\mathrm{d}(4-x^2)\\ &= -\frac{1}{3}(4-x^2)^{\frac{3}{2}}\Big|_0^2\\ &= \frac{8}{3}.\end{aligned}$$

练一练

求下列定积分：

(1) $\int_{-1}^{1} 2x(x^2+5)^4\mathrm{d}x$；　　(2) $\int_0^1 x\sqrt{1-x^2}\,\mathrm{d}x$；

(3) $\int_{-1}^{1} \frac{\mathrm{e}^x}{1+\mathrm{e}^x}\mathrm{d}x$；　　(4) $\int_0^{\frac{\pi}{2}} \sin\left(x+\frac{\pi}{2}\right)\mathrm{d}x$.

例 5.3.4 求 $\int_0^{\frac{\pi}{2}} \cos^3 x\sin x\mathrm{d}x$.

解 方法一：
$$\int_0^{\frac{\pi}{2}} \cos^3 x\sin x\mathrm{d}x = -\int_0^{\frac{\pi}{2}} \cos^3 x\mathrm{d}(\cos x)$$
$$=\left(-\frac{1}{4}\cos^4 x\right)\Big|_0^{\frac{\pi}{2}}$$
$$=\frac{1}{4}.$$

方法二：设 $t=\cos x$，则 $\mathrm{d}t=-\sin x\mathrm{d}x$. 当 $x=0$ 时，$t=1$；当 $x=\frac{\pi}{2}$时，$t=0$. 于是，
$$\int_0^{\frac{\pi}{2}} \cos^3 x\sin x\mathrm{d}x = \int_1^0 t^3\cdot(-\mathrm{d}t) = \int_0^1 t^3\mathrm{d}t = \left(\frac{1}{4}t^4\right)\Big|_0^1 = \frac{1}{4}.$$

例 5.3.4 中，方法一是凑微分法，上、下限不改变；方法二是变量替换法，上、下限要改变.

在第 4 单元中学习了用第二类换元积分法和分部积分法求已知函数的原函数. 对它们作稍微改动就是定积分的第二类换元积分法和分部积分法. 但最终的计算总是离不开牛顿-莱布尼茨公式.

5.3.2 第二类换元积分法

定理 5.3.1 设函数 $f(x)$ 在 $[a,b]$ 上连续，函数 $x=\varphi(t)$ 在 $I(I=[\alpha,\beta]$ 或 $[\beta,\alpha])$ 上有连续的导数，并且 $\varphi(\alpha)=a,\varphi(\beta)=b,a\leqslant\varphi(t)\leqslant b(t\in I)$，则
$$\int_a^b f(x)\mathrm{d}x = \int_\alpha^\beta f[\varphi(t)]\varphi'(t)\mathrm{d}t. \tag{5-7}$$

公式(5-7)称为定积分的换元积分公式. 在应用该公式计算定积分时需要注意以下两点：

扫一扫

5.3.3 定积分的换元积分法（一）

(1) 从右到左应用公式，相当于不定积分的**第一类换元积分法(即凑微分法)**. 一般不用设出新的积分变量，这时，原积分的上、下限不需改变，只要求出被积函数的一个原函数，如例 5.3.4 的方法一，就可以直接应用牛顿-莱布尼茨公式求出定积分的值.

(2) 从左到右应用公式，相当于不定积分的**第二类换元积分法**. 计算时，用 $x=\varphi(t)$ 把原积分变量 x 换成新变量 $\varphi(t)$，积分限也必须由原来的积分限 a 和 b 相应地换为新变量 t 的积分限 α 和 β，求解时，不必代回原来的变量 x，如例 5.3.4 的方法二，这与不定积分的第二

类换元积分法不同，注意换元必换限.

例 5.3.5 求 $\int_1^4 \frac{\mathrm{d}x}{1+\sqrt{x}}$.

解 令 $\sqrt{x}=t$，则 $x=t^2$，$\mathrm{d}x=2t\mathrm{d}t$. 当 $x=1$ 时，$t=1$；当 $x=4$ 时，$t=2$. 于是，有

$$\begin{aligned}\int_1^4 \frac{\mathrm{d}x}{1+\sqrt{x}} &= \int_1^2 \frac{2t}{1+t}\mathrm{d}t \\ &= 2\int_1^2 \left(1-\frac{1}{1+t}\right)\mathrm{d}t \\ &= 2\int_1^2 \left(1-\frac{1}{1+t}\right)\mathrm{d}t \\ &= 2\left[\int_1^2 \mathrm{d}t-\int_1^2 \frac{1}{1+t}\mathrm{d}(1+t)\right] \\ &= 2\left[t-\ln(t+1)\right]\Big|_1^2 \\ &= 2\left[(2-\ln 3)-(1-\ln 2)\right] \\ &= 2(1-\ln 3+\ln 2)=2\left(1-\ln\frac{3}{2}\right).\end{aligned}$$

例 5.3.6 求 $\int_0^3 \frac{x}{\sqrt{1+x}}\mathrm{d}x$.

解 令 $\sqrt{1+x}=t$，则 $x=t^2-1$，$\mathrm{d}x=2t\mathrm{d}t$. 当 $x=0$ 时，$t=1$；当 $x=3$ 时，$t=2$. 于是，有

$$\begin{aligned}\int_0^3 \frac{x}{\sqrt{1+x}}\mathrm{d}x &= \int_1^2 \frac{t^2-1}{t}\cdot 2t\mathrm{d}t=2\int_1^2 (t^2-1)\mathrm{d}t \\ &= 2\left(\frac{1}{3}t^3-t\right)\Bigg|_1^2=\frac{8}{3}.\end{aligned}$$

扫一扫

5.3.4 定积分的换元积分法（二）

练一练

求下列定积分：

（1）$\int_0^1 \frac{\sqrt{x}}{1+\sqrt{x}}\mathrm{d}x$；（2）$\int_{\frac{3}{4}}^1 \frac{\mathrm{d}x}{\sqrt{1-x}-1}$.

例 5.3.7 求 $\int_0^4 \frac{x+2}{\sqrt{2x+1}}\mathrm{d}x$.

解 令 $t=\sqrt{2x+1}$，则 $t^2=2x+1$，从而 $x=\frac{1}{2}(t^2-1)$，$\mathrm{d}x=t\mathrm{d}t$. 当 $x=0$ 时，$t=1$；当 $x=4$ 时，$t=3$. 于是，有

$$\begin{aligned}\int_0^4 \frac{x+2}{\sqrt{2x+1}}\mathrm{d}x &= \int_1^3 \frac{1}{t}\left[\frac{1}{2}(t^2-1)+2\right]t\mathrm{d}t \\ &= \frac{1}{2}\int_1^3 (t^2+3)\mathrm{d}t\end{aligned}$$

$$=\frac{1}{2}\left(\frac{1}{3}t^3+3t\right)\Bigg|_1^3=\frac{1}{2}\times(9+9)-\frac{1}{2}\times\left(\frac{1}{3}+3\right)=\frac{22}{3}.$$

练一练

求下列定积分：

(1) $\int_0^3\frac{\mathrm{d}x}{1+\sqrt{x+1}}$；

(2) $\int_1^{64}\frac{\mathrm{d}x}{\sqrt{x}+\sqrt[3]{x}}$.

应用定积分的第二类换元积分法可得定积分的如下性质.

性质　若 $f(x)$ 在区间 $[-a,a]$ 上连续，则

(1) 如果 $f(x)$ 为奇函数，则 $\int_{-a}^{a}f(x)\mathrm{d}x=0$；

(2) 如果 $f(x)$ 为偶函数，则

$$\int_{-a}^{a}f(x)\mathrm{d}x=2\int_0^{a}f(x)\mathrm{d}x.$$

学习小贴士： 请同学们牢记上面性质，该性质对于解题能够提供很大的帮助.

例 5.3.8　求 $\int_{-\sqrt{3}}^{\sqrt{3}}\frac{x^2\sin x}{1+x^4}\mathrm{d}x$.

解　因为被积函数 $f(x)=\frac{x^2\sin x}{1+x^4}$ 是奇函数，且积分区间 $[-\sqrt{3},\sqrt{3}]$ 是关于原点的对称区间，所以

$$\int_{-\sqrt{3}}^{\sqrt{3}}\frac{x^2\sin x}{1+x^4}\mathrm{d}x=0.$$

练一练

求下列定积分：

(1) $\int_{-1}^{1}(x^3-3x)\mathrm{d}x$；

(2) $\int_{-\pi}^{\pi}\sin x\mathrm{d}x$；

(3) $\int_{-2}^{2}\frac{x}{1+x^2}\mathrm{d}x$；

(4) $\int_{-\pi}^{\pi}x^3\cos x\mathrm{d}x$.

5.3.3　定积分的分部积分法

定理 5.3.2　设函数 $u=u(x)$ 和 $v=v(x)$ 在区间 $[a,b]$ 上有连续的导数，则有

$$\int_a^b u(x)\mathrm{d}[v(x)] = [u(x)v(x)]\big|_a^b - \int_a^b v(x)\mathrm{d}u(x). \qquad (5-8)$$

式(5-8)称为**定积分的分部积分公式**,且可简单地写作

$$\int_a^b u\mathrm{d}v = (uv)\big|_a^b - \int_a^b v\mathrm{d}u. \qquad (5-9)$$

扫一扫

5.3.5 定积分的分部积分法

例 5.3.9 求 $\int_0^{\frac{1}{2}} \arcsin x\mathrm{d}x$.

学习小贴士: 建议同学们及时复习不定积分的计算方法.

解 $\int_0^{\frac{1}{2}} \arcsin x\mathrm{d}x = (x\arcsin x)\big|_0^{\frac{1}{2}} - \int_0^{\frac{1}{2}} x\mathrm{d}(\arcsin x)$

$$= (x\arcsin x)\big|_0^{\frac{1}{2}} - \int_0^{\frac{1}{2}} \frac{x}{\sqrt{1-x^2}}\mathrm{d}x$$

$$= \frac{1}{2}\arcsin\frac{1}{2} + \sqrt{1-x^2}\,\Big|_0^{\frac{1}{2}}$$

$$= \frac{\pi}{12} + \frac{\sqrt{3}}{2} - 1.$$

练一练

求下列定积分:

(1) $\int_1^3 \ln x\mathrm{d}x$;　　(2) $\int_0^1 \arctan x\mathrm{d}x$.

例 5.3.10 求 $\int_1^2 x\ln x\mathrm{d}x$.

解 $\int_1^2 x\ln x\mathrm{d}x = \frac{1}{2}\int_1^2 \ln x\mathrm{d}(x^2)$

$$= \left(\frac{1}{2}x^2\ln x\right)\Big|_1^2 - \frac{1}{2}\int_1^2 x^2\mathrm{d}(\ln x)$$

$$= 2\ln 2 - \frac{1}{2}\int_1^2 x\mathrm{d}x = 2\ln 2 - \frac{1}{4}x^2\Big|_1^2$$

$$= 2\ln 2 - \frac{3}{4}.$$

例 5.3.11 求 $\int_0^{\pi} x\sin x\mathrm{d}x$.

解 $\int_0^{\pi} x\sin x\mathrm{d}x = -\int_0^{\pi} x\mathrm{d}(\cos x)$

$$= (-x\cos x)\big|_0^{\pi} + \int_0^{\pi} \cos x\mathrm{d}x$$

$$= \pi + \sin x\big|_0^{\pi}$$

$$= \pi.$$

练一练

求下列定积分：

(1) $\int_0^{\pi} x\cos x\mathrm{d}x$；　　(2) $\int_0^1 x\arctan x\mathrm{d}x$.

例 5.3.12　求 $\int_0^{\frac{\pi}{2}} x^2\cos x\mathrm{d}x$.

解
$$\begin{aligned}\int_0^{\frac{\pi}{2}} x^2\cos x\mathrm{d}x &= \int_0^{\frac{\pi}{2}} x^2\mathrm{d}(\sin x)\\ &=(x^2\sin x)\Big|_0^{\frac{\pi}{2}}-\int_0^{\frac{\pi}{2}}\sin x\mathrm{d}(x^2)\\ &=(x^2\sin x)\Big|_0^{\frac{\pi}{2}}-2\int_0^{\frac{\pi}{2}}x\sin x\mathrm{d}x\\ &=\frac{\pi^2}{4}+2\int_0^{\frac{\pi}{2}}x\mathrm{d}(\cos x)\\ &=\frac{\pi^2}{4}+2(x\cos x)\Big|_0^{\frac{\pi}{2}}-2\int_0^{\frac{\pi}{2}}\cos x\mathrm{d}x\\ &=\frac{\pi^2}{4}-2\sin x\Big|_0^{\frac{\pi}{2}}\\ &=\frac{\pi^2}{4}-2.\end{aligned}$$

练一练

求下列定积分：

(1) $\int_0^1 x^2\mathrm{e}^x\mathrm{d}x$；　　(2) $\int_1^{\mathrm{e}} x^3\ln x\mathrm{d}x$.

例 5.3.13　求 $\int_0^1 \mathrm{e}^{\sqrt{x}}\mathrm{d}x$.

解　令 $\sqrt{x}=t$，则 $x=t^2$，$\mathrm{d}x=2t\mathrm{d}t$. 当 $x=0$ 时，$t=0$；当 $x=1$ 时，$t=1$. 于是，有
$$\begin{aligned}\int_0^1 \mathrm{e}^{\sqrt{x}}\mathrm{d}x &= 2\int_0^1 t\mathrm{e}^t\mathrm{d}t\\ &=2\int_0^1 t\mathrm{d}(\mathrm{e}^t)=(2t\mathrm{e}^t)\Big|_0^1-2\int_0^1\mathrm{e}^t\mathrm{d}t\\ &=2\mathrm{e}-2\mathrm{e}^t\Big|_0^1\\ &=2\mathrm{e}-2\mathrm{e}+2\\ &=2.\end{aligned}$$

例 5.3.13 的求解过程中，先利用换元积分法，然后应用分部积分法.

学习小贴士： 通过例 5.3.13 的学习，请同学们讨论该例题的特点，并举出一个类似的例题，写出完整答案.

评一评

姓名：__________ 班级：__________ 学号：__________ 得分：__________

1. 设 $f(x)$ 的一个原函数为 $\sin x$，则 $\int_0^{\frac{\pi}{2}} xf(x)\mathrm{d}x=($　　$)$.

A. 0　　B. $\frac{\pi}{2}$　　C. $\frac{\pi}{2}+1$　　D. $\frac{\pi}{2}-1$

2. 定积分 $\int_{-\frac{1}{2}}^{0}(2x+1)^{99}\mathrm{d}x=($　　$)$.

A. 100　　B. $\frac{1}{100}$　　C. 200　　D. $\frac{1}{200}$

3. 定积分 $\int_0^{\frac{\pi}{2}}\sin^5 x\cos x\mathrm{d}x=($　　$)$.

A. 1　　B. $\frac{1}{2}$　　C. $\frac{1}{5}$　　D. $\frac{1}{6}$

4. 定积分 $\int_0^1\frac{x}{1+x^2}\mathrm{d}x=($　　$)$.

A. $\frac{1}{2}\ln 2$　　B. $2\ln 2$　　C. $-2\ln 2$　　D. $-\frac{1}{2}\ln 2$.

5. 计算下列定积分：

(1) $\int_0^1(\mathrm{e}^x+2)\mathrm{e}^x\mathrm{d}x$；　　(2) $\int_1^5\frac{\sqrt{x-1}}{x}\mathrm{d}x$.

评语：

测一测

姓名：________ 班级：________ 学号：________ 得分：________

一、基础测试

1. 已知 $\int_0^{\ln 3} \frac{e^x}{1+e^x} = \ln 2$，则 $\int_0^{\ln 3} \frac{1}{1+e^x} =$ __________.

2. $\int_0^1 xe^x dx =$ __________.

3. $\int_0^1 xe^{x^2} dx =$ __________.

4. $\int_0^1 e^x (e^x-1)^4 dx =$ __________.

5. $\int_0^{\frac{\pi}{2}} \cos 2x dx =$ __________.

6. 已知 $\int_0^1 f(x) dx = 1$，$f(1) = 0$，则 $\int_0^1 xf'(x) dx =$ __________.

二、提升测试

7. $\int_0^8 \frac{1}{1+\sqrt[3]{x}} dx$.

8. $\int_{-1}^1 \frac{x dx}{\sqrt{5-4x}}$.

9. 已知 $f(x)$ 二阶可导，$f(0)=1$，$f(1)=2$，$f'(1)=3$，求 $\int_0^1 xf''(x)\,dx$.

学习反思：

用一用

案例 5.3.1【电场力做功问题】 把电量为$+q$(单位:C)的点电荷放在 x 轴原点处,形成一个电场,这个电场对周围的电荷有作用力,由库仑定律知,位于 x 轴上距原点 x m 处的单位正电荷受到的电场力大小为 $F(x)=k\dfrac{q}{x^2}$(单位:N),其中 k 为常数.当这个单位正电荷在电场中从 $x=a$ 处沿 x 轴移至 $x=b(a<b)$处时,求电场力对它所做的功.

解 取 x 为积分变量,其变化区间为$[a,b]$,于是

$$W=\int_a^b k\frac{q}{x^2}\mathrm{d}x=-\frac{kq}{x}\bigg|_a^b=kq\left(\frac{1}{a}-\frac{1}{b}\right)(\mathrm{J}).$$

案例 5.3.2【微元法压力问题】 一个横放的半径为 R 的圆柱形油桶盛有半桶油,油的密度为 ρ.计算桶的圆形一侧所受的压力.

解 建立如图 5-10 所示的坐标系,取 x 为积分变量,其变化区间为$[0,R]$.此坐标系中,所讨论的半圆的方程为 $x^2+y^2=R^2,x\in[0,R]$.在$[0,R]$上任取一小区间$[x,x+\mathrm{d}x]$,半圆片上相应于$[x,x+\mathrm{d}x]$的小横条的面积近似于 $2\sqrt{R^2-x^2}\,\mathrm{d}x$,其上各点处的压强近似于 ρgx,从而该横条所受压力的近似值,即压力微元为

$$\mathrm{d}F=2\rho g\cdot x\sqrt{R^2-x^2}\,\mathrm{d}x.$$

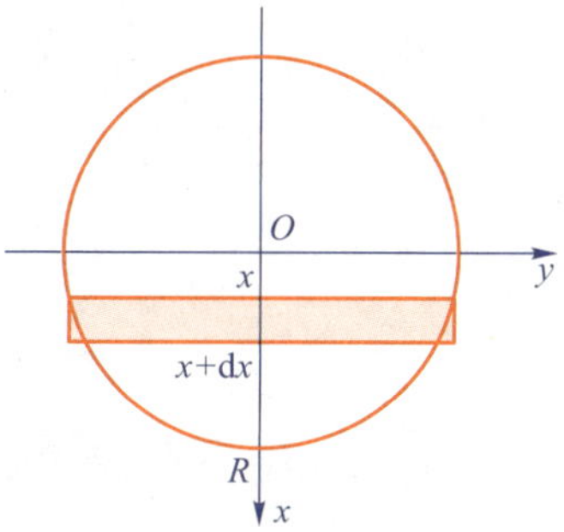

图 5-10

案例 5.3.3 某小镇的环卫工人凌晨 5:00 发现正在下大雪,于是出动铲雪车铲雪,一小时后(到 6:00)铲清了 1 000 m 长的路面,又经过一小时(到 7:00)又铲清了 500 m 长的路面,从而铲清了到达高速公路入口处的全部路面.已知雪在一直不停地均匀地下着,铲过雪的地方撒上了盐,不会再有积雪.试问:这场大雪大约是从几点开始下的?

解 因为积雪的厚度是个变量,跟下雪时间成正比,所以铲雪车不可能是匀速前进的(当然要假定路面的宽度是一样的).

以开始下雪时刻为时间坐标的原点,由于下雪的速度是均匀的,所以在时刻 t 的积雪厚度为 $h=kt$(m),其中 k 为比例常数.设路面宽度为 b m,铲雪车的工作效率为 a m^3/h,在时间段$[t,t+\mathrm{d}t]$内铲除雪的体积为 $\mathrm{d}V$,则其推进的距离为

$$\mathrm{d}x=\frac{\mathrm{d}V}{bh}=\frac{a\mathrm{d}t}{bkt}.$$

于是,可得到如下两个关系式:

$$\int_{t_0}^{t_0+1}\frac{a}{bkt}\mathrm{d}t=1\ 000,\ \int_{t_0+1}^{t_0+2}\frac{a}{bkt}\mathrm{d}t=500.$$

由此可知

$$\ln\frac{t_0+1}{t_0}=\frac{1\ 000kb}{a}=2\ln\frac{t_0+2}{t_0+1},$$

即

$$(t_0+1)^3=t_0(t_0+2)^2,$$

解得 $t_0=\dfrac{\sqrt{5}-1}{2}\approx 0.618$(h),从而可知这场大雪大约是从凌晨 4 点 22 分开始下的.

5.4 纸上得来终觉浅，绝知此事要躬行——应用定积分解决问题

读一读

欣赏数学之美

数学之美包含很多方面，学习数学不仅是大学生的必修课程，也是美育的重要内容.

1. 辩证之美

熟悉数学的人都能体会到数学中蕴含着的辩证法.如果说各门科学都包含着丰富的辩证思想，那么，数学则有自己特殊的表现方式，即用数学的符号语言以及简明的数学公式明确地表达出各种辩证的关系和转化.

2. 对称之美

对称性是和谐性的一种特殊的表现.在数学的世界中，形式上和内容上的对称性，广泛地存在于客观事物之中，既有轴对称、中心对称、平面对称等空间对称，又有周期、节奏和旋律等时间对称，还有与时空坐标无关的更为复杂的对称，数学的对称美，实质上是自然界的和谐性在量和量的关系上最直观的表现.

3. 简洁之美

数学的简洁之美，并非指数学对象本身简单、浅显，而是指数学对象由尽可能少的要素通过尽可能简洁、经济的方式组成，并且蕴含着丰富和深刻的内容.数学的简洁美，主要表现在数学的逻辑结构、数学的方法和表达形式的简洁性.

4. 和谐之美

数学的和谐性也是数学美的特征之一.和谐即雅致、严谨或形式结构的无矛盾性.没有哪门学科能比数学更为清晰地阐明自然界的和谐性.

数学之美无处不在，培养一双善于发现的眼睛吧？

阅读感悟：

学习目标

在本节中你将完成以下学习目标：

(1) 理解定积分在各领域中的应用，特别是掌握定积分在求不规则图形的面积、求函数平均值中的应用；

(2) 能够用定积分解决实际问题；

(3) 理解定积分含义，掌握定积分解决问题的思想方法.

重点：平面图形的面积求解.

难点：平面图形的面积求解.

扫一扫

5.4 平面图形的面积

学一学

定积分在几何、物理、经济与工程技术等领域都有广泛的应用.本节主要介绍应用定积分来计算平面图形的面积和闭区间上连续函数的平均值.

5.4.1 平面图形的面积

在之前的学习中，我们已经知道，由曲线 $y=f(x)$ $(f(x)\geqslant 0)$ 与直线 $x=a$，$x=b$ 及 x 轴所围成的曲边梯形(如图 5-1)的面积 A 可用定积分 $\int_a^b f(x)\mathrm{d}x$ 来计算，即 $A=\int_a^b f(x)\mathrm{d}x$.

应用定积分，不但可以计算曲边梯形面积，还可以计算一些比较复杂的平面图形的面积.下面我们就以下几种基本情况进行讨论.

(1) 如图 5-11 所示的由曲线 $y=f(x)$，$y=g(x)$ 与直线 $x=a$，$x=b$ 所围成的平面图形的面积 A 可以用两个曲边梯形面积的差来计算，即

$$A=\int_a^b f(x)\mathrm{d}x-\int_a^b g(x)\mathrm{d}x.$$

(2) 如图 5-12 所示的由曲线 $y=f(x)$，$y=g(x)$ 与直线 $x=a$，$x=b$ 所围成的平面图形的面积 A 为

$$A=A_1+A_2=\left[\int_a^c f(x)\mathrm{d}x-\int_a^c g(x)\mathrm{d}x\right]+\left[\int_c^b g(x)\mathrm{d}x-\int_c^b f(x)\mathrm{d}x\right].$$

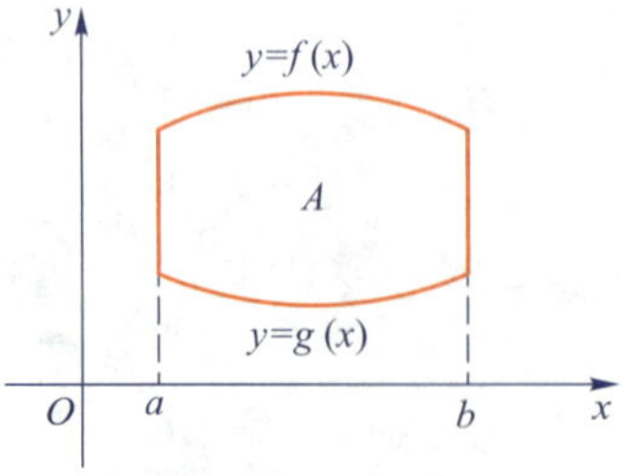

图 5-11

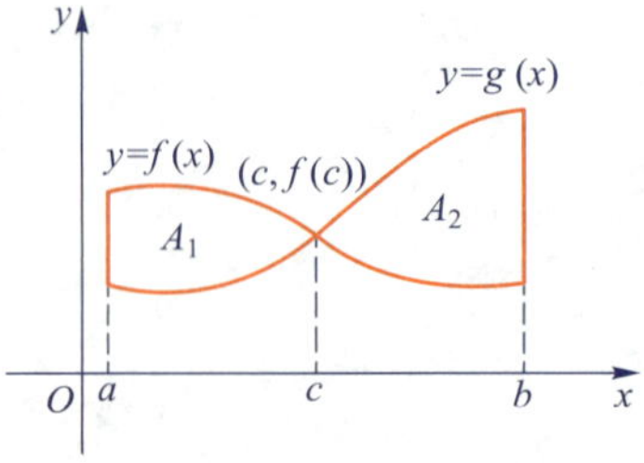

图 5-12

(3) 如图 5-13 所示的由曲线 $y=f(x)$ 与 $y=g(x)$ 所围成的平面图形的面积 A 为

$$A=\int_a^b f(x)\,\mathrm{d}x-\int_a^b g(x)\,\mathrm{d}x.$$

(4) 如图 5-14 所示的由曲线 $y=f(x)$ 与 $y=g(x)$ 所围成的平面图形的面积 A 为

$$A=A_1+A_2=\left[\int_a^c f(x)\,\mathrm{d}x-\int_a^c g(x)\,\mathrm{d}x\right]+\left[\int_c^b g(x)\,\mathrm{d}x-\int_c^b f(x)\,\mathrm{d}x\right].$$

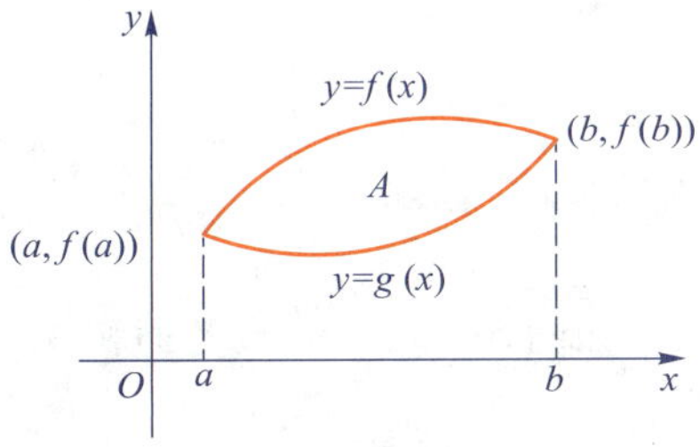

图 5-13

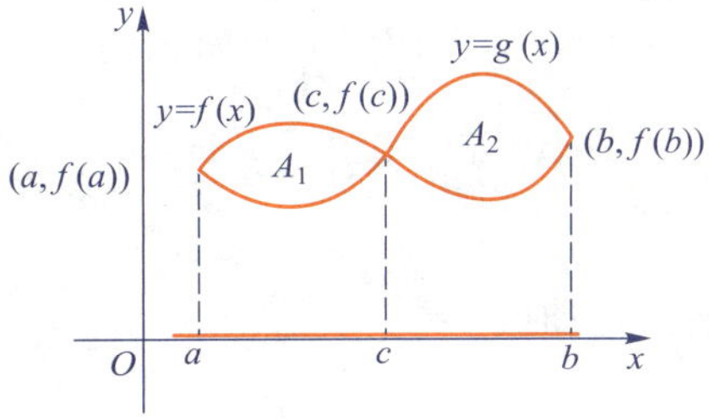

图 5-14

我们知道,任何一个平面图形无论它在平面直角坐标系中的位置如何,只需将其进行适当的坐标平移,都可将其平移至 x 轴的上方,虽然平面图形的位置发生了改变,但平面图形的面积却没有发生改变.因此,上述讨论不失一般性.

(5) 如图 5-15 所示的平面图形,只要各相应的曲线段对应的方程已知,其面积 A 即可转化为上述情况进行计算,即

$$A=A_1+A_2+A_3.$$

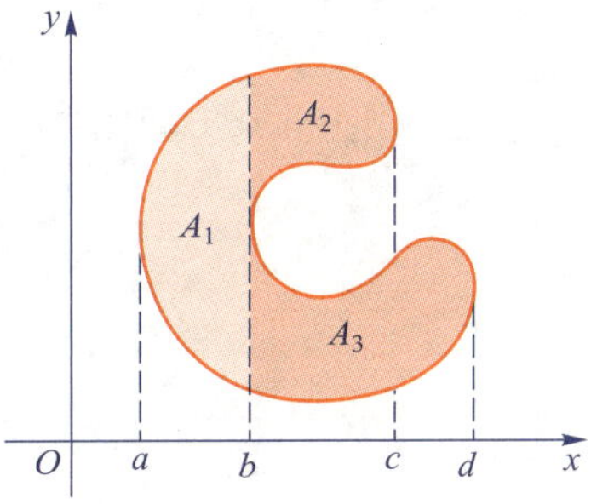

图 5-15

在作平面图形时,只需作出平面图形的有效部分即可,其余部分可省略不做.下面我们举例进行详细说明.

学习小贴士: 求函数围成的图形的面积是以定积分的几何意义为基础的进一步升华,建议同学们仔细复习本单元 5.1 部分的内容.

例 5.4.1 求由曲线 $y=\dfrac{1}{x}$ 与直线 $x=1, x=4$ 及 x 轴所围成的平面图形的面积.

解 由曲线 $y=\dfrac{1}{x}$ 与直线 $x=1, x=4$ 及 x 轴所围成的平面图形如图 5-16 所示,设其面积为 A,则

$$A=\int_1^4 \frac{1}{x}\,\mathrm{d}x=\ln x\Big|_1^4=\ln 4-0=2\ln 2.$$

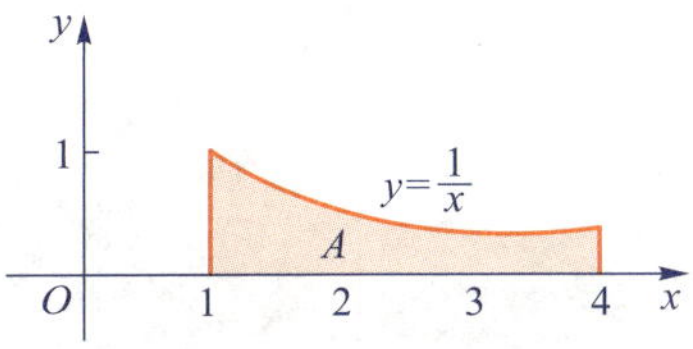

图 5-16

例 5.4.2 求由 $[0,\pi]$ 上的正弦曲线 $y=\sin x$ 与 x 轴所围成的平面图形的面积.

解 由 $[0,\pi]$ 上的正弦曲线 $y=\sin x$ 与 x 轴所围成的平面图形如图 5-17 所示,设其面积为 A,则

$$A=\int_0^\pi \sin x\,\mathrm{d}x=(-\cos x)\Big|_0^\pi=1-(-1)=2.$$

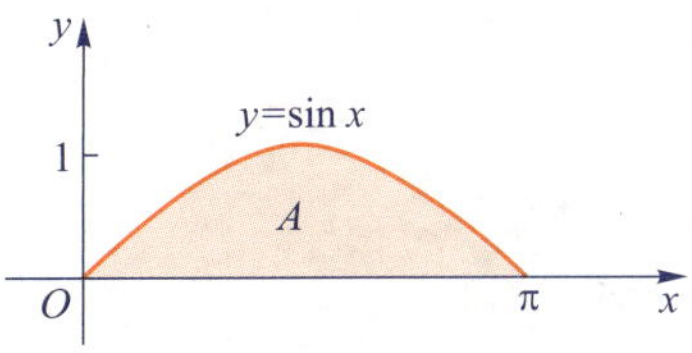

图 5-17

例 5.4.3 求由两条抛物线 $y=x^2$ 与 $y^2=x$ 所围成的平面图形的面积.

解 由两条抛物线 $y=x^2$ 与 $y^2=x$ 所围成的平面图形如图 5-18 所示,设其面积为 A,则

$$A=\int_0^1\sqrt{x}\,dx-\int_0^1 x^2dx=\left(\frac{2}{3}x^{\frac{3}{2}}\right)\Big|_0^1-\left(\frac{1}{3}x^3\right)\Big|_0^1$$

$$=\left(\frac{2}{3}-0\right)-\left(\frac{1}{3}-0\right)=\frac{1}{3}.$$

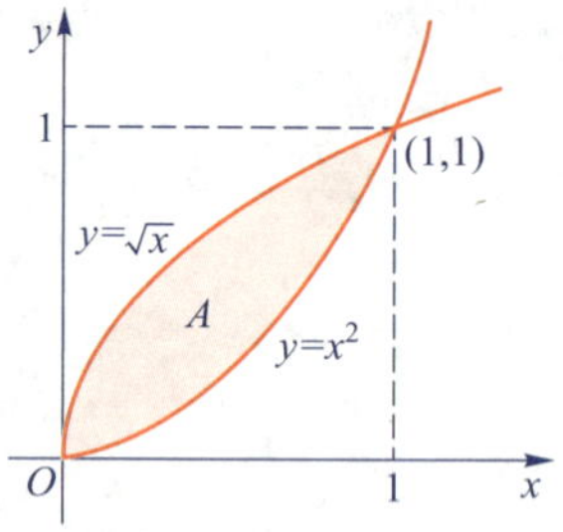

图 5-18

请同学们计算验证由例 5.4.3 中两条抛物线中的任一条与直线 $y=x$ 所围成的平面图形的面积均为$\frac{1}{6}$.

例 5.4.4 求由曲线 $y=\frac{1}{x}$与直线 $y=x,x=2$ 所围成的平面图形的面积.

解 由曲线 $y=\frac{1}{x}$与直线 $y=x,x=2$ 所围成的平面图形如图 5-19 所示,设其面积为 A,则

$$A=\int_1^2 x\,dx-\int_1^2\frac{1}{x}dx=\left(\frac{1}{2}x^2\right)\Big|_1^2-\ln x\,\Big|_1^2=\left(2-\frac{1}{2}\right)-(\ln 2-0)=\frac{3}{2}-\ln 2.$$

例 5.4.5 求由抛物线 $y=\frac{1}{2}x^2$ 与直线 $y=x+4$ 所围成的平面图形的面积.

解 由抛物线 $y=\frac{1}{2}x^2$ 与直线 $y=x+4$ 所围成的平面图形如图 5-20 所示,设其面积为 A,则

$$A=\int_{-2}^4(x+4)\,dx-\int_{-2}^4\frac{1}{2}x^2dx$$

$$=\left(\frac{1}{2}x^2+4x\right)\Big|_{-2}^4-\left(\frac{1}{6}x^3\right)\Big|_{-2}^4$$

$$=[24-(-6)]-\left[\frac{32}{3}-\left(-\frac{4}{3}\right)\right]$$

$$=18.$$

请同学们自己验证由抛物线 $y=\frac{1}{2}x^2$ 与直线 $y=-x+4$ 所围成的平面图形的面积也为 18.

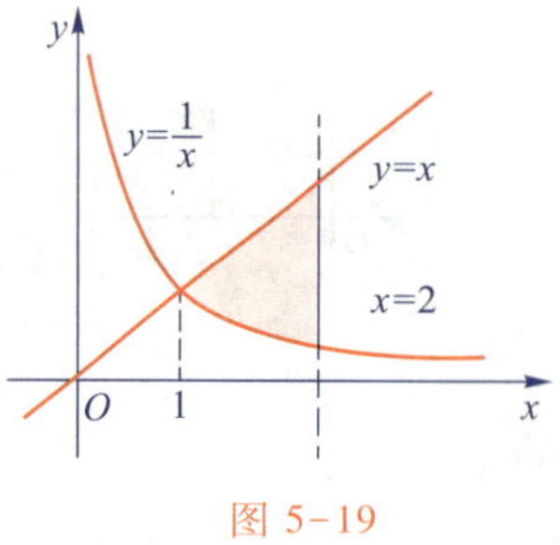

图 5-19

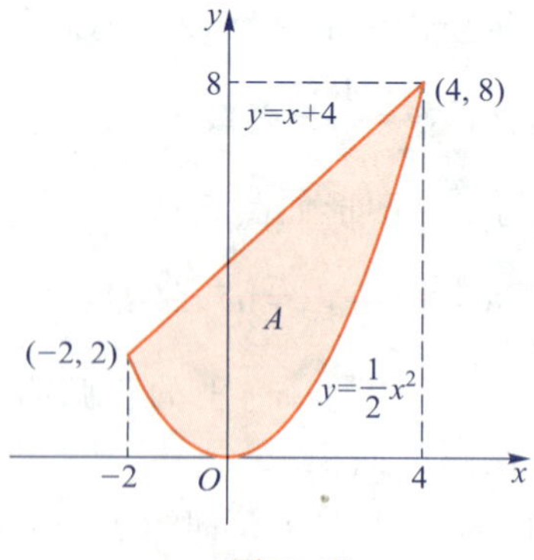

图 5-20

练一练

求由抛物线 $y=\frac{1}{2}x^2$ 与直线 $y=-x+4$ 所围成的平面图形的面积.

5.4.2 闭区间 $[a,b]$ 上连续函数 $f(x)$ 的平均值

在某些实际问题中，常常用一组数据的算术平均值来描述这组数据的特定属性.例如，对某一圆形零件的直径的长度进行了 n 次测量，测得的值分别记为 $d_1,d_2,\cdots,d_n$，此时，可以用 $d_1,d_2,\cdots,d_n$ 的算术平均值

$$\bar{d}=\frac{d_1+d_2+\cdots+d_n}{n}$$

作为这一圆形零件的直径的近似值.

然而，在有些实际问题中，除了需要计算有限个数值的算术平均值外，有时还需要考虑连续函数 $f(x)$ 在闭区间 $[a,b]$ 上所取得一切值的平均值，如求某日 24 小时内的平均温度.

由定积分的性质 7（定积分中值定理），我们知道，$f(\xi)=\dfrac{\int_a^b f(x)\mathrm{d}x}{b-a}$，称为连续函数 $y=f(x)$ 在闭区间 $[a,b]$ 上的平均值，记为 $\bar{y}=\dfrac{1}{b-a}\int_a^b f(x)\mathrm{d}x$.

例 5.4.6 求正弦函数 $y=\sin x$ 在区间 $[0,\pi]$ 上的平均值.

解
$$\begin{aligned}\bar{y}&=\frac{1}{b-a}\int_a^b f(x)\mathrm{d}x\\&=\frac{1}{\pi-0}\int_0^{\pi}\sin x\mathrm{d}x\\&=\frac{1}{\pi}(-\cos x)\Big|_0^{\pi}\\&=\frac{1}{\pi}[1-(-1)]=\frac{2}{\pi}.\end{aligned}$$

学习小贴士： 求函数的平均值在工程中、生活中、专业课的学习中具有非常重要的意义，请同学们不要忽视本内容的学习，该内容将为你更深入的学习其他学科奠定良好的基础.

练一练

求函数 $y=x^2+1$ 在区间 $[-1,1]$ 上的平均值.

例 5.4.7 已知某物体以速度 $v=3t^2+2t$(m/s) 做直线运动，求该物体在 $t=0$ 到 $t=3$ s 这一时间段内的平均速度.

解
$$\begin{aligned}\bar{v}&=\frac{1}{3-0}\int_0^3(3t^2+2t)\mathrm{d}x\\&=\frac{1}{3}(t^3+t^2)\Big|_0^3\\&=12(\mathrm{m/s}).\end{aligned}$$

所以该物体在 $t=0$ 到 $t=3$ s 这一时间段内的平均速度为 12 m/s.

评一评

姓名:__________ 班级:__________ 学号:__________ 得分:__________

1. 曲线 $y=\cos x, x\in\left[0,\frac{3}{2}\pi\right]$ 与坐标轴围成的面积为(　　).

A. 4　　B. 2　　C. $\frac{5}{2}$　　D. 3

2. 由曲线 $y=e^x$ 及直线 $x=0, y=2$ 所围成的平面图形的面积 A 等于(　　).

A. $\int_1^2 \ln y\mathrm{d}y$　　B. $\int_0^{e^2} e^x\mathrm{d}x$

C. $\int_1^{\ln 2} \ln y\mathrm{d}y$　　D. $\int_0^2 (2-e^x)\mathrm{d}x$

3. 由 $y=\sin x, x=0, x=\frac{\pi}{2}, y=0$ 所围成的平面图形的面积为________.

4. 由曲线 $y=x^2, x=2, x=4, y=0$ 所围成的平面图形的面积等于________.

5. 某物体以速度 $v=gt$ 做自由落体运动,求该物体从 0 s 到 t s 这段时间内的平均速度 $\bar{v}$.

评语:

测一测　　姓名:＿＿＿＿＿＿班级:＿＿＿＿＿＿学号:＿＿＿＿＿＿得分:＿＿＿＿＿＿

一、基础测试

1. 定积分 $\int_0^1 \sqrt{1-x^2}\,dx$ 等于(　　).

A. π　　B. 2π　　C. $\frac{\pi}{2}$　　D. $\frac{\pi}{4}$

2. 正弦函数 $y=x^3$ 在区间[0,2]上的平均值 $\bar{y}$ 等于(　　).

A. 0　　B. 1　　C. 2　　D. 4

3. 由抛物线 $y=x^2, y=(x-2)^2$ 与 x 轴所围成的平面图形的面积等于(　　).

A. $\frac{1}{3}$　　B. $\frac{2}{3}$　　C. 1　　D. $\frac{4}{3}$

4. 由曲线 $y=\frac{1}{x}$ 与直线 $x=e, x=e^3, y=0$ 所围成的平面图形的面积为＿＿＿＿.

A. 1　　B. 2　　C. 3　　D. 4

二、提升测试

5. 已知连续曲线 $y=f(x)$ 在区间$[a,b]$上与 x 轴围成的三块面积分别为 S_1, S_2, S_3,其中, S_1, S_3 在 x 轴的下方, S_2在 x 轴的上方.已知 $S_1=2S_2-q, S_2+S_3=p, p\neq q$,求 $\int_a^b f(x)\,dx$.

6. 在弹性限度内,螺旋弹簧受压时,长度的改变与所受外力成正比,已知弹簧被压缩 0.02 m 时,需 9.8 N 的外力.当弹簧被压缩 3 cm 时,试求压力所做的功.

学习反思：

用一用

案例 5.4.1【电学量的平均值问题】 设交流电 $i(t)=I_m\sin\omega t$,其中,I_m 是电流最大值(峰值),ω 为角频率,而周期为 $T=\dfrac{2\pi}{\omega}$,若电流通过纯电阻电路,则电阻 R 也为常数,求平均功率.

解 $$\overline{P}=\frac{1}{T}\int_0^T Ri^2(t)\,\mathrm{d}t=\frac{1}{\frac{2\pi}{\omega}}\int_0^{\frac{2\pi}{\omega}} RI_m^2\sin^2\omega t\,\mathrm{d}t$$
$$=\frac{\omega RI_m^2}{2\pi}\int_0^{\frac{2\pi}{\omega}}\sin^2\omega t\,\mathrm{d}t=\frac{\omega RI_m^2}{2\pi}\int_0^{\frac{2\pi}{\omega}}\frac{1-\cos 2\omega t}{2}\,\mathrm{d}t$$
$$=\frac{\omega RI_m^2}{4\pi}\int_0^{\frac{2\pi}{\omega}}(1-\cos 2\omega t)\,\mathrm{d}t=\frac{\omega RI_m^2}{4\pi}\left(t-\frac{1}{2\omega}\sin 2\omega t\right)\Bigg|_0^{\frac{2\pi}{\omega}}$$
$$=\frac{RI_m^2}{2}.$$

所以平均功率为$\dfrac{RI_m^2}{2}$.

案例 5.4.2【面积问题】 某一窗户的顶部设计为弓形,上方曲线为一抛物线,下方为直线,如图 5-21 所示,求此窗户的面积?

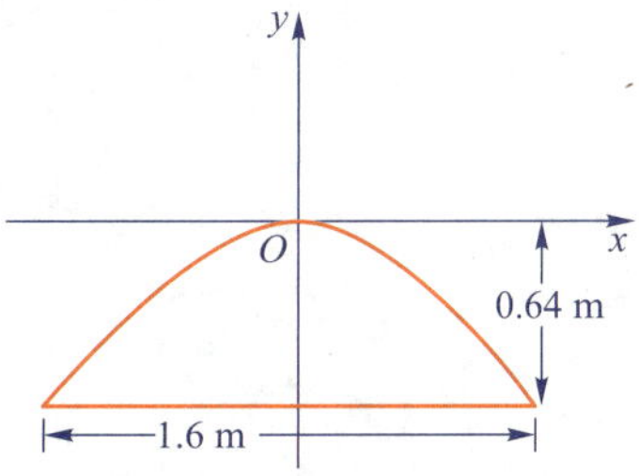

图 5-21

解 首先建立直角坐标系如图 5-21 所示.设此抛物线的方程为 $y=-2px^2$,因为它过点(0.8,-0.64),所以 $p=\dfrac{1}{2}$,即抛物线方程为 $y=-x^2$.

其次由定积分的几何意义,此图形的面积实际上为由曲线 $y=-x^2$ 与直线 $y=-0.64$ 所围成的平面图形的面积,面积微元为
$$\mathrm{d}S=[-x^2-(-0.64)]\mathrm{d}x.$$
所以面积为
$$S=\int_{-0.8}^{0.8}(-x^2+0.64)\,\mathrm{d}x=\left(-\frac{1}{3}x^3+0.64x\right)\Bigg|_{-0.8}^{0.8}\approx 0.683(\mathrm{m}^2),$$
所以窗户的面积约为 0.683 m^2.

单元小结

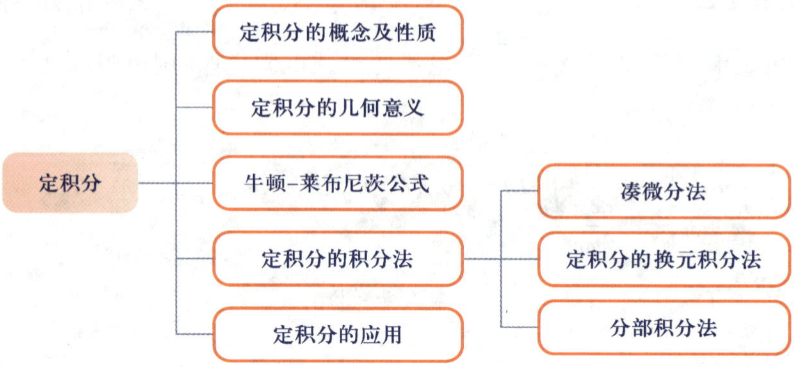
定积分
定积分的概念及性质
定积分的几何意义
牛顿–莱布尼茨公式
定积分的积分法
定积分的应用
凑微分法
定积分的换元积分法
分部积分法

单元测试题

一、选择题(每题 2 分,共 10 题,共计 20 分)

1. 定积分 $\int_0^a \sqrt{a^2-x^2}\,dx\,(a>0)$ 等于(　　).

A. $\frac{\pi a^2}{4}$　　B. $\frac{\pi a^2}{2}$　　C. $\frac{3\pi a^2}{4}$　　D. πa^2

2. 函数 $y=\sqrt[3]{x}\,x$ 在区间$[-1,8]$上的平均值 $\bar{y}$ 等于(　　).

A. $\frac{12}{17}$　　B. $\frac{17}{12}$　　C. $\frac{5}{4}$　　D. $\frac{4}{5}$

3. 曲线 $y^2=x$ 与直线 $y=x$ 所围成的平面图形的面积等于(　　).

A. $\frac{1}{2}$　　B. $\frac{1}{3}$　　C. $\frac{1}{5}$　　D. $\frac{1}{6}$

4. 定积分 $\int_{-\pi}^{\pi} \frac{x^2\sin x}{1+x^2}dx$ 等于(　　).

A. 0　　B. 1　　C. 2　　D. 3

5. 设函数 $y=f(x)$ 在区间$[a,b]$上连续,则由曲线 $y=f(x)$ 与直线 $x=a,x=b,y=0$ 所围成的平面图形的面积等于(　　).

A. $\int_a^b f(x)dx$　　B. $\left|\int_a^b f(x)dx\right|$　　C. $\int_a^b |f(x)|dx$　　D. 不确定

6. 定积分 $\int_{-4}^{4} \frac{e^x}{1+e^x}dx$ 等于(　　).

A. 1　　B. 2　　C. 3　　D. 4

7. 设函数 $f(x)$ 在区间$[a,b]$上连续,则 $\int_a^b f(x)dx-\int_a^b f(t)dt$ 的值(　　).

A.小于 0　　B.等于 0　　C.大于 0　　D.不确定

8. 如果函数 $f(x)$ 在区间$[a,b]$上连续,且 $F'(x)=f(x)$,则 $\int_a^b f(x)dx$ 等于(　　).

A. $F(b)\cdot F(a)$　　B. $F(a)-F(b)$

C. $F(b)+F(a)$　　D. $F(b)-F(a)$

9. 定积分 $\int_{-\pi}^{\pi} (x^2+\sin x)dx$ 等于(　　).

A. 0　　B. $\frac{\pi^3}{3}$　　C. $\frac{2\pi^3}{3}$　　D. π^3

10. 定积分 $\int_{-1}^{1} |2x|dx$ 等于(　　).

A. 2　　B. 0　　C. -1　　D. -2

二、填空题(每题 2 分,共 10 题,共计 20 分)

11. 如果函数 $f(x)$ 在区间$[a,b]$上有连续导数, $f(b)=5$, $f(a)=3$,则 $\int_a^b f'(x)dx=$________.

12. $\int_{-1}^{1} \frac{x}{1+x^2}dx=$________.

13. $\left[\int_1^{e} x^2 e^x \ln x \mathrm{d}x\right]' =$________.

14. $\int_{\frac{1}{2}}^{1} \frac{e^{\frac{1}{x}}}{x^2} \mathrm{d}x =$________.

15. $\left[\int \sqrt{x} \cos x \mathrm{d}x\right]' =$________.

16. 若 $\int_0^a x \mathrm{d}x = 1$，则实数 a 的值是________.

17. 已知 $\int_0^4 \frac{1}{1+\sqrt{x}} \mathrm{d}x = 4-2\ln 3$，则 $\int_0^4 \frac{\sqrt{x}}{1+\sqrt{x}} \mathrm{d}x =$ ________.

18. 由 $y=\cos x$ 及 x 轴围成的介于 0 与 2π 之间的平面图形的面积，利用定积分应表达为________.

19. 函数 $y=x^2$ 在区间 $[0,1]$ 上的平均值 $\overline{y}$ 等于________.

20. $\int_1^2 \frac{2x^2+1}{x} \mathrm{d}x =$________.

三、判断题(每题 2 分，共 5 题，共计 10 分)

21. 如果 $\int_a^b f(x) \mathrm{d}x = 0$，则在区间 $[a,b]$ 上 $f(x) \equiv 0$. ( )

22. 如果在区间 $[a,b]$ 上，$f(x) \geqslant 0$，且 $f(x) \neq 0$，则 $\int_a^b f(x) \mathrm{d}x > 0$. ( )

23. 定积分的值除与被积函数及积分区间有关外，还与积分变量的记法有关. ( )

24. 函数 $f(x)$ 在区间 $[a,b]$ 上连续是 $f(x)$ 在区间 $[a,b]$ 上可积的充分条件，但不是必要条件. ( )

25. 当 $a \neq b$ 时，$\int_a^b f(x) \mathrm{d}x = \int_b^a f(x) \mathrm{d}x$. ( )

四、解答题(每题 5 分，共 10 题，共计 50 分)

26. 计算 $\int_3^6 (3x^2-2x+1) \mathrm{d}x$.

27. 计算 $\int_0^2 \sqrt{x^2-4x+4} \mathrm{d}x$.

28. 计算 $\int_1^4 \frac{x}{\sqrt{x^2+4}} \mathrm{d}x$.

29. 计算 $\int_{-\frac{\pi}{2}}^{\frac{\pi}{2}} \sin x \cos^4 x \mathrm{d}x$.

30. 计算 $\int_1^{\mathrm{e}} x^2 \ln x \mathrm{d}x$.

31. 计算 $\int_{-\frac{\pi}{2}}^{\frac{\pi}{2}} x\sin x \mathrm{d}x$.

32. 计算 $\int_0^1 xe^{-x}\mathrm{d}x$.

33. 计算 $\int_0^4 \frac{x+2}{\sqrt{2x+1}}\mathrm{d}x$.

34. 求由抛物线 $y=\frac{1}{2}x^2+1$ 与直线 $x+y=5$ 所围成的平面图形的面积.

35. 证明：$\int_{-n}^{n} \frac{1}{1+e^x}\mathrm{d}x=n$ （n 为正整数）.

教学反馈

学习单元	体会化曲为直的思想， 探究定积分的应用		学习积分		
序号	调查内容		是	否	理由陈述
1	了解定积分的定义吗?				
2	了解定积分定义的四个步骤吗? 有哪些注意事项?				
3	记住牛顿-莱布尼茨公式了吗? 是否会熟练应用?				
4	记住定积分的性质了吗? 能熟练应用吗?				
5	定积分的求解方法是什么? 能够灵活运算吗?				
6	能够用定积分求平面图形的面积吗?				
7	能用定积分求函数的平均值吗? 知道定积分还有哪些应用?				
8	对此学习单元的教学方式满意吗?				
你的意见对改进教学非常重要,请写出你的建议和意见.					
调查信息	被调查人签名		调查时间		

附录

附录 I　初等数学常用公式

一、代数

1. $|x+y| \leqslant |x|+|y|$.

2. $|x|-|y| \leqslant |x-y| \leqslant |x|+|y|$.

3. $\sqrt{x^2}=|x|=\begin{cases} x, & x \geqslant 0, \\ -x, & x<0. \end{cases}$

4. 若 $|x| \leqslant a$，则 $-a \leqslant x \leqslant a$.

5. 若 $|x| \geqslant a$，则 $x \geqslant a$ 或 $x \leqslant -a$.

6. 设 $ax^2+bx+c=0$ 的判别式为 Δ（只就 $a>0$ 的情形讨论）.

(1) 当 $\Delta>0$ 时，方程有两个不相等的实根 $x_1, x_2 (x_1<x_2)$，

$ax^2+bx+c>0$ 的解集为 $\{x \mid x>x_2\} \cup \{x \mid x<x_1\}$；

$ax^2+bx+c<0$ 的解集为 $\{x \mid x_1<x<x_2\}$.

(2) 当 $\Delta=0$ 时，方程有两个相等的实根 $x_1=x_2$.

$ax^2+bx+c>0$ 的解集为 $\{x \mid x \in \mathbf{R}$ 且 $x \neq x_1\}$；$ax^2+bx+c<0$ 的解集为 $\varnothing$.

(3) 当 $\Delta<0$ 时，方程无实数根.

$ax^2+bx+c>0$ 的解集为 $\mathbf{R}$；$ax^2+bx+c<0$ 的解集为 $\varnothing$.

7. $a^m \cdot a^n = a^{m+n}$.

8. $a^m \div a^n = a^{m-n}$.

9. $(a^m)^n = a^{m \cdot n}$.

10. $\sqrt[n]{a^m} = a^{\frac{m}{n}}$.

11. $\log_a(M \cdot N) = \log_a M + \log_a N$.

12. $\log_a \dfrac{M}{N} = \log_a M - \log_a N$.

13. $\log_a M^n = n \log_a M$.

14. $\log_a \sqrt[n]{M} = \dfrac{1}{n} \log_a M$.

15. $x = a^{\log_a x} (x>0)$.

16. $1+2+3+\cdots+n = \dfrac{1}{2} n(n+1)$.

17. $1^2+2^2+3^2+\cdots+n^2 = \dfrac{1}{6} n(n+1)(2n+1)$.

18. $a+(a+d)+(a+2d)+(a+3d)+\cdots+[a+(n-1)d] = na + \dfrac{n(n-1)}{2} d$.

19. $a+aq+aq^2+\cdots+aq^{n-1} = \dfrac{a(1-q^n)}{1-q} (q \neq 1)$.

20. $a^2-b^2=(a-b)(a+b)$.

21. $a^3\pm b^3=(a\pm b)(a^2\mp ab+b^2)$.

22. $(a\pm b)^2=a^2\pm 2ab+b^2$.

23. $(a\pm b)^3=a^3\pm 3a^2b+3ab^2\pm b^3$.

二、三角函数

· 和差角公式：

24. $\sin(\alpha\pm\beta)=\sin\alpha\cos\beta\pm\cos\alpha\sin\beta$.

25. $\cos(\alpha\pm\beta)=\cos\alpha\cos\beta\mp\sin\alpha\sin\beta$.

26. $\tan(\alpha\pm\beta)=\dfrac{\tan\alpha\pm\tan\beta}{1\mp\tan\alpha\cdot\tan\beta}$.

27. $\cot(\alpha\pm\beta)=\dfrac{\cot\alpha\cdot\cot\beta\mp 1}{\cot\beta\pm\cot\alpha}$.

· 和差化积公式：

28. $\sin\alpha+\sin\beta=2\sin\dfrac{\alpha+\beta}{2}\cos\dfrac{\alpha-\beta}{2}$.

29. $\sin\alpha-\sin\beta=2\cos\dfrac{\alpha+\beta}{2}\sin\dfrac{\alpha-\beta}{2}$.

30. $\cos\alpha+\cos\beta=2\cos\dfrac{\alpha+\beta}{2}\cos\dfrac{\alpha-\beta}{2}$.

31. $\cos\alpha-\cos\beta=2\sin\dfrac{\alpha+\beta}{2}\sin\dfrac{\alpha-\beta}{2}$.

· 倍角公式：

32. $\sin 2\alpha=2\sin\alpha\cos\alpha$.

33. $\cos 2\alpha=\cos^2\alpha-\sin^2\alpha=2\cos^2\alpha-1=1-2\sin^2\alpha$.

34. $\cot 2\alpha=\dfrac{\cot^2\alpha-1}{2\cot\alpha}$.

35. $\tan 2\alpha=\dfrac{2\tan\alpha}{1-\tan^2\alpha}$.

36. $\sin 3\alpha=3\sin\alpha-4\sin^3\alpha$.

37. $\cos 3\alpha=4\cos^3\alpha-3\cos\alpha$.

38. $\tan 3\alpha=\dfrac{3\tan\alpha-\tan^3\alpha}{1-3\tan^2\alpha}$.

· 半角公式：

39. $\sin\dfrac{\alpha}{2}=\pm\sqrt{\dfrac{1-\cos\alpha}{2}}$.

40. $\cos\dfrac{\alpha}{2}=\pm\sqrt{\dfrac{1+\cos\alpha}{2}}$.

41. $\tan\dfrac{\alpha}{2}=\pm\sqrt{\dfrac{1-\cos\alpha}{1+\cos\alpha}}=\dfrac{1-\cos\alpha}{\sin\alpha}=\dfrac{\sin\alpha}{1+\cos\alpha}$.

42. $\cot\dfrac{\alpha}{2}=\pm\sqrt{\dfrac{1+\cos\alpha}{1-\cos\alpha}}=\dfrac{1+\cos\alpha}{\sin\alpha}=\dfrac{\sin\alpha}{1-\cos\alpha}$.

· 正弦定理：

43. $\frac{a}{\sin A}=\frac{b}{\sin B}=\frac{c}{\sin C}=2R$.

· 余弦定理：

44. $c^2=a^2+b^2-2ab\cos C$.

· 反三角函数性质：

45. $\arcsin x=\frac{\pi}{2}-\arccos x$.

46. $\arctan x=\frac{\pi}{2}-\operatorname{arccot} x$.

三、几何

47. 三角形的面积 $=\frac{1}{2}\times$底$\times$高.

48. 圆弧长：$l=R\theta$（θ 为弧度）.

49. 圆扇形面积：$S=\frac{1}{2}R^2\theta=\frac{1}{2}Rl$（$\theta$ 为圆心角的弧度，l 为 θ 对应的圆弧长）.

50. 球的体积：$V=\frac{4}{3}\pi R^3$.

51. 球的表面积：$S=4\pi R^2$.

52. 圆锥的体积：$V=\frac{1}{3}\pi R^2H$.

53. 圆锥的侧面积：$S=\pi Rl$.

附录Ⅱ　参 考 答 案

附录Ⅲ　数学文化系列微课

1. 毕达哥拉斯
2. 欧拉
3. 祖冲之
4. 欧几里得
5. 莱布尼茨
6. 高斯
7. 笛卡儿
8. 柯西

参考文献

[1] 陈忠.应用数学.北京:高等教育出版社,2009.

[2] 杨风祥.高职应用数学.北京:高等教育出版社,2014.

[3] 朱国权.高等数学基础教程.北京:高等教育出版社,2010.

[4] 李心灿.微积分的创立者及其先驱.3 版.北京:高等教育出版社,2007.

读者意见反馈

为收集对教材的意见建议，进一步完善教材编写并做好服务工作，读者可将对本教材的意见建议通过如下渠道反馈至我社。

咨询电话　400-810-0598

反馈邮箱　gjdzfwb@pub.hep.cn

通信地址　北京市朝阳区惠新东街4号富盛大厦1座　高等教育出版社总编辑办公室

邮政编码　100029

资源服务提示

授课教师如需获得本书配套教学资源，请登录“高等教育出版社产品信息检索系统”(https://xuanshu.hep.com.cn)搜索本书并下载资源，首次使用本系统的用户，请先注册并进行教师资格认证。也可发送电邮至编辑邮箱：cuimp@hep.com.cn，申请获得相关资源。